# 岩土与地质工程制图

赵忠虎　编著

中国建筑工业出版社

**图书在版编目（CIP）数据**

岩土与地质工程制图 / 赵忠虎编著. -- 北京 ：中国建筑工业出版社，2025. 4. -- ISBN 978-7-112-31015-9

Ⅰ. P642

中国国家版本馆 CIP 数据核字第 2025363MT0 号

工程制图是工科专业的一门重要基础课程，主要培养学生读图、制图的能力。本书在工程制图基本知识的基础上，应用工程制图基本原理，讲述了阅读和绘制地质图件的主要内容。本书旨在引导从基础的平面图形绘制，到工程图样的解读，逐步培养起图样的认识能力。全书共 11 章。主要内容包括：绪论；制图基本知识及技术；图形元素的投影；组合体投影；形体表达方法；AutoCAD 基础知识与应用；房屋建筑施工图；涵洞与隧道工程图；标高投影；地形图；地质剖面图。

本书可作为普通高等学校岩土、地质、环境、采矿等专业学生的工程制图课程教材，也可供相关工程技术人员参考。

责任编辑：辛海丽　郭　栋
责任校对：党　蕾

**岩土与地质工程制图**

赵忠虎　编著

*

中国建筑工业出版社出版、发行（北京海淀三里河路 9 号）
各地新华书店、建筑书店经销
霸州市顺浩图文科技发展有限公司制版
北京市密东印刷有限公司印刷

*

开本：787 毫米×1092 毫米　1/16　印张：13¾　字数：342 千字
2025 年 9 月第一版　　2025 年 9 月第一次印刷
定价：**56.00** 元
ISBN 978-7-112-31015-9
（44451）



如有内容及印装质量问题，请与本社读者服务中心联系
电话：（010）58337283　QQ：2885381756
（地址：北京海淀三里河路 9 号中国建筑工业出版社 604 室　邮政编码：100037）

# 前言 Preface

工程制图是工科专业的一门重要基础课程，主要培养学生读图、制图的能力。本书在工程制图基本知识的基础上，应用工程制图基本原理，讲述了阅读和绘制地质图件的主要内容。本书旨在引导地质相关专业学生从基础的平面图形绘制，到工程图样的解读，逐步培养起学生的图样认识能力，学习贯彻国家与行业的有关标准和规范，立足时代，以爱国主义、创新精神、团队协作和实践能力为中心，增强国家意识与使命感的同时紧密对接国家战略需求，塑造学生的品格与价值观，全面提升学生综合能力，积极全面响应二十大提出的科教兴国战略。

本书共分为11章，主要介绍了制图的基本知识和技能，点、线、面、体、组合体的投影，形体表达方法，AutoCAD基本用法，房屋建筑施工图、涵洞与隧道工程图、标高投影以及地形图、地质剖面图等。

本书突出应用性，紧密结合各高校应用型人才培养工作的需要，在保证教学质量的前提下，力求提高教材的科学性、实践性、先进性和实用性。本书强调岩土与地质工程专业人才培养，建立基础理论知识体系，注重实践技能培养，鼓励创新思维发展。本书可作为普通高等学校岩土、地质、环境、采矿等专业学生的工程制图课程教材，还可供有关工程技术人员参考。

本书编写出版得到“兰州大学教材建设基金”资助，在此表示感谢。

由于作者水平有限，书中难免存在错误和疏漏之处，恳请广大读者在使用过程中提出宝贵的意见建议，以便我们不断地修改完善。

# 目录 Contents

# 第1章 绪 论

## 1.1 本课程的性质和任务

各种工程建设都离不开工程图样。在工程建设中，任何工程及其构配件的形状、大小和做法，都不是能用简单的文字和语言所能表达清楚的，都必须先画出它们的图样，然后根据图样进行建模、施工，才能达到预期的目的。图形和文字、声音等一样，是承载信息进行交流的重要媒体。而以图形为主的工程设计图样则是工程设计、制造和施工过程中用来表达设计思想、进行技术交流的主要工具；同时，也是生产管理部门和施工单位进行管理和施工的技术文件和依据。因此，图样被称为“工程界的语言”。

“工程制图”是工科类各专业学生必须学习的一门技术基础课，是学习后续专业课和参加专业实践必不可少的基础课程，它是解决空间几何问题以及绘制、阅读工程图样的理论和方法。同学们在学习专业课之前，掌握工程制图的基本内容，为以后专业课程的学习打下基础，并随着专业课程的进一步学习，逐步提高绘图、读图能力。

工程制图是研究绘制和阅读工程图样的理论和方法的学科，它的主要任务是：

① 学习投影法的基本理论及其应用。

② 培养空间想象力和形体表达的能力。

③ 培养绘制和阅读工程图样的基本能力。

④ 培养计算机绘图的初步能力。

毫无疑问，能否用图形来全面表达自己的设计思想，能否阅读工程设计图样，是任何一名工程技术人员必须具备的最基本的素质和能力。

## 1.2 本课程的主要内容

本课程的全部内容围绕着“图”展开。没有图的世界是不可思议的。图形图像如同文字、数字一样，都是记录、传递信息的载体；但是，人们对于图形信息的接受能力与效率远高于阅读文字和数字。纵然对文字的阅读，有一目十行的本领，也抵不上看一幅图那么一目了然。本课程所研究的“图”主要指工程图样，概括起来有三大部分的内容。

### 1.2.1 图示原理

任何工程物体都有诸多的物质属性，例如材料、构造、颜色、重量等，从研究形状的角度出发，只保留其形状、形态、大小等几何属性，这样的表达对象称为“形体”。工程形体都是三维的，但是工程图样的载体是图纸，也就是说，图是画在纸上的，而纸面是二维的，要在二维平面上表现三维形体，就需要使用一定的几何方法，需求三维形体与二维图形之间的转化关系。这种几何方法就是投影法。所以投影法就构成了用二维图形表达三维形体的理论基础，也就是图示原理。

### 1.2.2 绘图技术

绘图技术包括徒手绘图、使用绘图工具的尺规绘图、计算机软件绘图等。这些内容需要通过大量的实训、作业操练才能逐步掌握。

### 1.2.3 图样表达

投影法是几何方法，提供的是表达形体的基础手段，而实际的工程对象则不仅仅是只有几何形状，其实际的造型、构造要复杂得多，工程材料也是必然的要素，所以，只靠简单的投影方法可能得不到想要的图示效果。例如从高处向下作投影，屋面挡住了楼层内的一切，房间分割、通道布置、室内实施布局等什么也看不见；另外，图样上要表示的是建造它所需要的一切信息，其中还有仅用图形尚不能表达出来的内容，不得不辅以文字、图例、符号、技术说明等手法才能表达完备。为使所有工程技术人员对图样有完全一致的理解，解决图样表达必须自始至终贯彻制图标准，符合专业规范，遵从专业习惯。

## 1.3 本课程的学习方法

本课程的特点是理论性和实践性都较强。因此，在学习过程中要注意以下四个方面。

（1）要循序渐进。本课程按点、线、面、体、组合体、再到图纸的顺序，由浅入深、由简到繁、由易到难编排，前后联系十分紧密。学习时，必须对前面的基本内容真正理解，熟练掌握基本作图方法后，才能往下作进一步的学习。

（2）要下功夫培养空间思维能力。由于画法几何学研究的是图示法和图解法，涉及的是空间形体和平面图形之间的对应关系。因此，学习时必须经常注意空间几何关系的分析，以及空间几何元素与平面图形的联系。对于每一个概念、每一个原理、每一条规律和每一种方法，都要弄清其空间意义和空间关系，遇到一时不懂的地方，要多问几个为什么，这样才能逐渐掌握相关知识，掌握读图和作图的规律，掌握课程的基本内容并运用。

（3）必须勤动手、多做题，不断提高解题能力。学习时不能单纯阅读图书，做题的过程也是利用所学的知识解决问题的过程，这一方面可巩固知识、加深理解，另一方面也可提高空间想象能力和逻辑思维能力，提高做题的速度和准确率。

（4）养成良好的学习习惯，培养踏实、细致和耐心的工作作风。对全部作业和习题，必须用绘图工具完成，要养成作图准确和图面整洁的习惯，为将来从事专业技术工作从思想上、作风上奠定良好的基础。

## 1.4　学习本课程的意义

图可以协助人进行思考和交流，可以充分发挥人的直觉智能。图与文字、语言等一样，是人类描述思想与交流知识的重要工具，是人们获得知识的重要来源。图样更是科学技术与工程界的语言，用于传递设计与加工的构想。它既是人类语言的补充，也是人类智慧和语言在更高层次发展阶段上的具体体现。

在当今的社会，图与图学已成为与计算机及文字一样必须掌握的工具，可以说，“文、计、图”是“数、理、化”的基础。图学揭示了图与形的关系，图的本质是表达形，形是图的源，图是形的载体，是形的表现；根据联合国最新定义的文盲标准，不会读图、不会使用计算机被列入了信息时代的“新文盲”之列。

因此，本课程是一门应用极广的技术基础课，是工科学生的必修课程。

# 第2章 制图基本知识及技术

## 2.1 制图标准

制图标准是在工程设计、生产和施工中用以指导图纸表达和注释的一系列规范和准则。它们确保了图纸的清晰性、准确性和一致性，是工程技术人员进行有效沟通的基础。图纸尽可能充分地描述了工程对象的各项技术资料，是工程设计的主要成果和施工建造的重要技术文件。而为了使工程图样达到统一，便于生产、管理和技术交流，绘制的工程图样必须遵守统一的规定。

在我国，现行的“标准”有三种，即国家标准、行业标准和地方标准。其中，由国家职能部门制定和颁布实施的，代号为GB的各类技术、管理及质量标准与规范，统称为中华人民共和国国家标准，简称“国标”，是全国性标准化、规范化的核心准则。作为国标的一种，国家制图标准的影响力覆盖多个技术领域，全国各个相关行业必须严格遵循以满足我国标准化要求。然而，面对某些专业性极强的行业，仅依靠国标可能难以满足其特定需求，所以国家有关部委进一步制定了中华人民共和国行业标准作为国标的有益补充，其中也包括行业制图标准以适应更为细分的领域需求。鉴于我国各地自然条件、技术与经济发展的差异，对具地方特色的产品或仅在本地使用的物品，由地方（省、自治区、直辖市）标准化主管机构或专业主管部门批准、发布，在某一地区范围内统一的标准称为地方标准。由于图纸的绘制并不受限于自然条件与经济发展差异，综上所述，在通常语境下“制图标准”这一概念，是对国家标准与行业标准中所有与“制图”相关的标准的统称。

随着科技的进步和工程实践的发展，我国的制图标准也在不断地演变和完善，同时向国际标准ISO靠拢，以适应全球化的新挑战和新需求。

目前，国内执行的制图标准有普遍适用于工程界各种专业技术图样的《总图制图标准》GB/T 50103—2010、《建筑制图标准》GB/T 50104—2010、《房屋建筑制图统一标准》GB/T 50001—2017、《建筑结构制图标准》GB/T 50105—2010、《建筑给水排水制图标准》GB/T 50106—2010、《道路工程制图标准》GB 50162—1992、《水电工程制图标准　第1部分：基础制图》NB/T 10883.1—2023、《水电工程制图标准　第2部分：水工建筑》NB/T 10883.2—2023 等。绘制工程图样时，必须严格遵守和认真贯彻国家及行业标准。

由于制定年份和适用场合的差别，各套制图标准在某些具体规定上不完全一致。并且，随着工程建设的发展要求，这些标准会进行修订。对于各种专业工程图，本书将分别采用各自相关的国家制图标准和行业制图标准。

## 2.2　绘图工具和仪器的使用方法

为了保证绘图质量、提高绘图速度，必须了解各种绘图工具和仪器的特点，掌握其使用方法。本节主要介绍常用的绘图工具和仪器的使用方法。

### 2.2.1　图板和丁字尺

图板是用来固定图纸的，作为绘图的垫板，图板板面应平整、光滑。尤其是图板的左边，它是丁字尺上下移动的导边，必须保持平直。图板有不同的规格，可根据需要选择。在图板上固定图纸应使用胶带纸，切勿使用图钉，如图 2-1 所示。

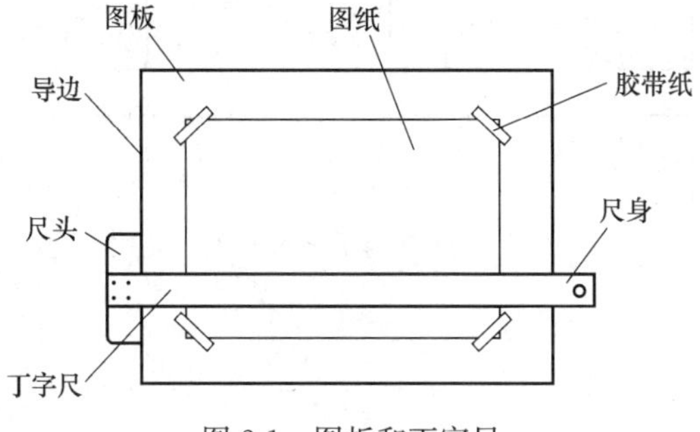


图 2-1　图板和丁字尺

丁字尺与图板配合，用来画水平线，它由相互垂直的尺头和尺身两部分构成。使用时，需要将尺头紧靠图板左边，然后利用尺身上边画水平线，如图 2-2 所示。

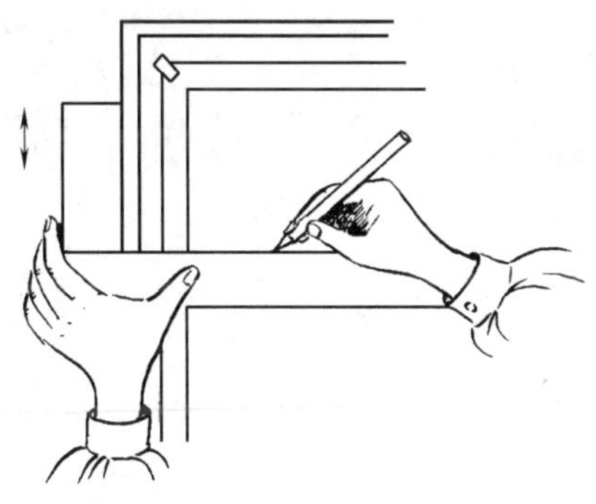

图 2-2　用丁字尺画水平线

切忌把丁字尺尺头靠在图板的非工作边画线，也不能用丁字尺尺身下边缘画线。

### 2.2.2　三角板

三角板主要用于绘制竖直线、相互垂直的直线、相互平行的斜线和特殊角度的斜线。

三角板与丁字尺配合可画垂直线及与水平线成15°整倍数角的倾斜线。两块三角板配合，还可以画已知直线的平行线和垂直线，如图2-3所示。

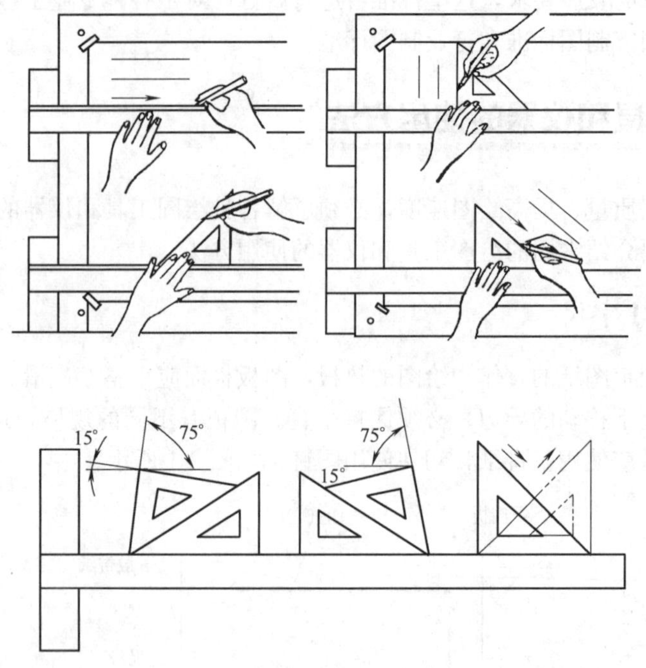


图2-3　三角板与丁字尺的配合使用

## 2.2.3　分规和圆规

**1. 分规**

分规用于等分线段或测量线段的长度，如图2-4所示为用分规量取线段和试分线段。分规两腿端带有钢针，当两腿合拢时，两针尖应合成一点。

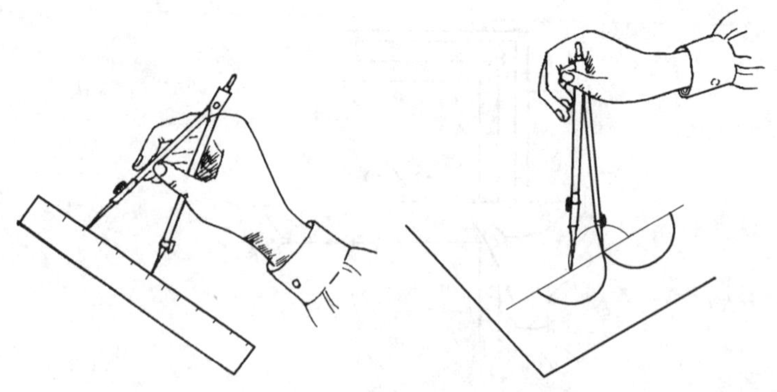

图2-4　分规的使用

**2. 圆规**

圆规是用来画圆或圆弧的工具。圆规一般配有三种插腿：铅笔插腿、直线笔插腿和钢针插腿（可代替分规用）。在圆规上接一根延伸杆，可用来画大直径的圆或圆弧，如图2-5所示。

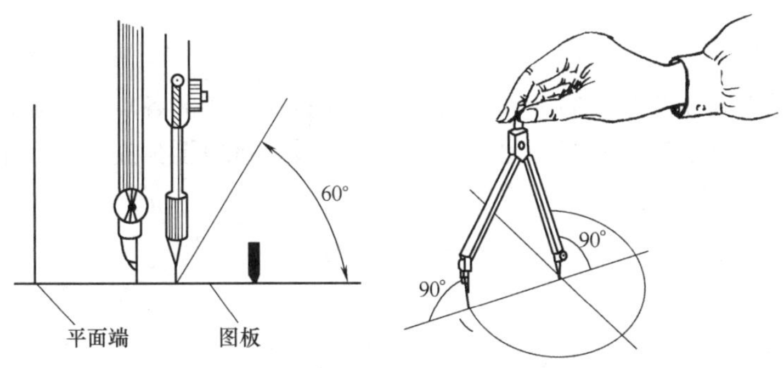


图 2-5　圆规的使用

## 2.2.4　铅笔

绘图铅笔一般常用 H、2H、HB、B、2B，这些代号分别表示铅芯的硬度。可根据绘制的线型选用不同硬度的铅笔。如画底稿时，选用硬度为 H、2H 的铅笔；描深时，用硬度为 B、2B 的铅笔；写字时，则用硬度为 HB 的铅笔。

铅笔可削成锥形或扁铲形，如图 2-6 所示。锥形适用于画底稿、写字以及画细实线；扁铲形则用于画粗实线。铅笔应从无字一端开始使用，以保留铅芯硬度标志。

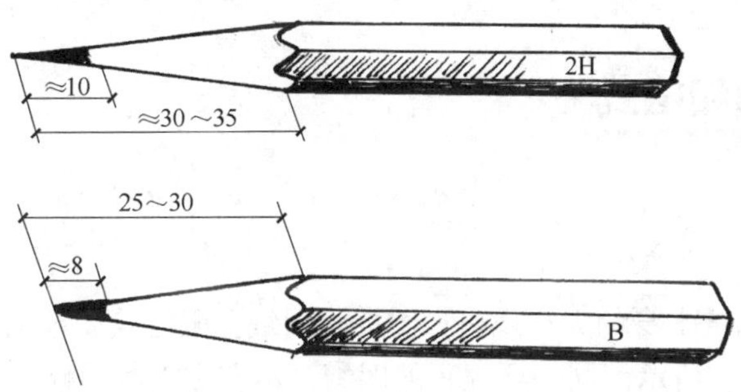


图 2-6　铅笔削成的形状

## 2.2.5　比例尺

比例尺是按比例画图时度量尺寸的工具。常用的比例尺为三棱柱形，故又称为三棱尺。尺身三个面上刻有六个不同的比例，当用比例尺上已有的比例画图时，可以直接利用尺身刻度量取尺寸，无需计算。比例尺上的刻度以毫米（mm）为单位，如图 2-7 所示。

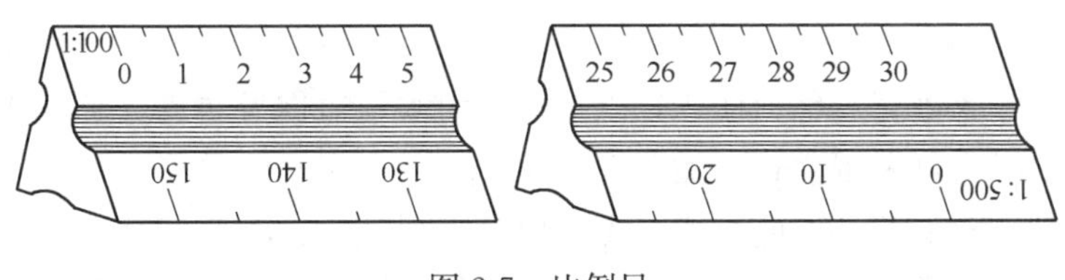


图 2-7　比例尺

### 2.2.6 曲线板

曲线板是用来画非圆曲线的工具。画图时，先将需连接的各点徒手轻轻地连成光滑的细线，然后在曲线板上选择曲率变化相同的一段曲线，每段至少连三至四个点，两段之间应有重复。如图 2-8 所示。

图 2-8 曲线板及其使用

## 2.3 图纸幅面和格式

### 2.3.1 图纸幅面

图纸幅面是指图纸本身的大小规格，图框是图纸上限定绘图范围的边线。图纸基本幅面和图框尺寸如表 2-1 所示。同一项工程的图纸，不宜多于两种幅面。必要时可按规定加长幅面，短边一般不应加长，长边可加长，但加长的尺寸应符合国标的规定。

**图纸基本幅面和图框尺寸 单位：mm** **表 2-1**

| 幅面代号 | A0 | A1 | A2 | A3 | A4 |
|---|---|---|---|---|---|
| $b \times l$ | 841×1189 | 594×841 | 420×594 | 297×420 | 210×297 |
| $c$ | 10 | | | 5 | |
| $a$ | 25 | | | | |

注：$b$、$l$、$c$、$a$ 含义见图 2-9。

### 2.3.2 格式

图纸以短边作为垂直边称为横式，以短边作为水平边称为立式。一般 A0～A3 图纸宜采用横式，必要时也可采用立式，如图 2-9 所示。

标题栏绘制在图框的下方或右侧，用于填写工程名称、图名、设计单位、注册师、日期等，简称图标。在学习阶段，标题栏可采用简化的格式，如图 2-10 所示。

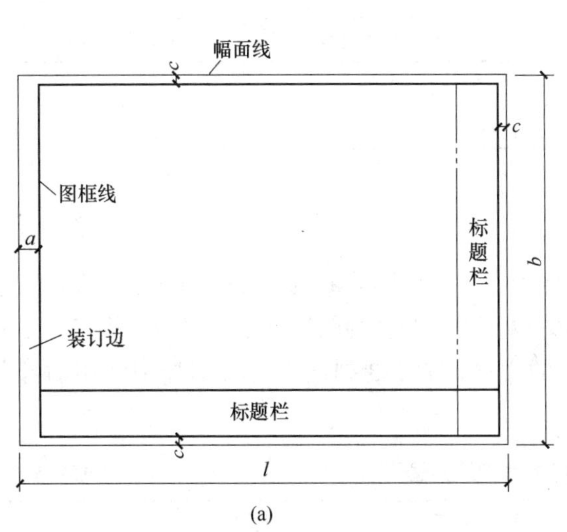


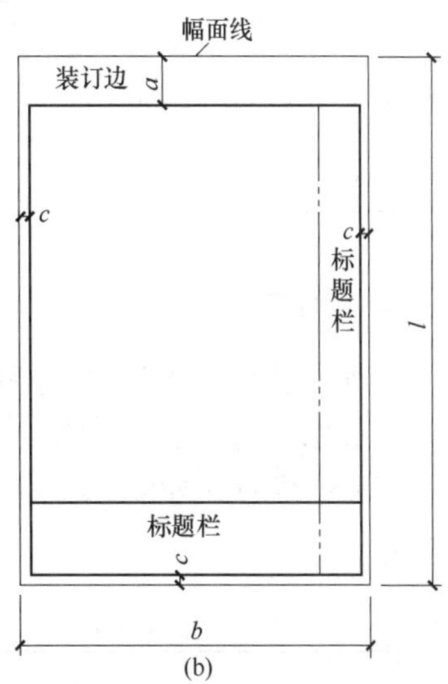


图 2-9　图纸幅面和图框格式

（a）横式幅面；（b）立式幅面

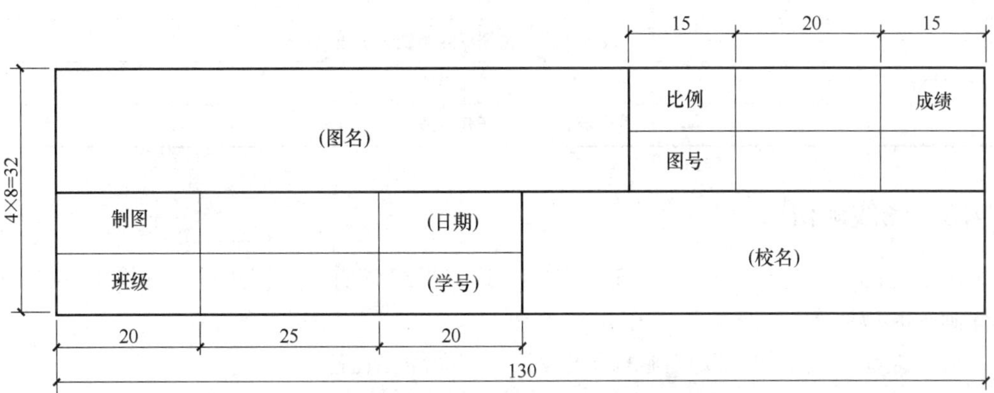


图 2-10　学校用标题栏格式

## 2.4　图线

图纸上的图形由各种图线绘成。各种不同粗细、类型的图线表示不同的意义和用途。

### 2.4.1　线宽

图线有粗、中粗、中、细之分，其宽度比率通常为 4∶3∶2∶1。绘图时，粗线宽度 $b$ 应根据图样的复杂程度与比例大小，在下列数系中选取：0.13mm、0.18mm、0.25mm、0.35mm、0.5mm、0.7mm、1.0mm、1.4mm，通常优先采用 1.0mm、0.7mm、0.5mm 的线宽。在同一张图纸上，同类图线的宽度应一致。

图框和标题栏的线宽如表 2-2 所示。

图框和标题栏的线宽　单位：mm　　表 2-2

| 幅面代号 | 图框线 | 标题栏外框线 | 标题栏分格线 |
|---|---|---|---|
| A0、A1 | $b$ | 0.5$b$ | 0.25$b$ |
| A2、A3、A4 | $b$ | 0.7$b$ | 0.35$b$ |

## 2.4.2　线型

图线中不连续的独立部分称为线素，例如点、长度不同的线段和间隔都是线素。线素的不同组合形成了各种线型。画图使用的图线，需要符合制图标准中对线型的规定。不同的线型和图线的不同宽度，在图上有不同的用途。表 2-3 列出了工程图样中常用的部分线型。

常用图线的线型及用途　　表 2-3

| 线型 | 名称 | 一般用途 |
|---|---|---|
| ——————（粗）<br>——————（细） | 实线 | 粗实线表示可见轮廓<br>细实线用于标注尺寸、画剖面线、图例等 |
| — — — — — — | 虚线 | 中粗线表示不可见轮廓 |
| ——·——·—— | 点画线 | 细点画线用于画中心线、轴线等 |
| ——··——··—— | 双点画线 | 细双点画线表示假想轮廓 |
| ～～～～～～ | 波浪线 | 断开界线 |
| ——————\/—————— | 折断线 | 断开界线 |

## 2.4.3　图线画法

图纸上的图线应做到清晰整齐、均匀一致、粗细分明、交接正确，如图 2-11 所示。具体画图时应注意：

（1）虚线、点画线、双点画线的线段长度和间隔，宜各自相等。

（2）各种图线彼此相交处，都应以“画（线段）”相交，而不应是“间隔”或“点”；当虚线在实线的延长线上时，两者不得相接，交接处应留有空隙。

（3）在较小图形中绘制点画线或双点画线有困难时，可用细实线代替。

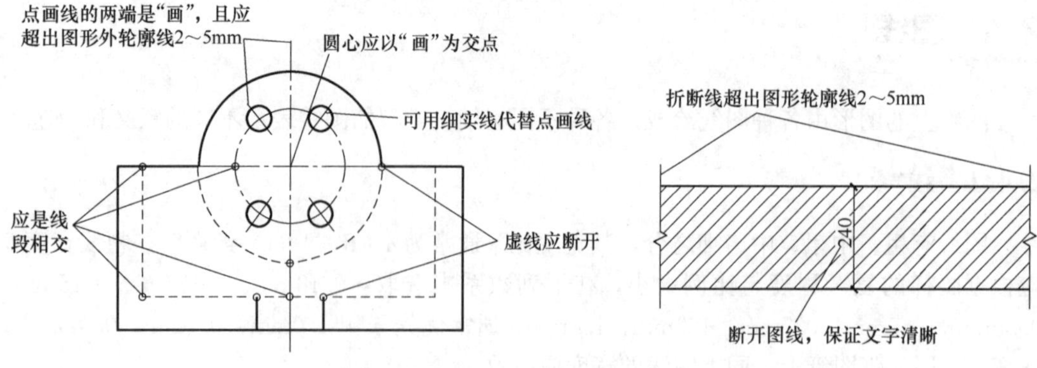


图 2-11　图线画法

（4）点画线、折断线的两端应超出图形轮廓线 2～5mm。

（5）当相同线宽、不同线型的图线重合时，应按实线、虚线、点画线的次序绘制。

（6）图线不得与文字、数字或符号重叠、混淆，不可避免时，应断开图线，以保证文字等清晰。

## 2.5 比例

图样的比例是指图形与实物相应要素的线性尺寸之比。比例应用符号“：”表示，如 1：1、1：500、2：1 等。绘图所用比例，应根据图样的用途与被绘对象的复杂程度，从表 2-4 中选用，并优先选用表中的常用比例。

绘图比例　　表 2-4

| | |
|---|---|
| 常用比例 | 1：1、1：2、1：5、1：10、1：20、1：50、1：100、1：150、1：200、1：500、1：1000、1：2000、1：5000、1：10000、1：20000、1：50000、1：100000、1：200000 |
| 可用比例 | 1：3、1：4、1：6、1：15、1：25、1：30、1：40、1：60、1：80、1：250、1：300、1：400、1：600 |

比例宜注写在图名的右侧，字的基准线应取平，比例的字高宜比图名的字高小一号或两号，如平面图 1:100。

## 2.6 字体及字号

图样中书写的文字、数字、字母和符号应做到字体端正、笔画清晰、排列整齐、间隔均匀，标点符号应清楚、正确。

字体的大小用字号表示，字号就是字体的高度。制图标准规定，图样中的字号分为 2.5、3.5、5、7、10、14、20（单位：mm）等几种。

### 2.6.1 汉字

图样及说明中的汉字应采用国家正式公布的简化汉字，宜采用长仿宋体（也称“工程字”）或黑体，其高度不应小于 3.5mm。长仿宋体字的高宽比约为 1：0.7，见表 2-5；黑体字的宽度与高度应相同。

长仿宋体字的高宽关系　单位：mm　　表 2-5

| 字高 | 20 | 14 | 10 | 7 | 5 | 3.5 |
|---|---|---|---|---|---|---|
| 字宽 | 14 | 10 | 7 | 5 | 3.5 | 2.5 |

长仿宋体字的书写要领是横平竖直、注意起落、结构均匀、填满方格，其基本笔画——横、竖、撇、捺、挑、点、勾、折的书写见表 2-6。

长仿宋体字基本笔画书写示例　　表 2-6

| 名称 | 横 | 竖 | 撇 | 捺 | 挑 | 点 | 钩 | 折 |
|---|---|---|---|---|---|---|---|---|
| 形状 | 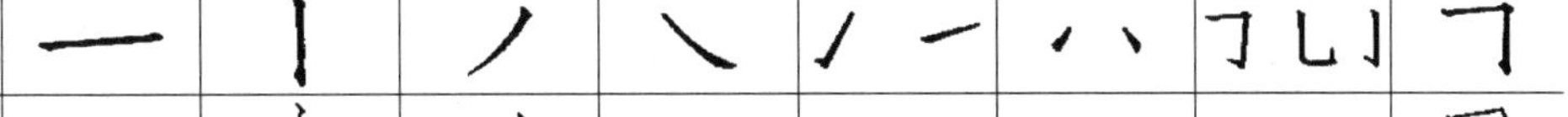 | | | | | | | |
| 笔法 | 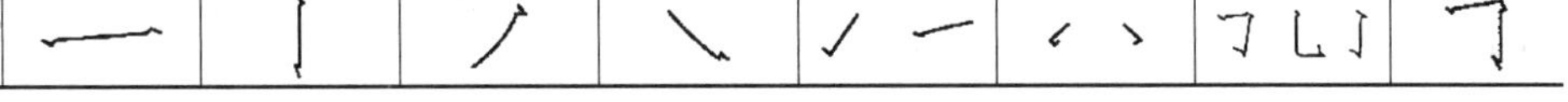 | | | | | | | |

汉字示例：

10号字

土木工程制图建筑水利桥梁涵

屋顶雨篷护坡码头船闸溢洪槽

7号字

东西南北方向平面立剖纵断面视祥说明

钢筋混凝砂浆岩石油毡沥青廊墩翼墙坝

### 2.6.2 字母和数字

图样及说明中的拉丁字母、阿拉伯数字与罗马数字，宜采用单线简体或ROMAN字体。字母和数字可写成直体或斜体。斜体字字头向右倾斜，与水平线成75°；与汉字写在一起时，宜写成直体。字母和数字的字高应不小于2.5mm，如图2-12所示。

1 2 3 4 5 6 7 8 9 0

(a)

a b c d e f g h i j k l m

(b)

A B C D E F G H I J K L M

(c)

α β γ δ ε ς η τ κ λ μ

(d)

I II III IV V VI VII VIII IX X

(e)

图2-12 字母和数字书写示例

(a) 阿拉伯数字；(b) 小写拉丁字母；(c) 大写拉丁字母；(d) 小写希腊字母；(e) 罗马数字

## 2.7 尺寸标注

图形只能表达形体的形状，而形体各部分的大小和相对位置则必须依据图样上标注的尺寸来确定。尺寸是施工的重要依据，必须正确、完整和清晰。

### 2.7.1 尺寸的组成

一个完整的尺寸由尺寸界线、尺寸线、尺寸起止符号和尺寸数字组成，如图2-13所示。

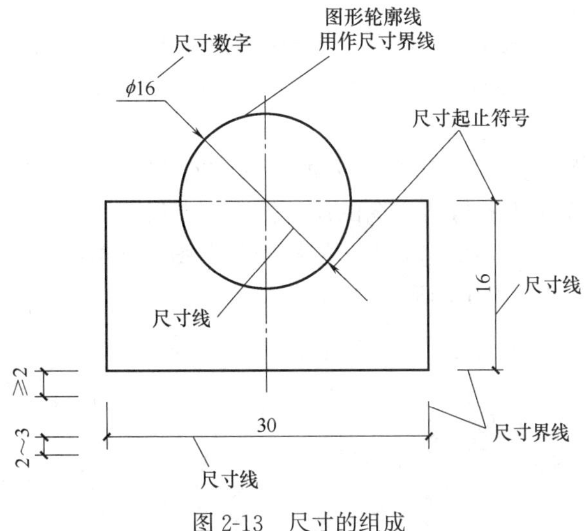


图 2-13　尺寸的组成

**1. 尺寸界限**

表示尺寸度量的范围。如图 2-13 所示，尺寸界线应用细实线绘制，并与被注长度垂直，其一端应离开图样轮廓线不小于 2mm，另一端宜超出尺寸线 2～3mm。必要时，图样轮廓线、轴线或对称中心线可用作尺寸界线。

**2. 尺寸线**

表示尺寸度量的方向。如图 2-13 所示，尺寸线应用细实线单独绘制，并与被注长度平行。图样本身的任何图线均不得用作尺寸线。

**3. 尺寸起止符号**

表示尺寸的起、止。如图 2-14 所示，尺寸起止符号有两种常用形式：斜短线和箭头。建筑工程图采用中粗斜短线，机械工程图通常采用箭头。斜短线的倾斜方向应与尺寸界线成顺时针 45°角，长度宜为 2～3mm。半径、直径、角度、弧长的尺寸起止符号宜用箭头表示，箭头应与尺寸界线接触，不得超出也不得分开。在没有足够位置时，尺寸线起止符号可用小圆点代替。

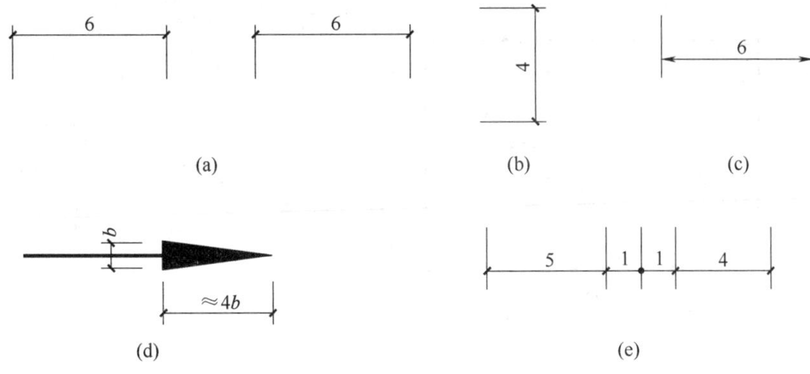


图 2-14　尺寸起止符号的画法

(a) 水平方向斜线画法；(b) 竖直方向斜线画法；(c) 箭头画法；

(d) 放大的箭头（$b$ 为粗线宽度）；(e) 尺寸起止符号用小圆点代替

**4. 尺寸数字**

表示被注长度的实际大小，与画图采用的比例、图形的大小及准确度无关。当尺寸以 mm 为单位时，一律不需注明。尺寸数字一般采用 3.5 或 2.5 号字，并且全图应保持一致。

线性尺寸的尺寸数字应按图 2-15（a）所示的方向注写，即水平方向的尺寸数字写在尺寸线上方中部，字头朝上；竖直方向的尺寸数字写在尺寸线左方，字头朝左；倾斜方向的尺寸数字顺尺寸线注写，字头趋向上。尽量避免在图中 30°阴影范围内注写尺寸，无法避免时，可按图 2-15（b）所示的形式注写。

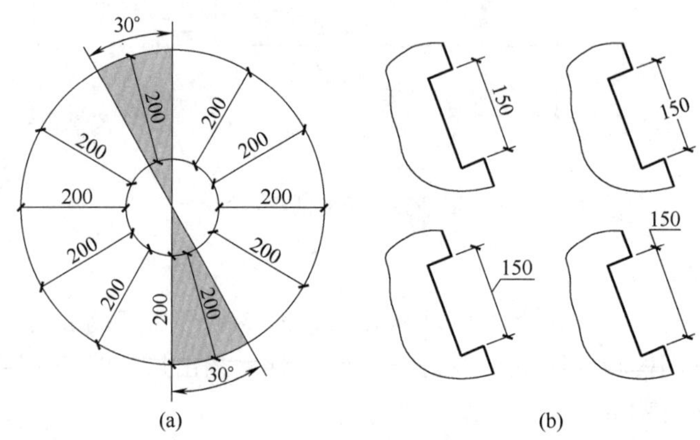


图 2-15　尺寸数字的注写

（a）尺寸数字的注写方向；（b）30°斜区内尺寸数字的注写

## 2.7.2　尺寸的排列与布置

如图 2-16 所示，画在图样外围的尺寸线，与图样最外轮廓线的距离不宜小于 10mm；标注相互平行的尺寸时，应使小尺寸在里、大尺寸在外，且两平行排列的尺寸线之间的距离宜为 7～10mm，并保持一致；若尺寸界线较密，以致注写尺寸数字的空隙不够时，最外边的尺寸数字可写在尺寸界线外侧，中间相邻的可上下错开或用引出线引出注写。

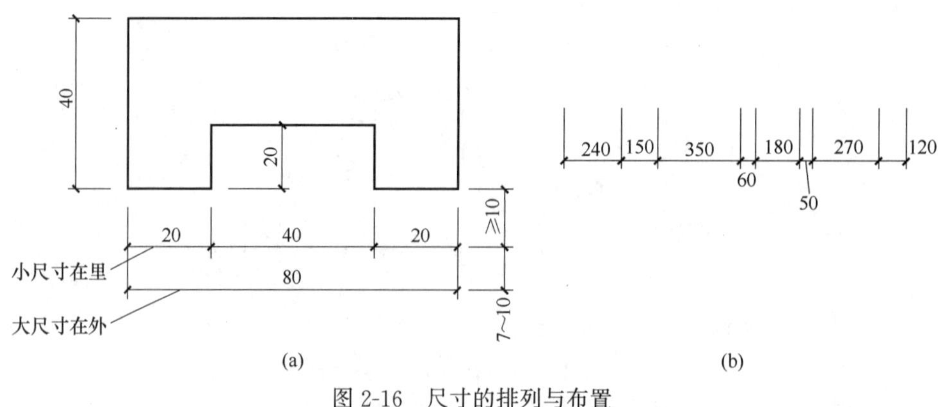


图 2-16　尺寸的排列与布置

（a）尺寸的布置；（b）尺寸界线较密时的处理

## 2.7.3　尺寸标注示例

常见的尺寸标注形式见表 2-7。

**常见的尺寸标注形式**　　**表 2-7**

| 标注内容 | 注法示例 | 说明 |
| --- | --- | --- |
| 直径 | 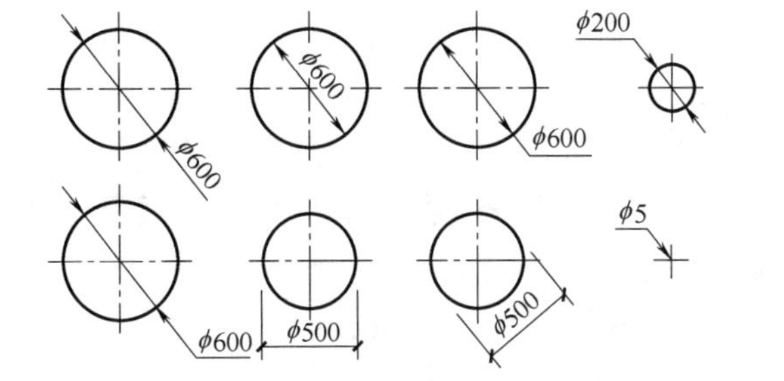 | 圆及大于半圆的圆弧应标注直径，并在直径数字前加注直径符号“$\phi$”。在圆内标注的尺寸线应为通过圆心的倾斜直径（但不能与中心线重合），两端画成箭头指至圆弧 |
| 半径 | 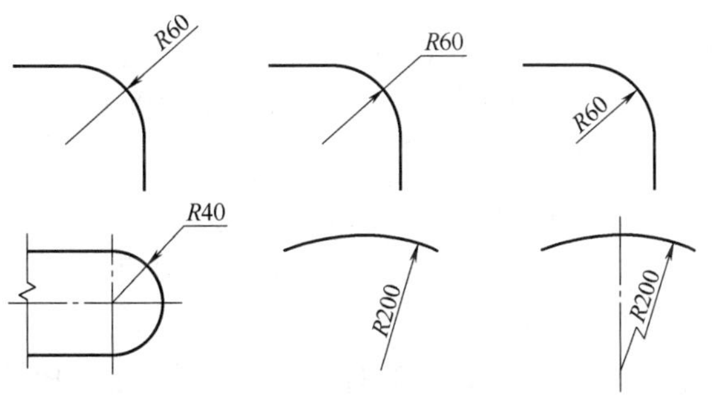 | 半圆及小于半圆的圆弧应标注半径，并在半径数字前加注半径符号“$R$”。尺寸线应通过圆心，另一端画成箭头指至圆弧。圆弧半径较大或在图纸范围内无法标出其圆心位置时，可按最后一种方法标注 |
| 弦长与弧长 | 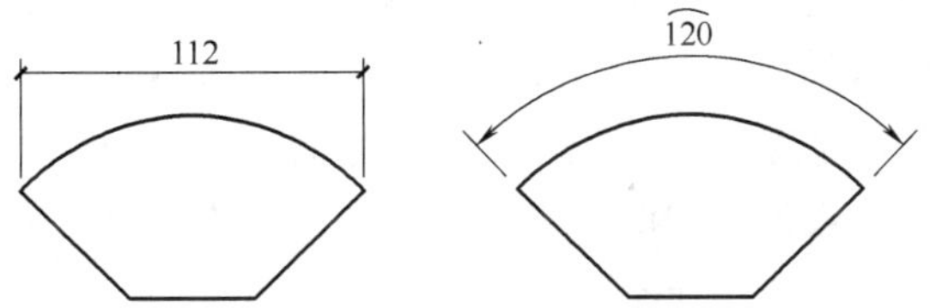 | 标注弦长尺寸的尺寸线为平行于该圆弧弦的细直线，起止符号画成斜短线。<br>标注弧长尺寸的尺寸线为圆弧，起止符号画成箭头，弧长数字上方加注圆弧符号“⌒” |
| 角度球径 | 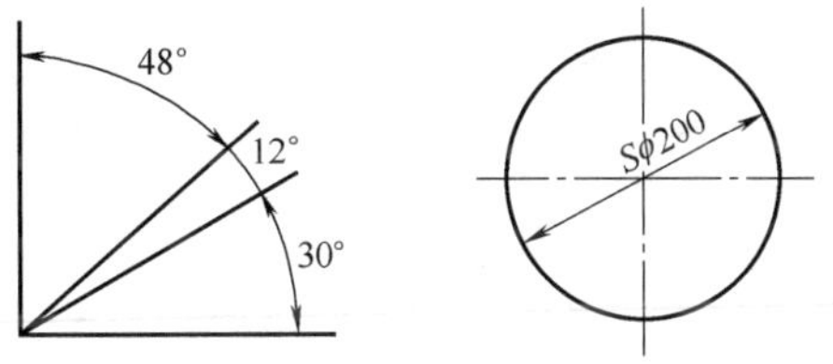 | 角度的尺寸线画成圆弧，圆心应是角的顶点，起止符号画成箭头，角度数字应沿尺寸线方向水平注写。<br>标注球的直径或半径时，应在符号“$\phi$”或“$R$”前加注符号“$S$” |
| 坡度 | 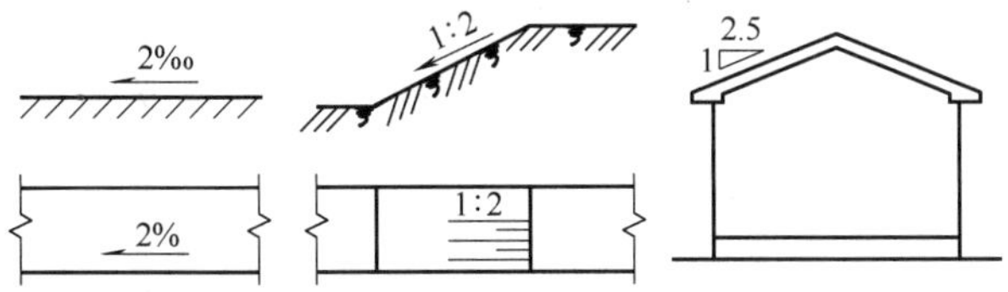 | 坡度的标注可采用 1∶$n$ 的比例形式；当坡度较缓时，可用百分数或千分数、小数表示。可用指向下坡方向的箭头指明坡度方向，也可用直角三角形形式标注 |

## 2.8 手工绘图的一般方法和步骤

### 2.8.1 尺规作图的一般步骤

**1. 准备工作**

(1) 准备好画图所用的图纸和各种工具、仪器，并用清洁的抹布将用具和图板擦拭干净。绘图铅笔的数量要充足，按要求提前削好、磨好，画图时铅笔不能将就、凑合。

常用的绘图工具有图板、丁字尺、三角板、圆规、分规、比例尺等。图板用来铺放图纸，其左边为工作边。丁字尺是由尺头和尺身组成的 T 形尺子，画图时尺头靠在图板的工作边上，沿尺身的上边缘画水平线。一副三角板有两块，一块是 45°等腰直角三角形的板，另一块是有 30°、60°角的直角三角形的板，三角板与丁字尺配合用来画竖直线，或者画斜线。圆规用来画圆。分规有两只针脚，用来截量长度。比例尺上刻有比例刻度，是按比例度量长度用的。

(2) 详细阅读有关资料，弄清所绘图样的内容和要求。

(3) 用胶带纸将图纸固定在图板靠左下方的位置上，纸边不要紧贴图板边缘。

**2. 画铅笔底稿**

手工绘制工程图很难一次成图，一般总要先打底稿。铅笔底稿是用 H 或 2H 等较硬的铅笔画出的，各种图线在底稿上均画得很轻、很细，但应清晰明确，易于辨认。画底稿的一般顺序是：

(1) 首先，画出图纸的外边框、图框线和标题栏，标题栏内的文字可暂不书写，但应按字号要求打好写字的方格和导线。

(2) 根据所画图样的内容及复杂程度选择画图的比例，并根据包容每个图形的最大方框和标注尺寸、书写视图名称所需的地方布置图面，使整幅图疏密得当。

(3) 分别画出各个图形的基线，基线是画图及度量尺寸的基准。对称的图形以轴线或中心线为基线，非对称的图形可以以最下边的水平轮廓线和最左边的竖直轮廓线为基线。

(4) 分别绘制各个图形。

(5) 画尺寸界线、尺寸线，起止符号和数字暂且空着，但应打出填写数字的导线和书写汉字的方格。

(6) 仔细检查有无差错和遗漏。

**3. 描黑**

(1) 按线型的粗细要求，用较软的铅笔在底稿上加深铺黑。可用 B 或 2B 的铅笔描粗实线和虚线，用 H 铅笔描点画线和细实线。描黑圆弧时应该使用更软一些的铅芯。

(2) 描黑的次序大致是先上后下，先左后右，先曲后直，先粗后细。画线的运笔速度要平稳，用力要均匀，以保证同一条线粗细一致，全图深浅统一。要特别强调：细和轻是两个不同的概念，细实线固然很细，但绝非“轻”线、“淡”线，所以对细实线也要用力地描黑。尺寸线、尺寸界线都是图的有效成分，不应只留下轻轻的底子，似有似无，而一定要把它们加深描黑。

(3) 描黑后用粗细适当的 HB 铅笔补画尺寸起止符号，清楚地填写尺寸数字、书写文字说明，包括标题栏内的文字。

**4. 复制**

原图需要经过复制，才能分发到各个使用部门。通常使用工程图复印机复印图纸。

## 2.8.2　徒手作图

徒手画图用于画草图，是一种快速勾画图稿的技术。在日常生活和工作中用到徒手画图的机会很多。工程上设计师构思一个建筑物或产品，工程师测绘一个工程物体，都会用到徒手画图的技能。在计算机绘图技术发展的今天，要用计算机成图也需要先徒手勾画出图稿。由此可见徒手画图是一项重要的绘图技术。

徒手画图时可以不固定图纸，也不使用尺子截量距离，画线靠徒手，定位靠目测。但是草图上亦应做到线型明确，比例协调。不要误以为画草图就可以潦草从事。

初学者练习画草图可以在印好方格的草图纸上进行，印好的格线可以作为视觉上的参考。握笔及画线的手势如图 2-17 所示。画直线时，应先定好两个端点的位置，笔自起点慢慢移向终点时眼睛可注视着终点。画水平线时，自左向右画，画竖直线时自上向下画，画斜线时可将图纸适当转动一下，以画线时感到顺手为度。画圆、圆弧、椭圆等曲线时可凭目测先定出它们上面的一些点，然后逐点连成光顺的曲线，如图 2-18 所示。

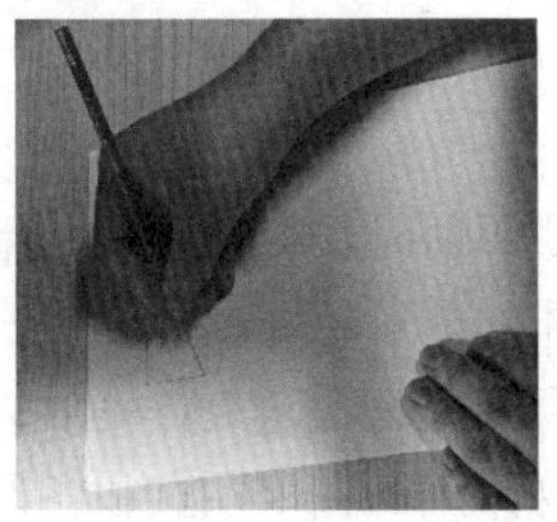

图 2-17　徒手画线

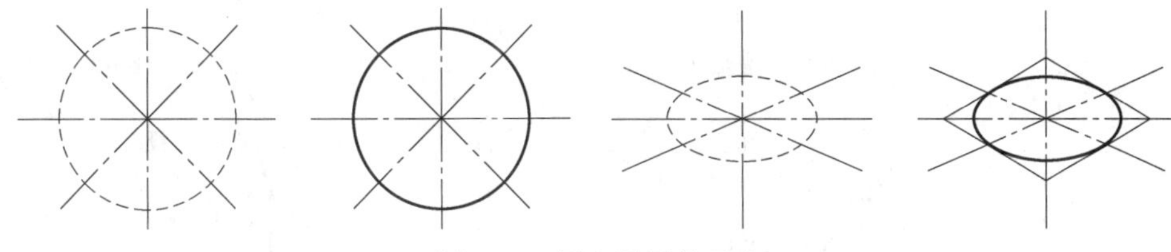

图 2-18　圆和椭圆的画法

# 图形元素的投影

## 3.1 投影的基本知识

### 3.1.1 投影的形成和分类

**1. 投影的形成**

日常生活中，当物体受到光线照射时，会在地面、墙面或其他物体表面上产生影子，这些影子在一定程度上反映了物体的外形轮廓，如图 3-1（a）所示。科学家把这种自然现象经过科学的抽象和概括，应用到画图、看图上，就形成了工程中所用的投影法。

假设光线能够穿透物体，把物体上的各个顶点和各条边线都在投影面上透落它们的影子，那么由这些点、线的影所组成的“线框图”就称为物体的投影，如图 3-1（b）所示。此时光源称为投射中心 $S$，物体称为形体（只研究其形状、大小、位置，而不考虑它的颜

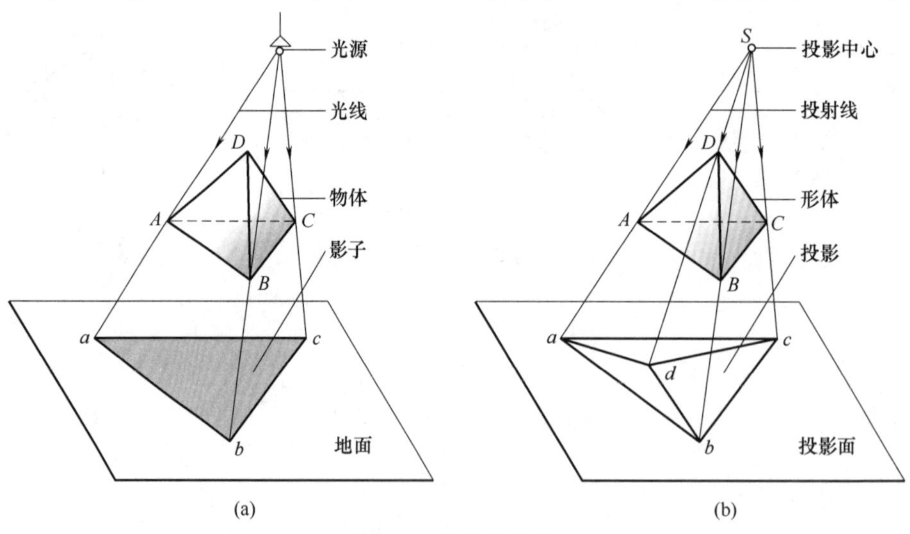


图 3-1　投影的形成

（a）影子；（b）投影

色、质量等物理性质），投射中心与形体上各点的连线（SA、SB、SC、SD）称为投射线，承接影子的平面称为投影面。

投射线通过形体向选定的面投射，并在该面上得到图形的方法称为投影法。投影法是工程图样中把空间三维形体转化为二维平面图形的基本方法。要产生投影，必须具备三要素，即投射线、形体和投影面。

**2. 投影的分类**

投影分为中心投影和平行投影两大类。

（1）中心投影

投射中心 S 距投影面有限远，所有投射线都汇交于一点，这种方法产生的投影称为中心投影，如图 3-2（a）所示。中心投影的大小会随投射中心或形体与投影面的距离变化而变化，不能反映空间形体的真实大小。

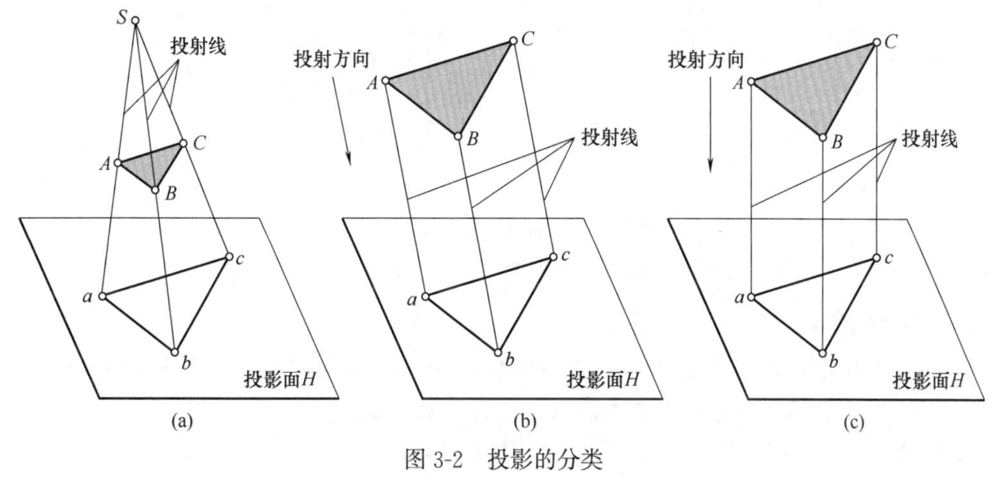


图 3-2　投影的分类

（a）中心投影；（b）斜投影；（c）正投影

（2）平行投影

投射中心 S 距投影面无限远，所有投射线均可视为相互平行，由此产生的投影称为平行投影。平行投影的投射线相互平行，所得投影的大小与形体至投影面的距离无关。

根据投射线与投影面是否垂直，平行投影又分为斜投影和正投影两种。投射线与投影面倾斜时的投影称为斜投影，如图 3-2（b）所示；投射线与投影面垂直时的投影称为正投影，如图 3-2（c）所示，得到这种投影图的方法称为正投影法。

## 3.1.2　工程中常用的投影图

为了满足工程设计中形体表达的需要，往往需要采用不同的投影图。常用的投影图有以下四种。

**1. 多面正投影图**

用正投影法把形体向两个或两个以上互相垂直的投影面上分别进行投影，再按一定的方法将其展开到一个平面上所得到的投影图称为多面正投影图，如图 3-3（a）所示。这种图的优点是能准确地反映物体的形状和大小，度量性好、作图简便，在工程中广泛采用；缺点是直观性较差，需要经过一定的读图训练方能看懂。

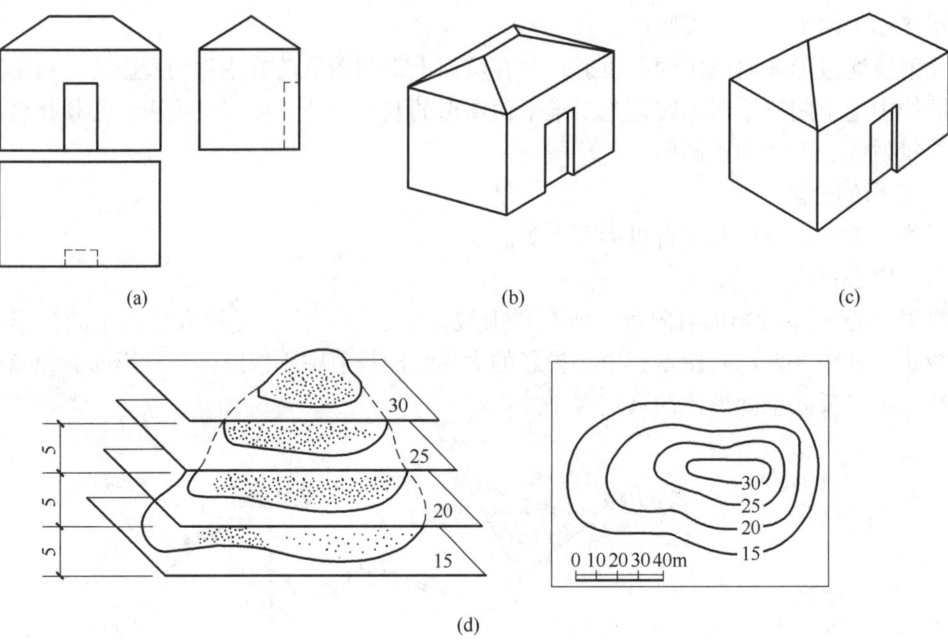


图 3-3 工程中常用的投影图

(a) 多面正投影图；(b) 轴测投影图；(c) 透视投影图；(d) 标高投影图

**2. 轴测投影图**

轴测投影图是按平行投影法绘制的物体在一个投影面上的投影，简称轴测图，如图 3-3（b）所示。这种图的优点是立体感强、直观性好，在一定条件下可直接度量；缺点是作图较麻烦，在工程中常用作辅助图样，如用于设计构思与读图、管道设计系统图等。

**3. 透视投影图**

透视投影图是按中心投影法绘制的物体的单面投影图，简称透视图，如图 3-3（c）所示。这种图的优点是形象逼真，符合人的视觉效果，直观性强；缺点是作图繁杂、度量性差，一般用于房屋、桥梁等的外貌，室内装修与布置的效果图等。

**4. 标高投影图**

标高投影图是用正投影法将物体表面的一系列等高线投射到水平的投影面上，并在其上标注各等高线的高程数值的单面正投影图，如图 3-3（d）所示。标高投影图的缺点是立体感差，优点是在一个投影面上能表达不同高度的形状，所以常用来表达复杂的曲面和地形面。

由于正投影图被广泛地用来绘制工程图样，因此正投影法是本书讲授的主要内容。以后所说的投影，如无特殊说明，均指正投影。

## 3.1.3 正投影的基本特性

**1. 显实性**

当直线或平面平行于投影面时，直线的投影反映实长，平面的投影反映实形，如图 3-4（a）所示。

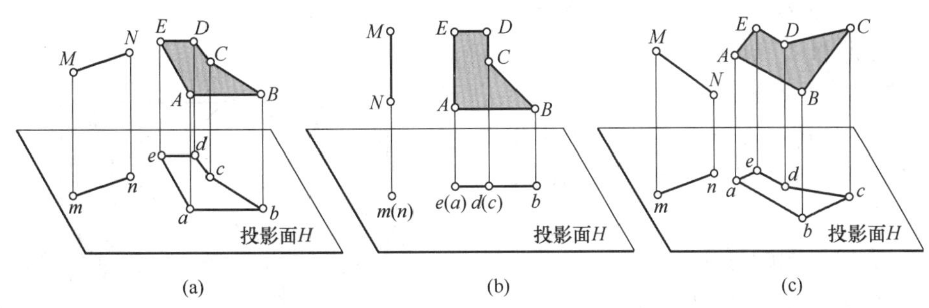


图 3-4　正投影的基本特性

（a）显实性；（b）积聚性；（c）类似性

**2. 积聚性**

当直线或平面垂直于投影面时，直线的投影积聚为一点，平面的投影积聚为一直线，如图 3-4（b）所示。

**3. 类似性**

当直线或平面倾斜于投影面时，直线的投影仍为直线，但短于原直线的实长；平面的投影是与原平面图形边数相同、曲直不变、凹凸不变，但面积变小的类似形，如图 3-4（c）所示。

## 3.1.4　三面投影图

**1. 三面投影体系的建立**

图 3-5 所示为四个不同形状的物体，但这四个物体在同一投影面 $H$ 上的投影却是相同的。因此，仅凭物体的单面投影不能唯一确定物体的空间形状。为此，必须增加投影面的数量。

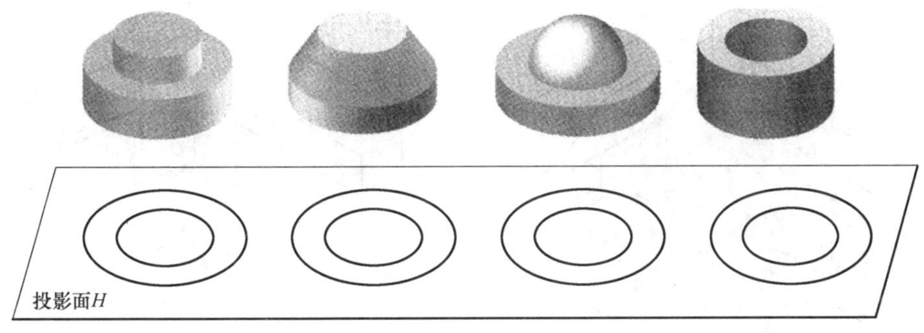


图 3-5　不同形体的单面投影

工程中通常采用物体在三面投影体系中的投影来表达物体的形状，即在空间建立互相垂直的三个投影面：水平投影面 $H$（简称水平面或 $H$ 面）、正立投影面 $V$（简称正面或 $V$ 面）、侧立投影面 $W$（简称侧面或 $W$ 面），如图 3-6 所示。投影面之间的交线称为投影轴：$V$、$H$ 面的交线为 X 轴；$H$、$W$ 面的交线为 $Y$ 轴；$V$、$W$ 面的交线为 $Z$ 轴。三投影轴也相互垂直，并汇交于原点 $O$。

$V$、$H$、$W$ 三个面把空间分成八个区域，称为八个分角，按图示顺序编号为Ⅰ、Ⅱ、

Ⅲ、…Ⅷ，编号为Ⅰ的区域称为第一分角，编号为Ⅲ的区域称为第三分角。《技术制图 图样画法 剖视图和断面图》GB/T 17452—1998 规定，工程图样优先采用第一角画法，有些国家的工程图样采用的是第三角画法。

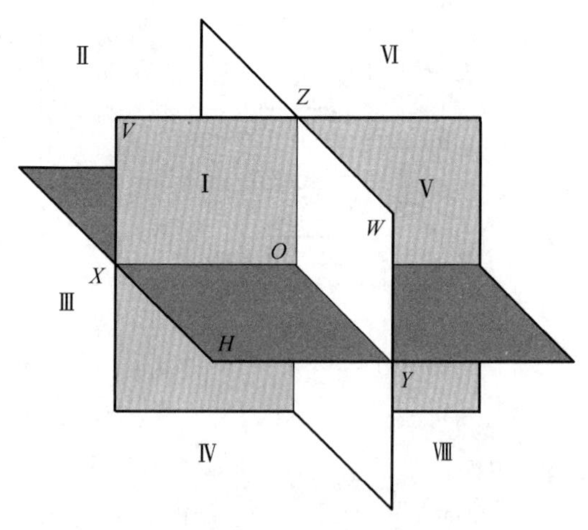

图 3-6 三面投影体系与分角

**2. 三面投影图的形成**

将形体置于第一分角中，然后分别向 $V$、$H$、$W$ 三个投影面投射，得到三面投影图，如图 3-7 所示。国家标准规定，形体的可见轮廓线用实线表示，不可见轮廓线用虚线表示，中心线、对称线和轴线用细点画线表示。

（1）由前向后投射，形体在正面上的投影，称为正面投影或 $V$ 投影。

（2）由上向下投射，形体在水平面上的投影，称为水平投影或 $H$ 投影。

（3）由左向右投射，形体在侧面上的投影，称为侧面投影或 $W$ 投影。

**3. 三面投影图的展开**

为了便于绘图和表达，需要把空间三个投影面展开在一个平面上。如图 3-8 所示，按制图标准规定，展开时保持 $V$ 面不动，$H$ 面绕 $OX$ 轴向下旋转 90°，$W$ 面绕 $OZ$ 轴向右旋转 90°，与 $V$ 面处于同一平面上。此时，$OY$ 轴分为两条，随 $H$ 面旋转的一条标以 $OY_H$，随 $W$ 面旋转的一条标以 $OY_W$，如图 3-9（a）所示。

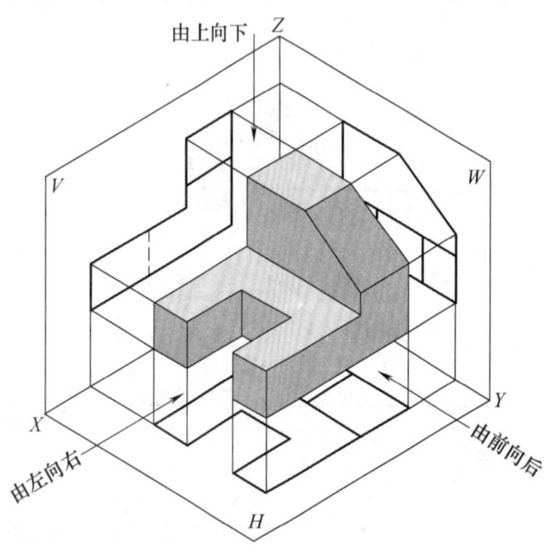

图 3-7 三面投影图的形成

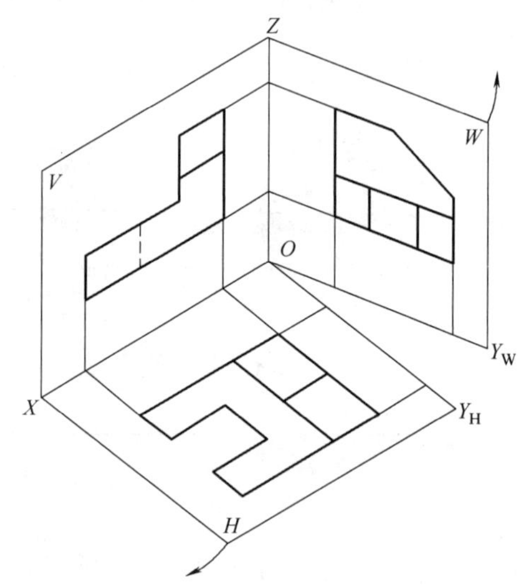

图 3-8 三面投影图的展开过程

投影面展开后，正面投影在左上方，水平投影在正面投影的正下方，侧面投影在正面投影的正右方。由于形体投影图的形状、大小与投影面边框及投影轴无关，故实际作图时只需画出形体的三个投影，而不画投影面边框线和投影轴，如图 3-9（b）所示。

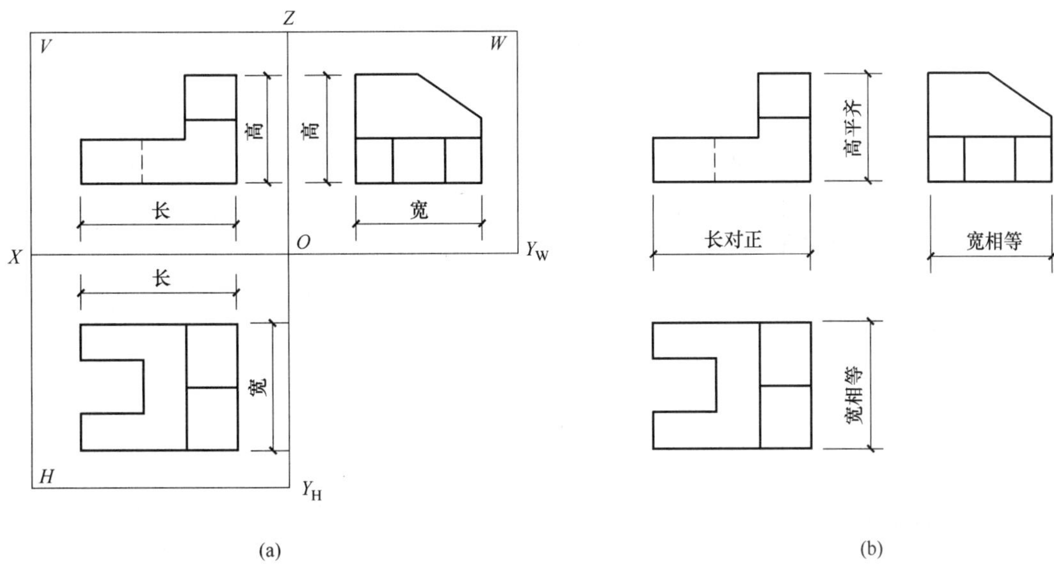


图 3-9　三面投影图的关系及其投影规律

(a) 投影面展开后三面投影图的关系；(b) 三面投影图及其投影规律

**4. 三面投影图的特性**

(1) 投影关系

在三面投影体系中，形体的 $OX$ 轴向尺寸称为长，$OY$ 轴向尺寸称为宽，$OZ$ 轴向尺寸称为高，如图 3-9 (a) 所示。三面投影图共同表达同一形体，且在作各投影时，形体与各投影面的相对位置保持不变，因此三面投影之间必然保持下列关系：

1) 正面投影与水平投影长度相等且对正；

2) 正面投影与侧面投影高度相等且平齐；

3) 水平投影与侧面投影宽度相等。

上述投影关系称为三面投影图的投影规律，亦称“三等规律”，简述为“长对正、高平齐、宽相等”。这一投影关系不仅适用于物体总的轮廓，也适用于物体的任一局部，是画图和读图的依据。

(2) 方位关系

形体在三面投影体系中的位置确定后，相对于观察者，形体有上下、左右、前后六个方位，如图 3-10 所示。这六个方位关系也反映在形体的三面投影图中，即：

1) 正面投影反映物体的上下、左右关系；

2) 水平投影反映物体的左右、前后关系；

3) 侧面投影反映物体的上下、前后关系。

应当注意的是，在三面投影图中，水平投影和侧面投影中远离正面投影的一边是物体的前面，靠近正面投影的一边是物体的后面。如图 3-10 所示，图中三棱柱在长方体立板的右前方，下表面和右表面对齐。

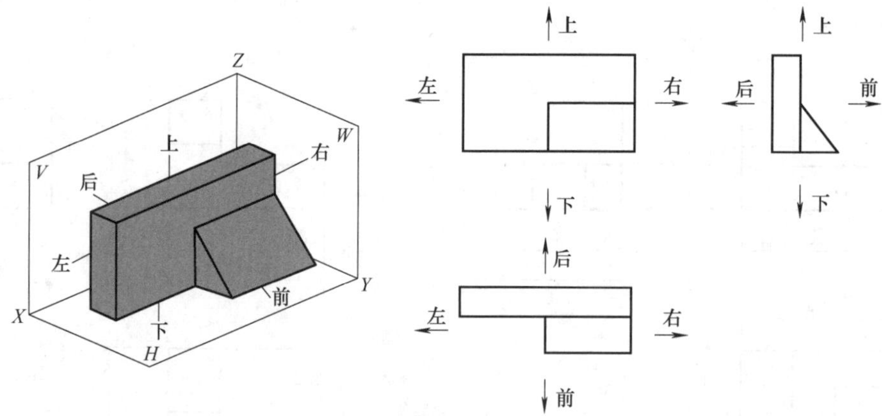


图 3-10　三面投影图的方位关系

## 3.2 点的投影

任何物体都可以看成是由点、线和面构成的，而点又是构成物体最基本的几何元素，因此在讨论物体的投影之前，首先要讨论点的投影。

### 3.2.1 点的三面投影

**1. 三面投影体系的形成**

根据投影规律，点在任意一个投影面上的投影，实质上是过该点向该投影面所作的垂足。所以，点在任意一个投影面的投影仍然是点。但是，仅凭点的一个投影是不能确定点的空间位置的。

如图 3-11（a）所示，由三个互相垂直的投影面组成三面投影体系，即水平投影面 $H$、正立投影面 $V$ 和侧立投影图 $W$。让 $H$ 面处于水平位置，$V$ 面正对观察者，$W$ 面在 $H$、$V$ 面的右侧。$H$、$V$、$W$ 三个投影面相互的交线称为投影轴，分别用 $OX$、$OY$、$OZ$ 表示。$OX$、$OY$、$OZ$ 的交点，称为原点。

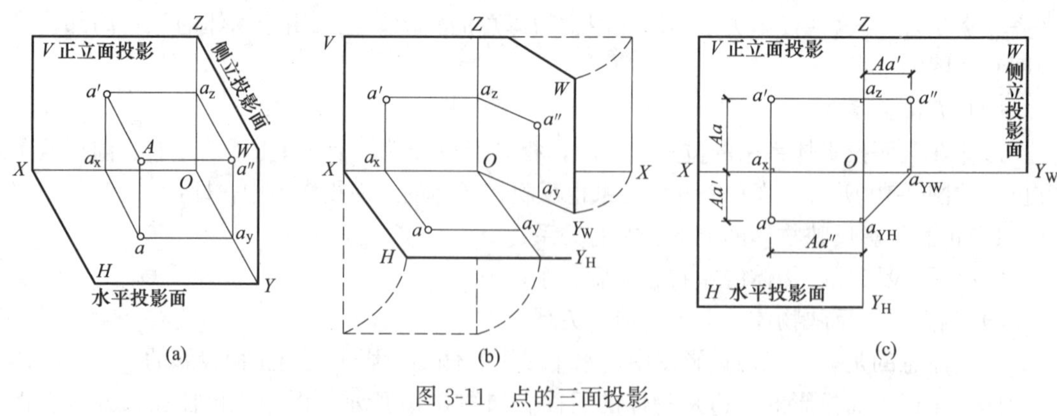


图 3-11　点的三面投影

（a）立体图；（b）展开图；（c）投影图

如图 3-11（a）所示，在三面投影体系空间中有一点 $A$，过点 $A$ 分别向 $H$、$V$、$W$ 面作垂线，所得的三个垂足即为点 $A$ 的三个投影 $a$、$a'$ 和 $a''$。在 $H$ 面的投影称为点的水平投影，在 $V$ 面的投影 $a'$ 称为点的正面投影，在 $W$ 面上的投影 $a''$ 称为点 $A$ 的侧面投影。

为使点 $A$ 的三个投影 $a$、$a'$ 和 $a''$ 画在同一个平面上，规定 $V$ 面保持不动，将 $H$ 面绕 $OX$ 轴（图 3-11b）向下旋转 90°，将 $W$ 面绕 $OZ$ 轴向右旋转 90°与 $V$ 面共面，将随 $H$ 面旋转的 $OY$ 轴用 $OY_H$ 表示，随 $W$ 面旋转的 $OY$ 轴以 $OY_W$ 表示，即得点的三面投影图，如图 3-11（c）所示。因为投影面的边框与表示点的空间位置无关，所以也可省去不画。后面的三面投影展开图就不画边框了。

**2. 点的三面投影特性**

（1）点的任意两个投影连线垂直于这两个投影面的交轴（投影轴），即 $aa' \perp OX$，$aa'' \perp OZ$，$aa_{YH} \perp OY_H$；$a''a_{YW} \perp OY_W$。

（2）点到任意一个投影面的距离等于点在另外两个投影面的投影到相应投影轴的距离，即 $Aa = a''a_x = a''a_{YW}$；$Aa' = aa_x = a''a_z$；$Aa'' = aa_{YH} = a'a_z$。

以上特性说明点在三面投影体系中，任意两个投影之间都有一定的投影规律，因此，只要给出点的任意两个投影，就可以求出其第三个投影。

**【例 3-1】** 如图 3-12（a）所示，已知 $B$、$C$、$D$ 各点的两个投影，补出第三个投影。

以点 B 为例说明，作图步骤如下：

作法一：如图 3-12（b）所示，过 $b'$ 作 $OZ$ 轴的垂线交 $OZ$ 于 $b_z$，延长 $b'b_z$，取 $b_zb'' = bb_x$，即得投影点 $b''$。

作法二：如图 3-12（c）所示，过 $b'$ 作 $OZ$ 轴的垂线，并延长；过 $b$ 作 $OY_H$ 轴的垂线，垂足为 $b_{YH}$；以 $O$ 为圆心，$Ob_{YH}$ 长为半径画 1/4 圆弧交 $Y_W$ 轴于 $b_{YW}$；过 $b_{YW}$ 作 $OY_W$ 的垂线，与过 $b'$ 点作的线交于 $b''$。

作法三：将作法二中的 1/4 圆弧用 45°方向斜线代替，也能作出投影点 $b''$。

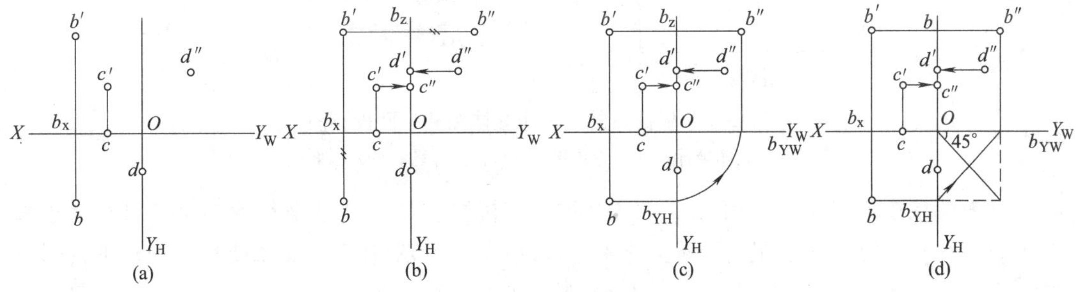


图 3-12　点的“二补三”作图

（a）已知条件；（b）作法一；（c）作法二；（d）作法三

## 3.2.2　点的直角坐标表示法

如图 3-13（a）所示，如果把三个投影面视为三个坐标面，那么 $OX$、$OY$、$OZ$ 即为三个坐标轴，三个轴的交点即为坐标原点。这样，点到投影面的距离就可以用点的三个坐标（$x$，$y$，$z$）来表示，如图 3-13（a）、（b）所示。

点 $A$ 到 $W$ 面的距离等于点 $A$ 的 $x$ 坐标 $x_A$；点 $A$ 到 $V$ 面的距离等于点 $A$ 的 $y$ 坐标 $y_A$；点 $A$ 到 $H$ 面的距离等于点 $A$ 的 $z$ 坐标 $z_A$。

从图中可看出点的投影与坐标的关系：点 $A$ 水平投影 $\alpha$ 由（$x_A$，$x_A$）确定；正面投影 $\alpha'$ 由（$x_A$，$z_A$）确定；侧面投影 $\alpha''$ 由（$y_A$，$z_A$）确定。

由此可见，给出点的坐标就可作出点的投影，反过来，给出点的投影也可量出点的坐标。

**【例 3-2】** 如图 3-13（a）、（b）所示，已知空间四点的坐标，$A$（60，30，40），$B$（45，0，0），$C$（30，40，0），$D$（15，0，60），求作四个点的立体图和三面投影图。

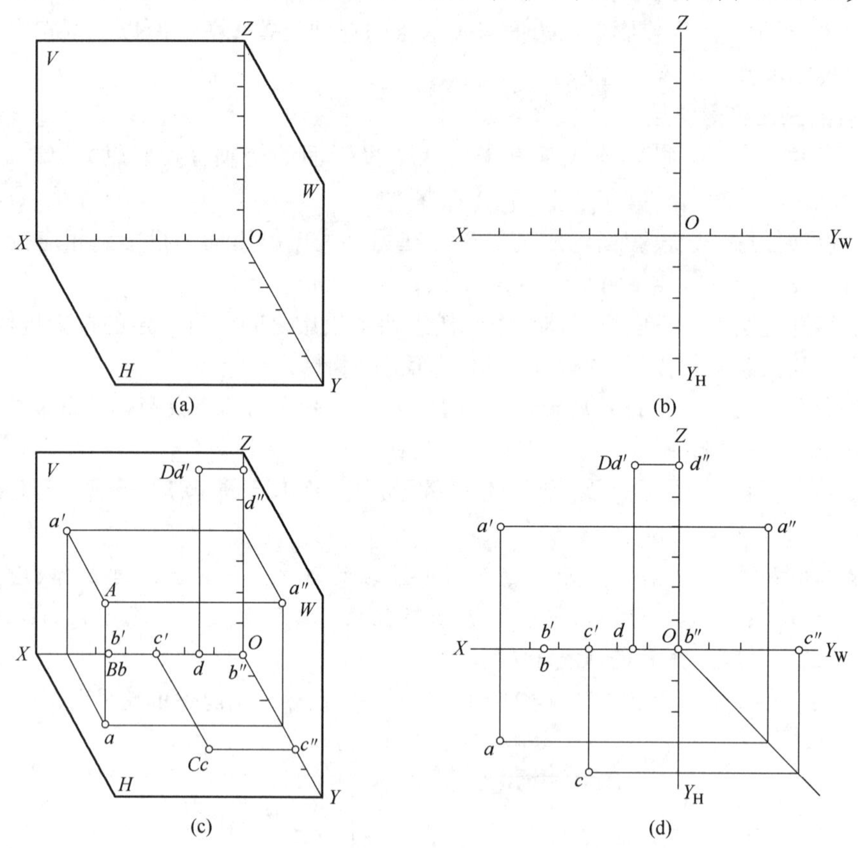


图 3-13 根据点的坐标作立体图和三面投影图

（a）立体坐标；（b）直角坐标；（c）立体图；（d）投影图

作图结果已表明在图 3-13（c）、（d）中。其中，点 $A$ 的三个坐标都不为零，它位于三面投影体系的空间；点 $B$ 的 $y$，$z$ 坐标均为零，它位于 $OX$ 轴上，其正面投影和水平投影与其本身重合，侧面投影与原点重合；点 $C$ 的 $z$ 坐标为零，它位于 $H$ 面上，其水平投影与其本身重合，正面投影和侧面投影分别位于 $OX$ 轴上和 $OY_W$ 轴上；点 $D$ 的 $y$ 坐标为零，它位于 $V$ 面上，其正面投影与其本身重合，水平投影和侧面投影分别位于 $OX$ 轴上和 $OZ$ 轴上。

### 3.2.3 两点的相对位置、重影点

#### 1. 两点的相对位置

两点的相对位置是指两点间的上下、左右、前后的位置关系。在投影图中判别两点的相对位置是读图的重要环节。

如图 3-14（a）所示，假定观察者面对 $V$ 面，则 $OX$ 轴的指向为左方，$OY$ 轴的指向为前方，$OZ$ 轴的指向为上方，于是两点间的相对位置是：

比较 $x$ 坐标的大小，可以判定两点左右的位置关系，$x$ 大的点在左，$x$ 小的点在右。比较 $y$ 坐标的大小，可以判定两点前后的位置关系，$y$ 大的点在前，$y$ 小的点在后。比较 $z$ 坐标的大小，可以判定两点上下的位置关系，$z$ 大的点在上，$z$ 小的点在下。

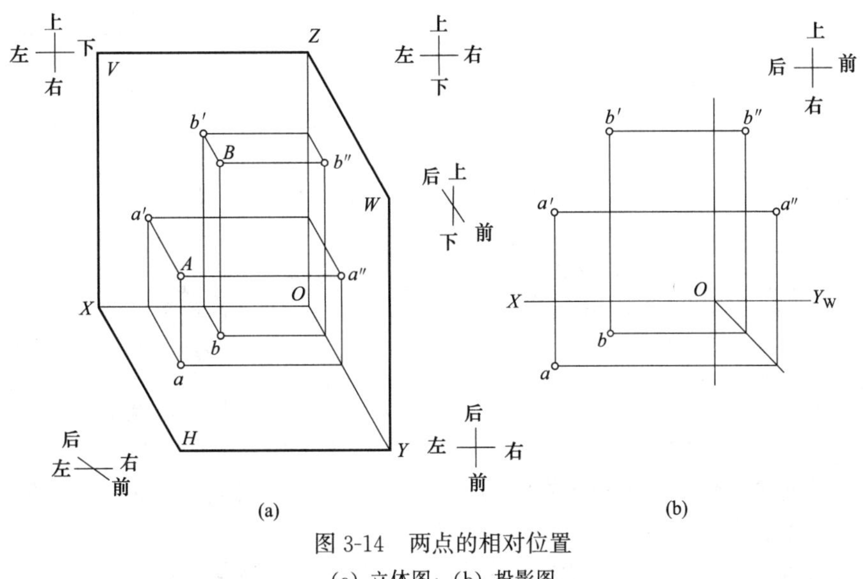

(a)　(b)

图 3-14　两点的相对位置

(a) 立体图；(b) 投影图

三面投影体系中两点的水平投影反映两点间的左右、前后的位置关系；正面投影反映两点间的左右、上下的位置关系；侧面投影反映两点间的前后、上下的位置关系。如图 3-14 (b) 所示，由 $A$、$B$ 两点的三面投影可以判断出空间点 $A$ 在左，点 $B$ 在右；点 $A$ 在前，点 $B$ 在后；点 $A$ 在下，点 $B$ 在上。

**2. 重影点**

如果空间两个点在某一投影面上的投影重合，那么这两个点就称为对于该投影面的重影点，见表 3-1。

**重影点**　**表 3-1**

| 名称 | 沿 $Z$ 轴重影点 | 沿 $Y$ 轴重影点 | 沿 $X$ 轴重影点 |
|---|---|---|---|
| 物体表面上的点 | A, B | B, C | B, D |
| 立体图 | Z, V, a′, b′, W, a″, A, b″, B, O, X, H, a(b), Y | Z, V, c′(b′), B, b″, W, C, c″, X, O, b, H, c, Y | Z, V, d′, b′, B, W, D, d″(b″), X, O, H, d, b, Y |

续表

| 名称 | 沿 $Z$ 轴重影点 | 沿 $Y$ 轴重影点 | 沿 $X$ 轴重影点 |
|---|---|---|---|
| 投影图 | | | |
| 投影特性 | 1. 正面投影和侧面投影反映两点的上下位置，上面一点可见，下面一点不可见；<br>2. 两点水平投影重合，不可见点 $B$ 的水平投影用 $(b)$ 表示 | 1. 水平投影和侧面投影反映两点的前后位置，前面一点可见，后面一点不可见；<br>2. 两点正面投影重合，不可见点 $B$ 的正面投影用 $(b')$ 表示 | 1. 水平投影和正面投影反映两点的左右位置，左面一点可见，右面一点不可见；<br>2. 两点侧面投影重合，不可见点 $B$ 的侧面投影用 $(b'')$ 表示 |

显然，若两个点位于某一投影面的同一条投射线上，则这两个点的投影就在该投影面重合。如果观察者沿投射线方向观察这两个点，则必有一点可见，而另一点不可见。不可见点的投影放到括号内表示，这就是重影点的可见性。判断在某一投影面上重影点重合投影的可见性，可用不相等的两个坐标值判断，坐标值大的点为可见点。也可由投影图判别，其方法为：

(1) 沿 $Z$ 轴重影点是上面一点可见，下面一点不可见，上下位置可从 $V$、$W$ 面投影看出。

(2) 沿 $Y$ 轴重影点是前面一点可见，后面一点不可见，前后位置可从 $H$、$W$ 面投影看出。

(3) 沿 $X$ 轴重影点是左面一点可见，右面一点不可见，左右位置可从 $H$、$V$ 面投影看出。

## 3.3 直线

### 3.3.1 一般位置直线

一般位置直线是指在三面投影体系中，与三投影面均倾斜的直线，通常称为一般位置线。一般位置线与它在某投影面上投影之间的夹角，称为其与该投影面的倾角。其中，它与 $H$ 面的倾角以 $\alpha$ 表示；与 $V$ 面的倾角以 $\beta$ 表示；与 $W$ 面的倾角以 $\gamma$ 表示，如图 3-15 (a) 所示。一般位置线的三面投影均小于直线实长，它在 $H$ 面的投影为 $ab=AB\cdot\cos\alpha$，在 $V$ 面的投影为 $a'b'=AB\cdot\cos\beta$，在 $W$ 面的投影为 $a''b''=AB\cdot\cos\gamma$。由此可知，当直线的某一倾角为零时，其投影长度等于直线实长；当直线的某一倾角为 90°时，其投影长度等于零（积聚为一点）。因此，一般位置线的投影既不能反映直线实长又无积聚性，其投影均为小于实长的线段，且三个投影与相应轴的夹角不能反映直线与投影面的倾角，如图 3-15 (b) 所示。

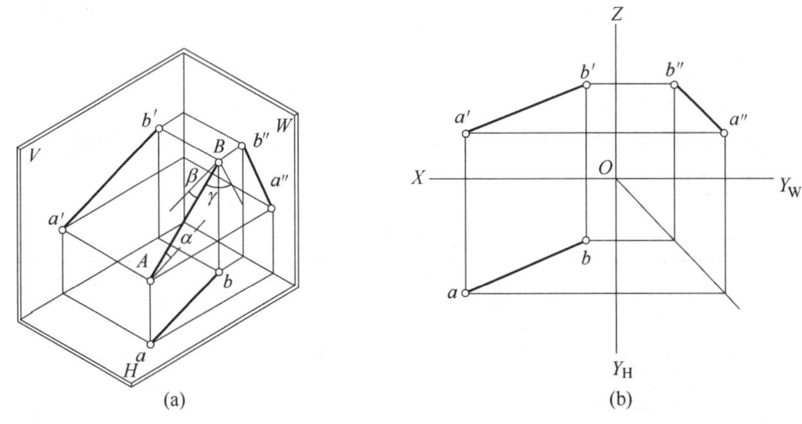


图 3-15　一般位置直线

(a) 立体图；(b) 投影图

看直线的投影图时，可根据直线上两点的相对位置来想象和分析直线在空间的位置。如图 3-15（b）所示的 $AB$ 直线是由左方、前方、下方到右方、后方、上方。

## 3.3.2　特殊位置直线

特殊位置直线是指投影面平行线和投影面垂直线。

### 1. 投影面平行线

投影面平行线是指平行于一个投影面，且倾斜于另两个投影面的直线。

在投影面平行线中，平行于 $H$ 面的直线称为水平线，平行于 $V$ 面的直线称为正平线，平行于 $W$ 面的直线称为侧平线。

现以水平线为例，说明投影面平行线的投影特征。

如图 3-16（a）所示，水平线 $AB$ 是平行于 $H$ 面、倾斜于 $V$ 面和 $W$ 面的直线。线上任意点距 $H$ 面的距离均相等，即 $Z$ 坐标均相等，因此对 $H$ 面的倾角为零。故水平线的投影特征为：

（1）水平投影反映直线实长，即 $ab=AB$；且 $ab$ 与 $OX$ 轴的夹角反映直线对 $V$ 面的倾角 $\beta$，与 $OY_H$ 的夹角反映直线对 $W$ 面的倾角 $\gamma$。

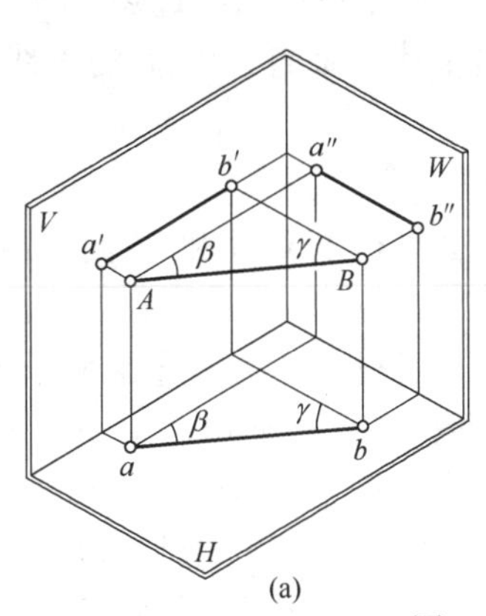


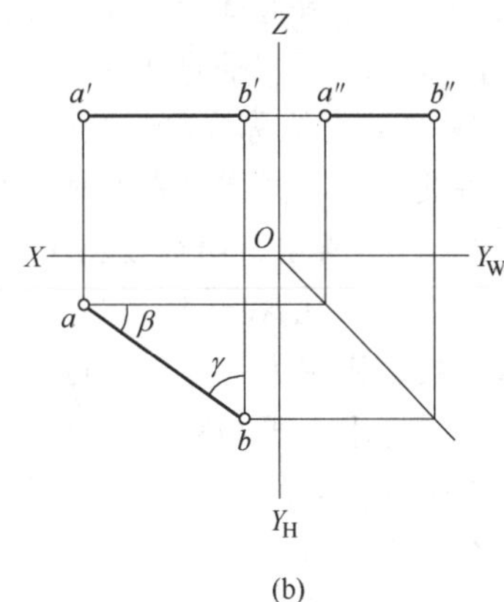


图 3-16　水平线的投影特征

(a) 立体图；(b) 投影图

（2）正面投影平行 $OX$ 轴，即 $a'b'//OX$；侧面投影平行 $OY_W$，即 $a''b''//OY_W$，如图 3-16（b）所示。

从水平线的投影特征可知，投影面平行线在与其平行的投影面上的投影反映实长，且反映与另两投影面的倾角，在另两投影面上的投影均平行于相应的投影轴。正平线与侧平线的投影特征详见表 3-2。

**投影面平行线** **表 3-2**

| 名称 | 立体图 | 投影图 | 投影特征 |
|---|---|---|---|
| 水平线 | 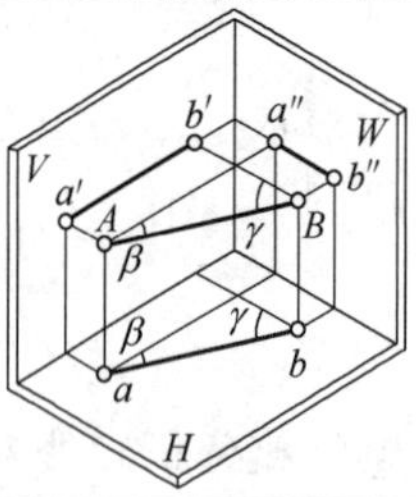 | 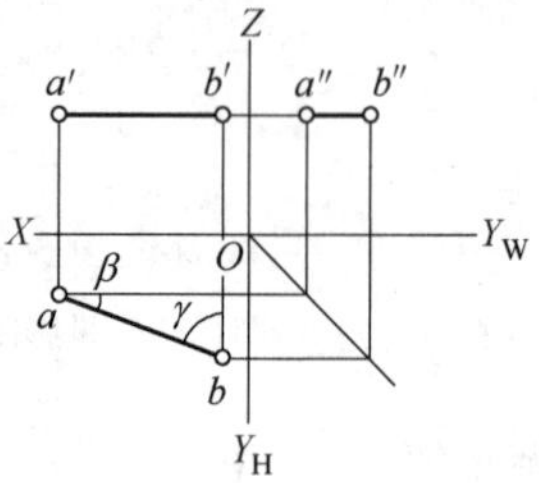 | 1. $ab=AB$，且反映 $\beta$，$\gamma$ 夹角<br>2. $a'b'//OX$，$a''b''//OY_W$ |
| 正平线 | 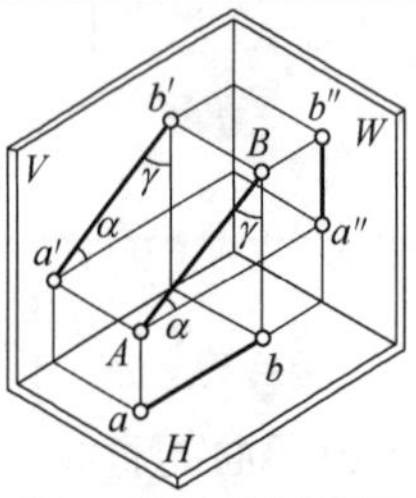 | 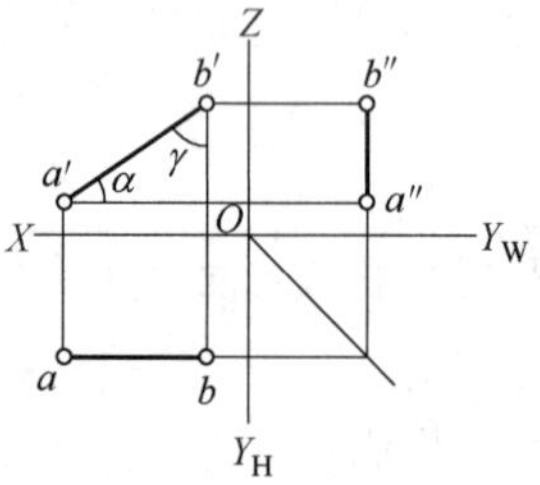 | 1. $a'b'=AB$，且反映 $\alpha$，$\gamma$ 夹角<br>2. $ab//OX$，$a''b''//OZ$ |
| 侧平线 | 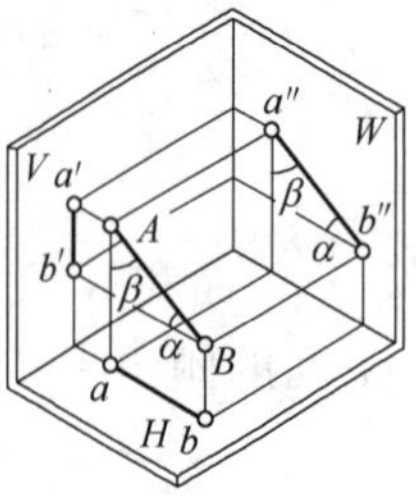 | 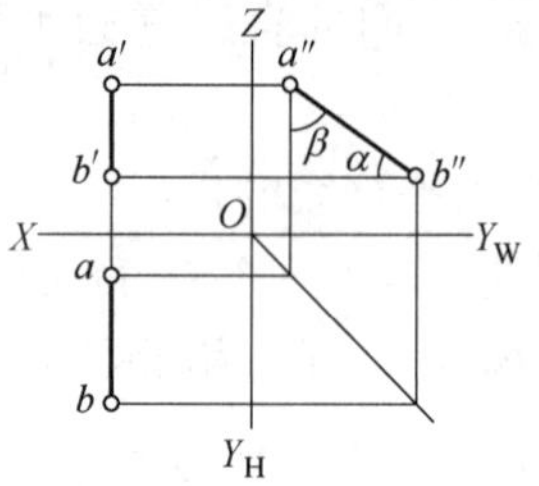 | 1. $a''b''=AB$，且反映 $\alpha$，$\beta$ 夹角<br>2. $ab//OY_H$，$a'b'//OZ$ |

**2. 投影面垂直线**

投影面垂直线是指垂直于一个投影面，且平行于另两个投影面的直线。

在投影面垂直线中，垂直于 $H$ 面的直线称为铅垂线，垂直于 $V$ 面的直线称为正垂线，垂直于 $W$ 面的直线称为侧垂线。

现以铅垂线为例，说明投影面垂直线的投影特征。

如图 3-17（a）所示，铅垂线 $AB$ 垂直于 $H$ 面，必平行于 $V$ 面和 $W$ 面（因三投影面相互垂直）。故铅垂线的投影特征为：

（1）水平投影积聚为一点，即点的投影 $a$ 和 $b$ 在三面投影体系中重合（由于 $\alpha=90°$）。

（2）正面投影垂直于 $OX$ 轴，即 $a'b'\perp OX$；侧面投影垂直于 $OY_W$，即 $a''b''\perp OY_W$，且正面投影与侧面投影均反映直线实长，即 $a'b'\perp a''b''=AB$（由于 $\beta=\gamma=0°$）。

从铅垂线的投影特征可知，投影面垂直线在所垂直的投影面上的投影积聚为一点，在另两投影面上的投影垂直于相应的投影轴，且反映直线实长。正垂线与侧垂线的投影特征详见表 3-3。

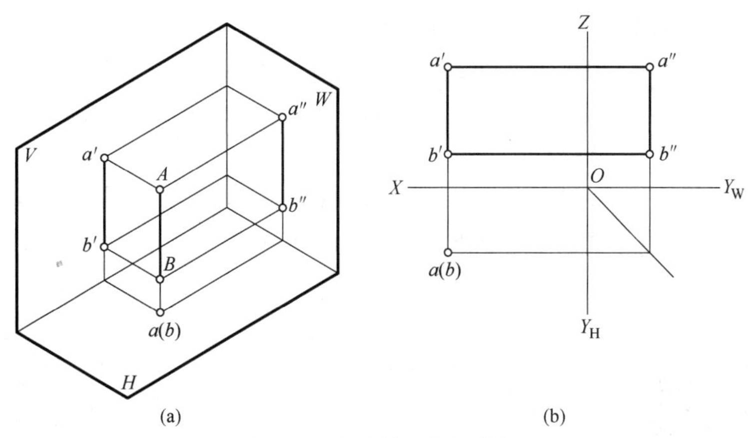


图 3-17　铅垂线的投影特征

(a) 立体图；(b) 投影图

**投影面垂直线**　　**表 3-3**

| 名称 | 立体图 | 投影图 | 投影特征 |
| --- | --- | --- | --- |
| 铅垂线 | | | 1. $a$、$b$ 积聚成一点<br>2. $a'b' \perp OX$，$a''b'' \perp OY_W$ 且 $a'b' = a''b'' = AB$ |
| 正垂线 | | | 1. $a'b'$ 积聚成一点<br>2. $ab \perp OX$；$a''b'' \perp OZ$ 且 $ab = a''b'' = AB$ |
| 侧垂线 | | | 1. $a''$、$b''$ 积聚成一点<br>2. $ab \perp OY_H$；$a'b' \perp OZ$ 且 $ab = a'b' = AB$ |

### 3.3.3　一般位置线的实长及其与投影面的倾角

由上述分析可知，一般位置线的各投影均不反映其实长及与投影面的倾角。但可根据空间线段与其投影之间的几何关系，用图解的方法求得其实长和倾角。

由图 3-18 (a) 可知，$AB$ 为一般位置线。过点 $A$ 作 $AB_0 // ab$。过点 $B$ 向 $H$ 面引垂线则构成直角三角形 $ABB_0$，其中 $\angle BAB_0$ 为线段对 $H$ 面的倾角 $\alpha$，因此欲求线段的实长

和倾角$\alpha$，只需作出直角三角形实形。两直角边可在投影图中量得，其中一直角边$AB_0$的长度等于水平投影$ab$，另一直角边是线段两端点$B$和$A$的$Z$坐标之差，可在线段的$V$面投影中量得，即$|Z_B-Z_A|$。因此，欲求线段的实长和倾角$\alpha$，只需作出直角三角形实形即可。

图 3-18（b）所作的$\triangle abB_0$和图 3-18（c）所作的$\triangle b'B_0A_0$都与$\triangle ABB_0$全等，其斜边都反映线段$AB$的实长，斜边与线段投影$ab$的夹角即为$\alpha$角。

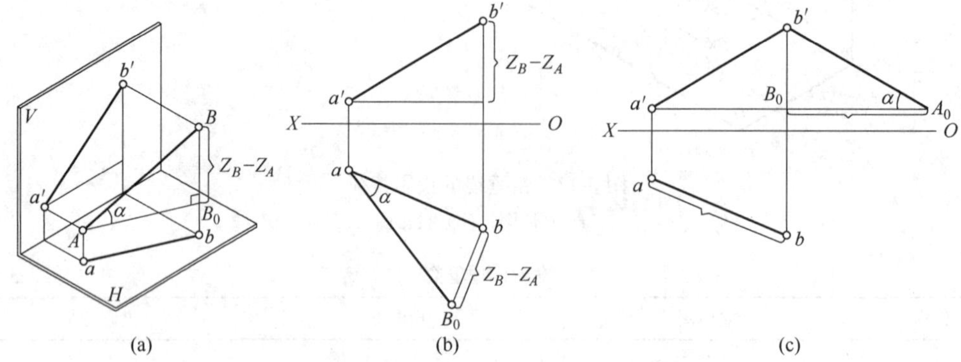


图 3-18　用直角三角形法求一般位置线的实长及$\alpha$角

（a）立体图；（b）投影图一；（c）投影图二

这种求得一般位置线的实长及其与投影面的倾角的方法，称为直角三角形法。

求一般位置线的实长及其与$V$面的倾角$\beta$或与$W$面的倾角$\gamma$，其原理相同，作图方法类似。但应注意，求不同倾角所用的投影及坐标差不同。

图 3-19 给出求一般位置线$CD$的实长及其与$V$面倾角$\beta$的作图方法。

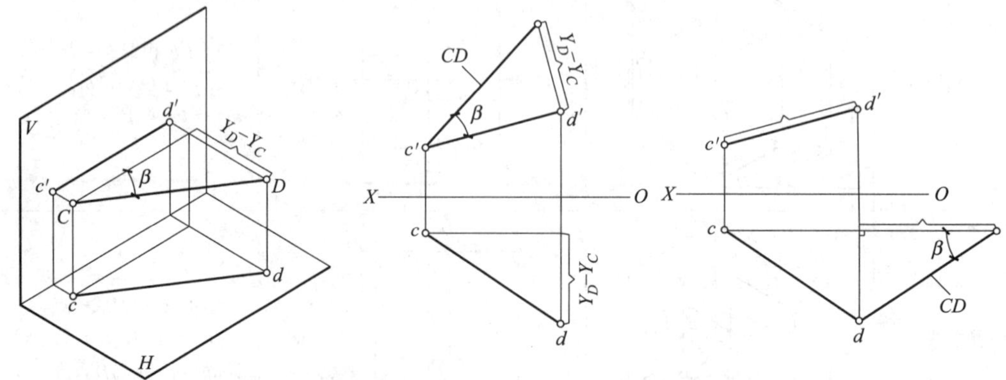


图 3-19　用直角三角形法求一般位置线的实长及$\beta$角

从图 3-18 和图 3-19 的作图方法中，可得出以下结论：当用直角三角形法求线段的实长及其对某投影面的倾角时，应以线段在该投影面上的投影长度为一直角边，以线段两端点至该投影面的距离差为另一直角边，斜边与投影长度的夹角即为空间直线对该投影面的倾角。

**【例 3-3】** 如图 3-20（a）所示，已知线段$AB$的两面投影$ab$及$a'b'$，求线段的实长及其与$V$面的倾角$\beta$。

**分析**　由$AB$的两面投影可知，$AB$为一般位置线，故用直角三角形法可求得其实长

及对 $V$ 面的倾角 $\beta$。

**作图**

(1) 过 $a'$ 作以 $a'b'$ 的垂线。

(2) 在 $H$ 面内量取 $|Y_A-Y_B|$，在 $V$ 面截取 $a'A_0=|Y_A-Y_B|$。

(3) 连 $A_0b'$，则 $A_0b'=AB$，$\angle A_0b'a'=\beta$，如图 3-20 (b) 所示。

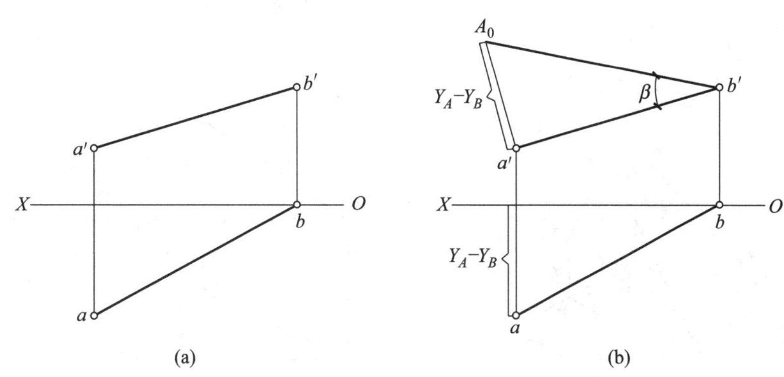


图 3-20　求直线 $AB$ 的实长及 $\beta$ 角

(a) 已知条件；(b) 结果

**【例 3-4】** 如图 3-21 (a) 所示，已知直线 $AB$ 的水平投影 $ab$ 和 $A$ 点的正面投影 $a'$，并知 $AB$ 对 $H$ 面的倾角 $\alpha=30°$，$B$ 点高于 $A$ 点，求 $AB$ 的正面投影 $a'b'$。

**分析**　在构成直角三角形的 4 个要素中，已知其中两要素，即水平投影 $ab$ 及倾角 $\alpha=30°$，从而求出 $b'$。

**作图**

(1) 在图纸的空白地方，如图 3-21 (c) 所示，以 $ab$ 为一直角边，过 $a$ 作夹角为 30° 的斜线，此斜线与过 $b$ 点的垂线交于 $B_o$ 点，$bB_o$ 为另一直角边 $\Delta Z$。

(2) 利用 $B_o$ 即可确定 $b'$，如图 3-21 (b) 所示。

此题也可将直角三角形直接画在投影图上，以便节约时间与图纸，如图 3-21 (b) 所示。

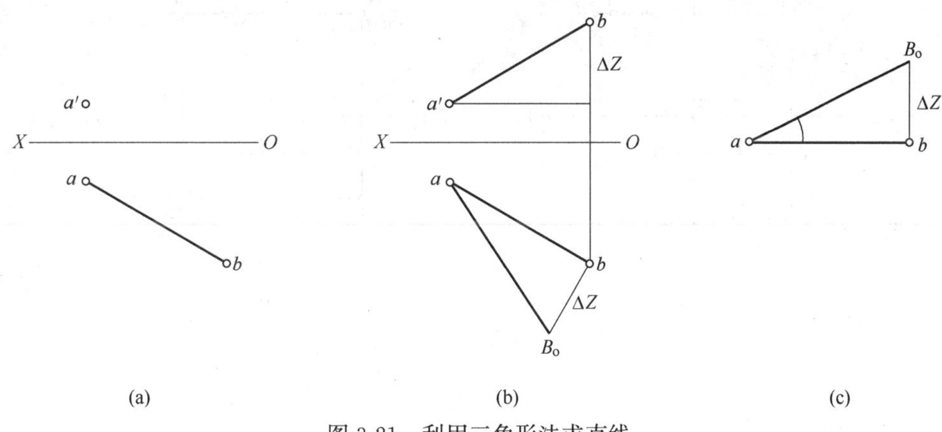


图 3-21　利用三角形法求直线

(a) 已知条件；(b) 作图（一）；(c) 作图（二）

### 3.3.4 直线上的点

**1. 点与直线的从属关系**

当点在直线上时，点的投影必在直线的同面投影上。即点的水平投影在直线的水平投影上，点的正面投影在直线的正面投影上，点的侧面投影在直线的侧面投影上，且符合点的投影规律。如图 3-22 所示，点 $K$ 在直线 $AB$ 上，则 $k$ 在 $ab$ 上，$k'$在 $a'b'$上，$k''$在 $a''b''$上；且 $kk' \perp OX$，$k'k'' \perp OZ$。

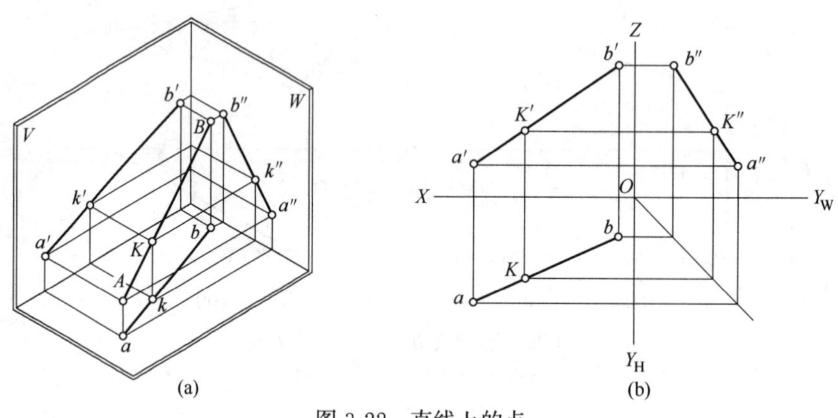

(a) (b)

图 3-22 直线上的点

(a) 立体图；(b) 投影图

**【例 3-5】** 已知点 $M$ 在直线 $CD$ 上，试求其水平投影 $m$ 和正面投影 $m'$（图 3-23a）。

**分析** 由于点 $M$ 在直线 $CD$ 上，则点 $M$ 的投影必在直线 $CD$ 的同面投影上。因为 $CD$ 线为正垂线，故点的正面投影 $m'$重合在直线积聚性的投影 $c'd'$上，点的水平投影 $m$ 可根据点的投影规律在 $cd$ 上求得。

**作图**

（1）由 $c'd'$上直接求得 $m'$。

（2）过 $m''$作 $OY_W$ 的垂线，并确定其与 45°辅助线的交点，再过该交点作 $OY_H$ 的垂线并与 $cd$ 交于 $m$，则 $m$、$m'$为所求，如图 3-23（b）所示。

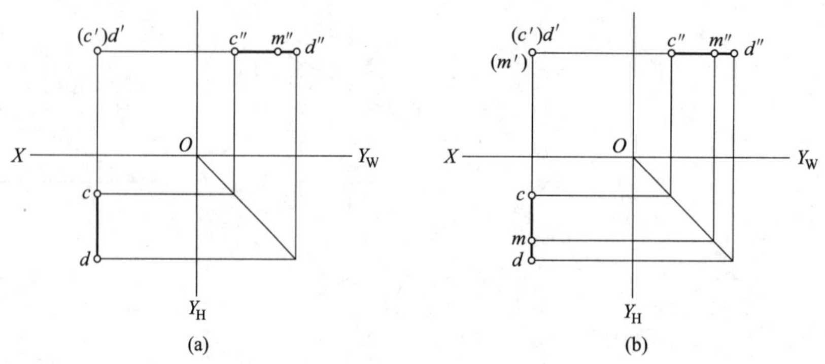

(a) (b)

图 3-23 求直线上点的投影

(a) 已知条件；(b) 结果

**2. 点分割直线的等比关系**

如图 3-24 所示，点 $K$ 在直线 $AB$ 上，且 $AK : KB = n$。因为 $Aa // Kk // Bb$；$Aa' //$

$Kk'//Bb'$，故 $AK:KB=ak:kb=a'k':k'b'=n$。故直线上的点分割线段之比等于其投影分线段同面投影之比。这种关系称为等比关系。

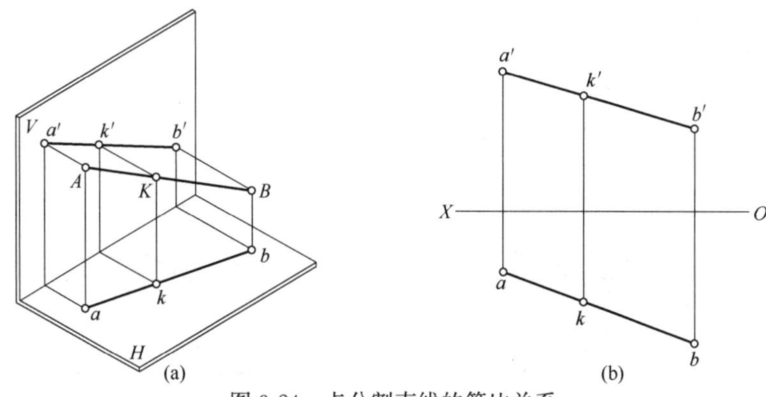


图 3-24　点分割直线的等比关系

(a) 立体图；(b) 投影图

**【例 3-6】**　已知点 $K$ 在直线 $AB$ 上，且 $AK:KB=2:1$，求点 $K$ 的三面投影（图 3-25a）。

**分析**　根据点在直线上的投影特性，点 $K$ 的投影必在直线 $AB$ 的同面投影上，又根据点分割线段的等比关系有：$ak:kb=a'k':k'b'=a''k'':k''b''=2:1$。

**作图**

(1) 过 $a$ 任作一辅助线，在此线上任取三个点，如 1、2、3 点并使得点 $a$ 和点 1，点 1 和点 2，点 2 和点 3 之间距离相等。

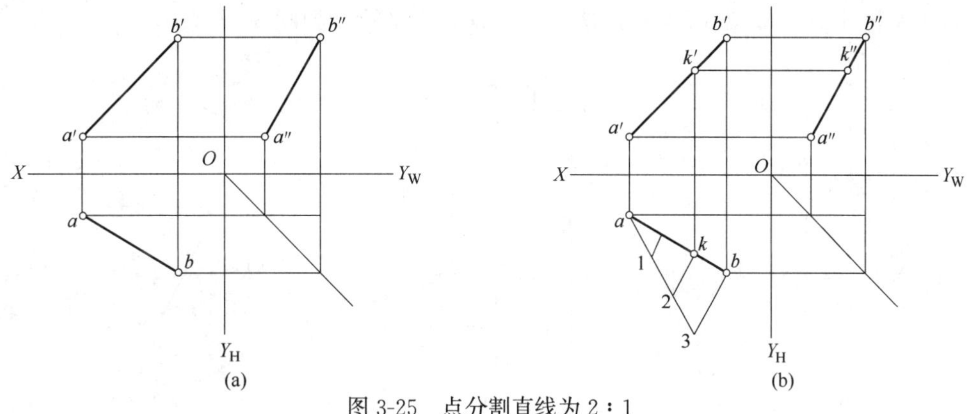


图 3-25　点分割直线为 2∶1

(a) 已知条件；(b) 结果

(2) 连接点 3 和点 $b$。

(3) 过点 2 作 $3b$ 的平行线，交 $ab$ 于 $k$。

(4) 过 $k$ 作 $OX$ 轴的垂线交 $a'b'$ 于 $k'$，过点 $k'$ 作 $OZ$ 轴的垂线交 $a''b''$ 于 $k''$，则 $k$、$k'$、$k''$ 即为所求。

## 3.3.5　两直线的相对位置

### 1. 两直线平行

如图 3-26 (a) 所示，直线 $AB//CD$，将它们分别向 $H$ 面作投影，由于包含 $AB$ 的投射平面 $P$ 与包含 $CD$ 的投射平面 $Q$ 相互平行，故二平面与 $H$ 面的交线 $ab$ 与 $cd$ 平行，即，$AB$ 与 $CD$ 在 $H$ 面的投影 $ab//cd$。

同理，$AB$ 与 $CD$ 在 $V$ 面的投影 $a'b'//c'd'$，在 $W$ 面的投影 $a''b''//c''d''$。因此，若空间两直线平行则同面投影平行；反之，若两直线的同面投影平行，则空间的两直线平行，如图 3-26（b）所示。

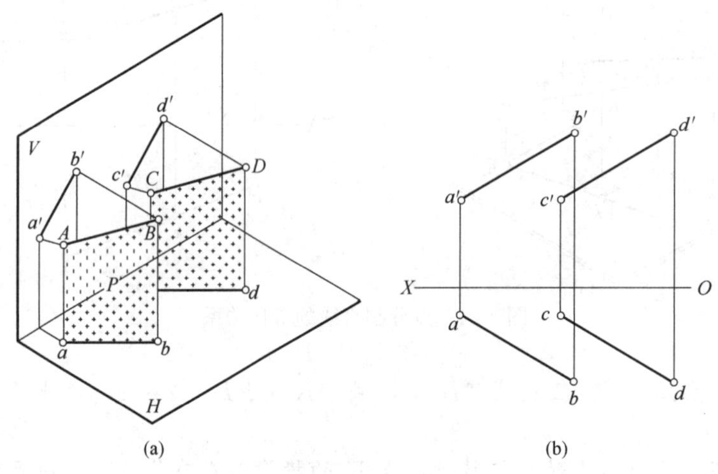


图 3-26 两直线平行

（a）立体图；（b）投影图

一般情况下，只要有两个投影面的同面投影平行，即可断定这两条直线在空间上是平行的。当两条直线同时平行于某一投影面时，则应看它们在该投影面上的投影是否平行，若平行则空间平行，如图 3-27（a）所示；否则，不平行，如图 3-27（b）、（c）所示。

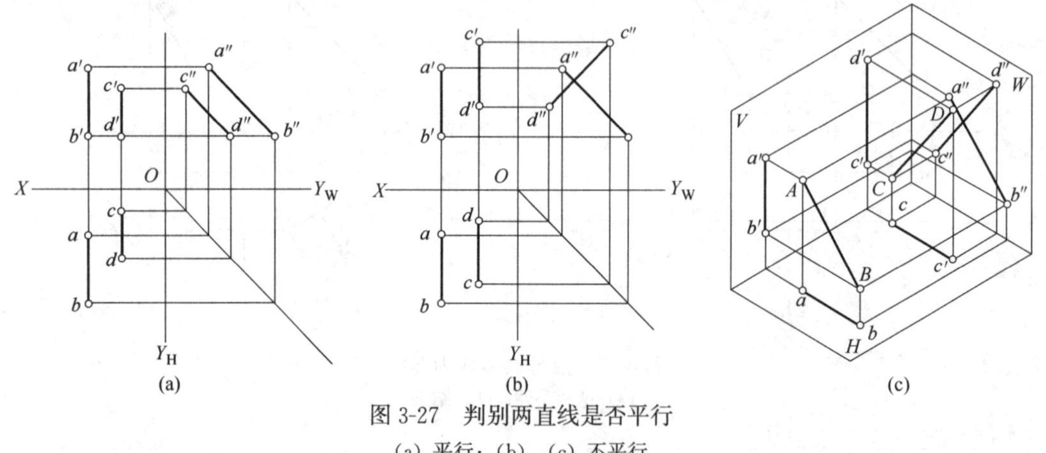


图 3-27 判别两直线是否平行

（a）平行；（b）、（c）不平行

**2. 两直线相交**

如图 3-28（a）所示，直线 $AB$ 与 $CD$ 相交于点 $K$，$K$ 即为 $AB$、$CD$ 的共有点。当将它们分别向 $H$ 面及 $V$ 面作投影时，其水平投影 $ab$ 与 $cd$ 交于 $k'$，正面投影 $a'b'$ 与 $c'd'$ 交于 $k'$。同理，它们的侧面投影必有 $a''b''$ 与 $c''d''$ 交于 $k''$。

因此，若两直线相交，则其同面投影必相交，且投影的交点连线垂直于相应的投影轴；反之，若两直线的同面投影相交，且交点连线垂直于相应投影轴，则两直线在空间也必然相交，如图 3-28（b）所示。

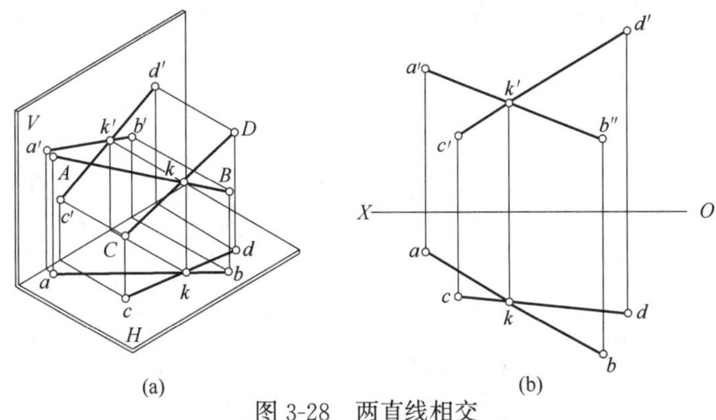


图 3-28　两直线相交

(a) 立体图；(b) 投影图

**3. 两直线交叉**

既不平行又不相交的两直线称为交叉直线。两条交叉直线的投影有可能在某投影面上平行，但不可能在三投影面上都平行。如图 3-29 所示，虽然直线 $AB$、$CD$ 的水平投影及侧面投影均平行，但它们的正面投影不平行。

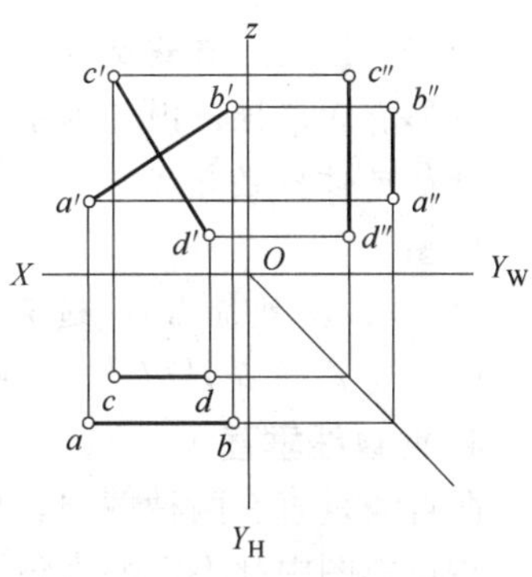


图 3-29　两直线交叉（一）

两条交叉直线的投影也可能相交，但交点的连线不垂直于相应的投影轴。如图 3-30 所示，虽然直线 $AB$、$CD$ 的水平投影与正面投影都相交，但其投影的交点连线不垂直于 $OX$ 轴。当交叉直线的投影相交时，其交点是两条交叉直线上重影点的投影。如图 3-30（a）中，$AB$ 与 $CD$ 的 $H$ 投影的交点 1（2）是 $AB$ 线上的点Ⅱ与 $CD$ 线上的点Ⅰ在 $H$ 面的重影。从图 3-30（b）中的 $V$ 面投影中可看出点Ⅰ高于点Ⅱ，所以 1 可见，2 不可见，以（2）表示。同样 $a'b'$与 $c'd'$的交点 3′（4）是 $AB$ 线上点Ⅲ与 $CD$ 点Ⅳ在 $V$ 面的重影。从图 3-30（b）中的 $H$ 面投影看出点Ⅲ在点Ⅳ之前，所以 3′可见、4′不可见，以（4′）表示。通过判别重影点的位置关系，可以想象和确定两条交叉直线的空间位置关系。

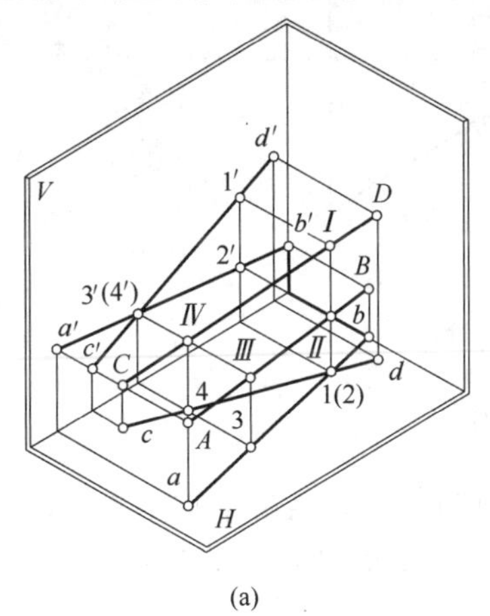


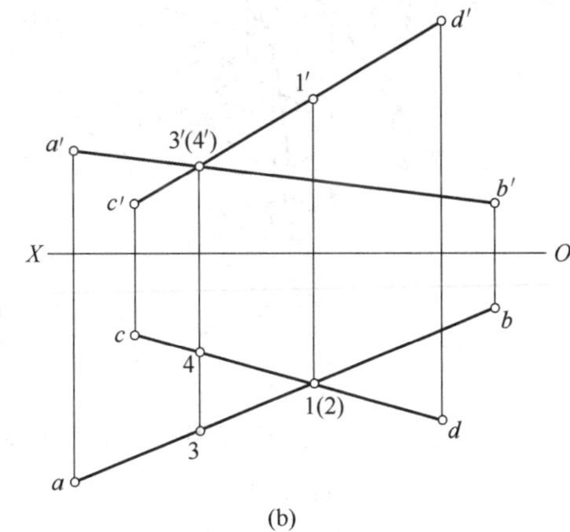


图 3-30　两直线交叉（二）

(a) 立体图；(b) 投影图

【例 3-7】 已知直线 $AB$、$CD$ 与 $EF$，求作一直线 $KL$ 与 $AB$、$CD$ 相交并与 $EF$ 平行（图 3-31a）。

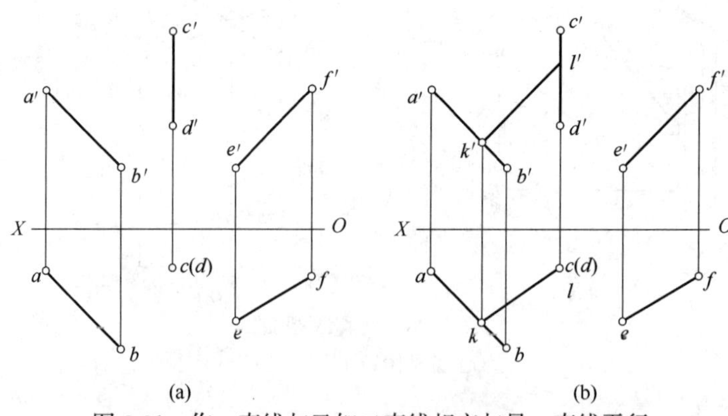


图 3-31 作一直线与已知二直线相交与另一直线平行
（a）已知条件；（b）结果

**分析** 设 $KL$ 直线交 $AB$ 于 $K$，交 $CD$ 于 $L$。由图 3-31（a）可知，$CD$ 为铅垂线，其水平投影有积聚性，则其水平投影必重合于 $CD$ 的水平投影上。再根据平行线及相交线的投影特征可作出碰直线。

**作图**

（1）在 $cd$ 处标出 $l$，过 $l$ 作 $ef$ 的平行线交 $ab$ 于 $k$，对应在 $a'b'$ 上定出 $k'$。

（2）过 $k'$ 作 $k'l'//e'f'$。则 $kl$、$k'l'$ 即为所求直线的投影，如图 3-31（b）所示。

**4. 两直线垂直**

两直线垂直有两种情况，即相交垂直或交叉垂直。在一般情况下，无论哪种垂直情况，在投影图中都不反映直角。但当两直线中至少有一直线平行某投影面时，在该直线所平行的那个投影面上能够反映直角，这个投影特征称为直角定则。如图 3-32 所示，其证明过程如下。

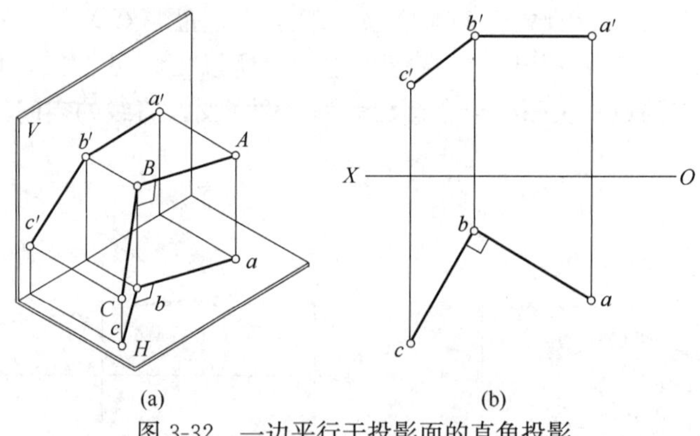


图 3-32 一边平行于投影面的直角投影
（a）立体图；（b）投影图

由于 $AB \perp BC$、$AB \perp Bb$（因为 $AB//H$，$Bb \perp H$），所以 $AB$ 垂直于投射面 $BCcb$，故有 $AB \perp bc$；又 $ab//AB$，则 $ab \perp bc$。故 $AB$ 与 $BC$ 的 $H$ 面投影反映直角。

交叉垂直二直线的投影具有同样的投影特征。

【例 3-8】 试求一般位置线 $AB$ 与铅垂线 $EF$ 间的公垂线（图 3-33b）。

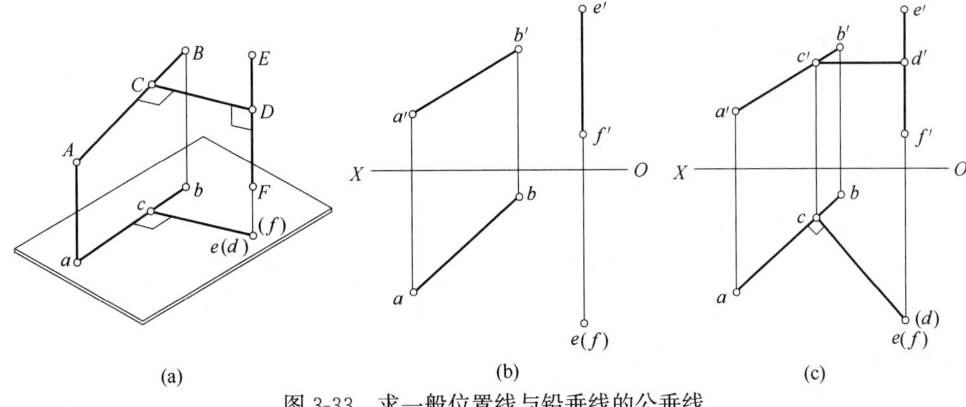


图 3-33　求一般位置线与铅垂线的公垂线
(a) 立体图；(b)、(c) 投影图

**分析**　设所求公垂线为 $CD$，与 $AB$ 线交于 $C$，与 $EF$ 线交于 $D$。

因为 $EF$ 垂直于 $H$ 面，则与 $EF$ 垂直的直线 $CD$ 必与 $H$ 面平行，且点 $D$ 的水平投影 $d$ 重合于 $ef$ 上。又因 $AB$ 与水平线 $CD$ 垂直，根据直角定则有 $ab \perp cd$，如图 3-33 (a) 所示。

**作图**

(1) 在 $ef$ 处标出 ($d$)，并过 $d$ 作 ($d$) $c \perp ab$。

(2) 过 $c$ 在 $a'b'$ 上求得 $c'$。

(3) 过 $c'$ 作 $OX$ 轴的平行线交 $e'f'$ 于 $d'$，则 $c(d)$、$c'd'$ 即为所求，如图 3-33 (c) 所示。

**【例 3-9】**　已知矩形 $ABCD$ 的一边 $AB$ 平行于 $V$ 面，以及邻边 $AD$ 的水平投影，试完成该矩形的两面投影（图 3-34a）。

**分析**　矩形各邻边相互垂直，对边相互平行。由已知条件可知，$AB$ 边平行于 $V$ 面，根据直角定则可以确定矩形邻边的正面投影能够反映直角。

**作图**

(1) 过 $b$ 作 $ad$ 的平行线，过 $d$ 作 $ab$ 的平行线，两线交于 $c$；

(2) 过 $a'$ 作 $a'b'$ 的垂线，再过 $d$ 作 $ox$ 轴的垂线，两线交于 $d'$：

(3) 分别过 $d'$ 作 $a'b'$ 的平行线，过 $b'$ 作 $a'd'$ 的平行线，两线交于 $c'$。四边形 $abcd$ 与 $a'b'c'd'$ 即为所求，如图 3-34 (b) 所示。

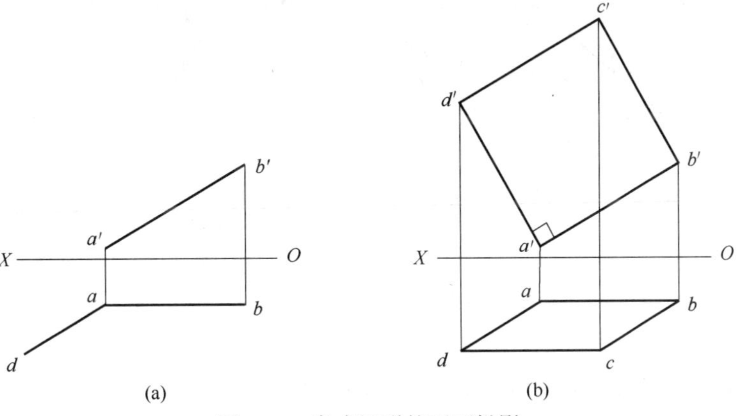


图 3-34　完成矩形的两面投影
(a) 已知条件；(b) 结果

# 3.4 平面的投影

## 3.4.1 平面的表示方法

**1. 用几何元素表示平面**

由初等几何可知，不属于同一直线的三点确定一平面。因此，可由下列任意一组几何元素的投影表示平面，如图 3-35 所示。

（1）不在同一直线上的三个点；

（2）一直线和不属于该直线的一点；

（3）相交两直线；

（4）平行两直线；

（5）任意平面图形。

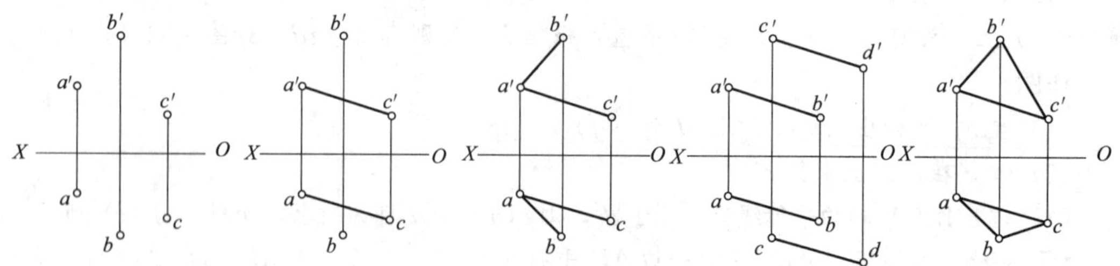

图 3-35 平面表示法

**2. 用平面迹线表示**

平面与投影面的交线称为平面的迹线。如图 3-36 所示，现有一平面 $P$ 与 $H$ 面的交线称为水平迹线，用 $P_H$ 表示；与 $V$ 面的交线称为正面迹线，用 $P_V$ 表示；与 $W$ 面的交线称侧面迹线，用 $P_W$ 表示。平面 $P$ 与轴线的交点称为集合点，分别以 $P_X$、$P_Y$、$P_Z$ 来表示。

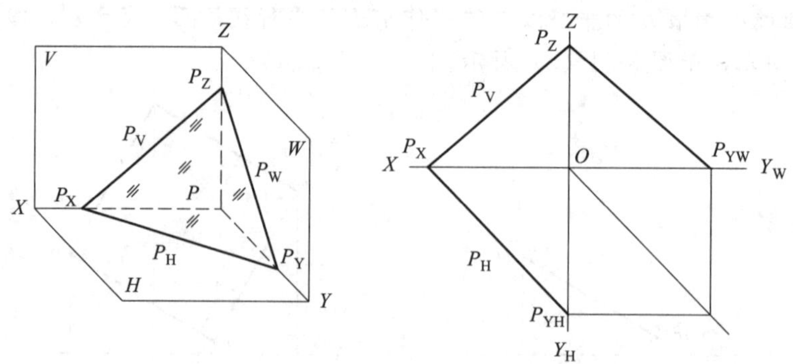

图 3-36 平面的迹线

## 3.4.2 平面对投影面的相对位置及投影特性

平面和投影面的相对位置关系与直线和投影面的相对位置关系相同，可以分为三种：

投影面倾斜面、投影面平行面和投影面垂直面。前一种为投影面一般位置平面，后两种为投影面特殊位置平面。

**1. 一般位置平面**

一般位置平面与三个投影面都倾斜，因此在三个投影面上的投影都不反映实形，而是缩小了的类似形，如图 3-37 所示。

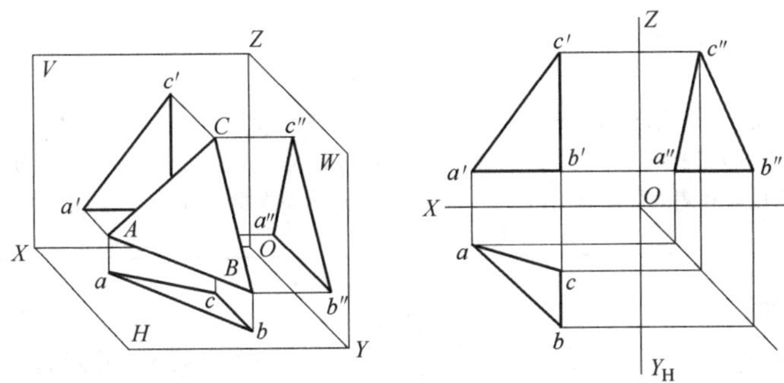


图 3-37　一般位置平面

**2. 投影面垂直面**

投影面垂直面是垂直于一个投影面，并与另外两个投影面倾斜的平面。与 $H$ 面垂直的平面称为铅垂面，与 $V$ 面垂直的平面称为正垂面，与 $W$ 面垂直的平面称为侧垂面。以铅垂面为例，讨论投影面垂直面的投影特性有：

（1）水平投影积聚成直线，与 $X$ 轴夹角为 $\beta$，与 $Y$ 轴夹角为 $\gamma$；

（2）正面投影和侧面投影具有类似性。

投影面垂直面的投影图及投影特性见表 3-4。

**投影面垂直面的投影特性**　　**表 3-4**

| 名称 | 铅垂面 | 正垂面 | 侧垂面 |
|---|---|---|---|
| 立体图 | 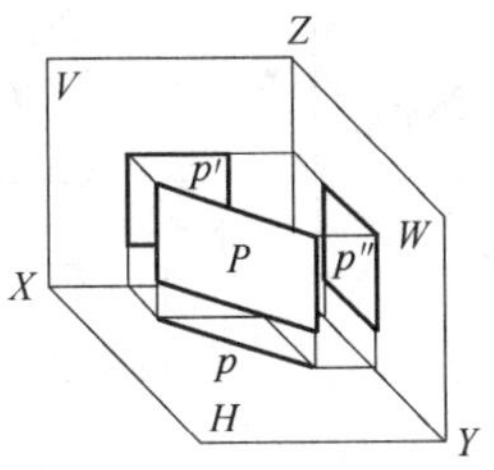 | 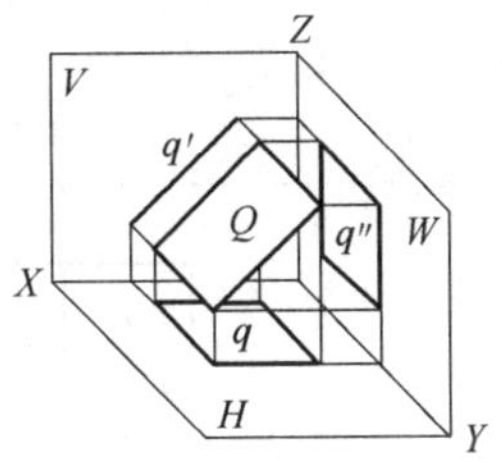 | 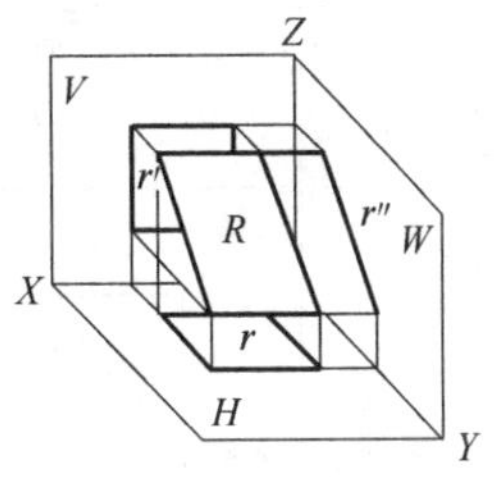 |
| 投影图 | 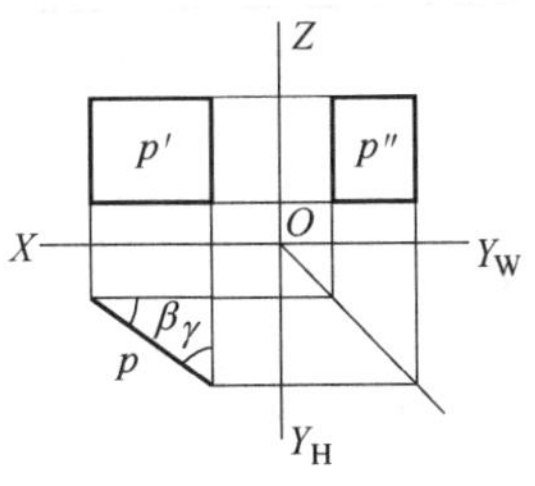 | 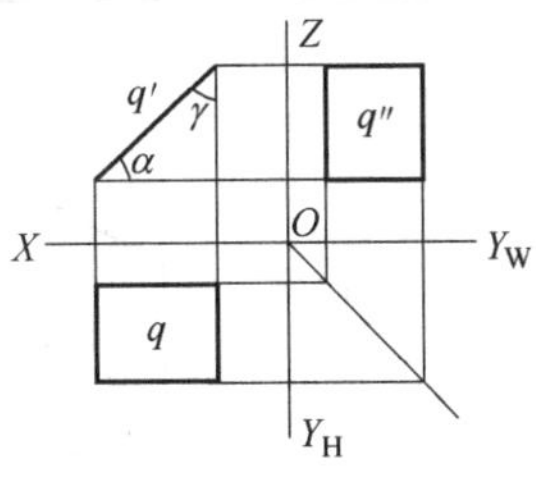 | 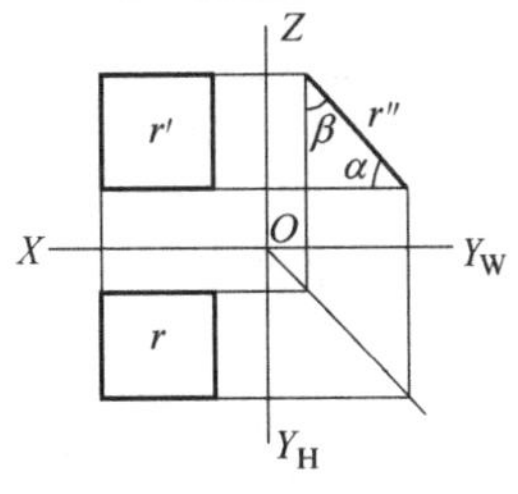 |

续表

| 名称 | 铅垂面 | 正垂面 | 侧垂面 |
|---|---|---|---|
| 实例 | 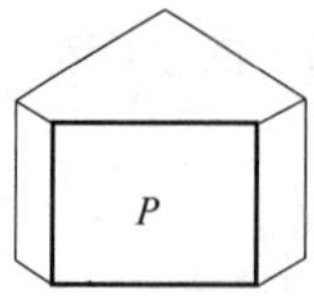 P | 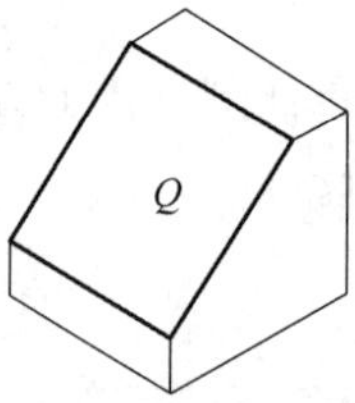 Q | 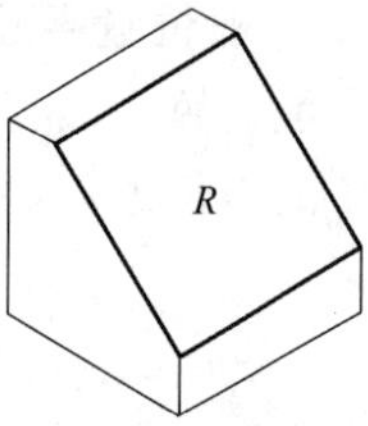 R |
| 投影特性 | (1)水平投影积聚成直线，与 $X$ 轴夹角为 $\beta$，与 $Y_H$ 轴夹角为 $\gamma$；<br>(2)正面投影和侧面投影具有类似性 | (1)正面投影积聚成直线，与 $X$ 轴夹角为 $\alpha$，与 $Z$ 轴夹角为 $\gamma$；<br>(2)水平投影和侧面投影具有类似性 | (1)侧面投影积聚成直线，与 $Y_w$ 轴夹角为 $\alpha$，与 $Z$ 轴夹角为 $\gamma$；<br>(2)正面投影和水平投影具有类似性 |

**3. 投影面平行面**

投影面平行面是平行于一个投影面，必同时与另外两个投影面相垂直的平面。与 $H$ 面平行的平面称为水平面，与 $V$ 面平行的平面称为正平面，与 $W$ 面平行的平面称为侧平面。以正平面为例，讨论投影面平行面的投影特性有：

(1) 正面投影反映实形；

(2) 水平投影积聚成平行于 $X$ 轴的直线；

(3) 侧面投影积聚成平行于 $Z$ 轴的直线。

投影面平行面的投影图及投影特性见表 3-5。

**投影面平行面的投影特性** **表 3-5**

| 名称 | 水平面 | 正平面 | 侧平面 |
|---|---|---|---|
| 立体图 | 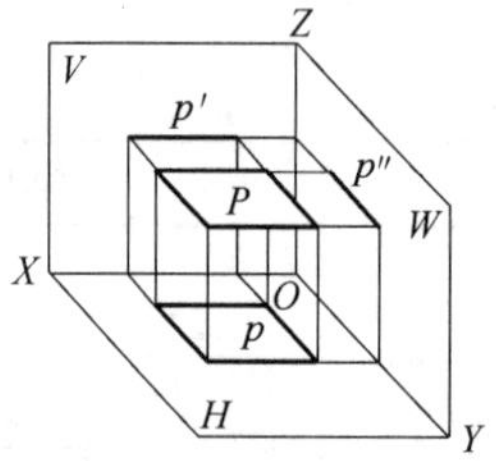 Z, V, $p'$, $p''$, P, W, X, O, $p$, H, Y | 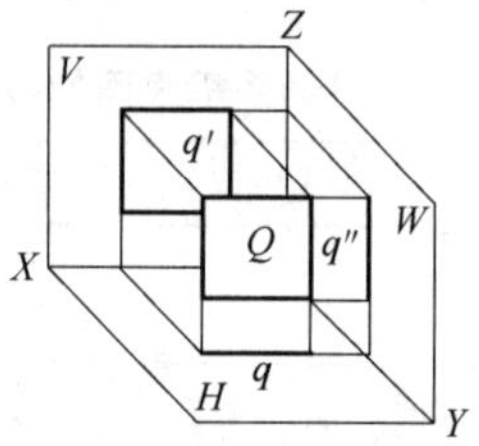 Z, V, $q'$, W, X, Q, $q''$, H, $q$, Y | 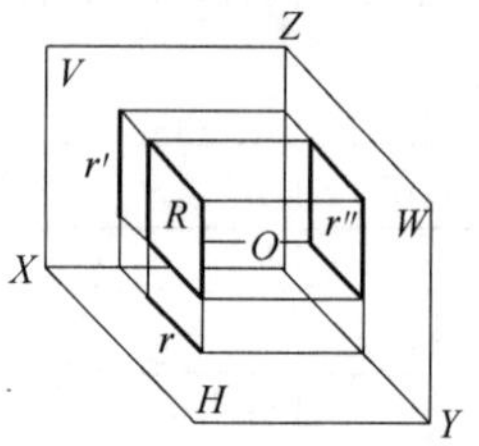 Z, V, $r'$, R, O, $r''$, W, X, $r$, H, Y |
| 投影图 | 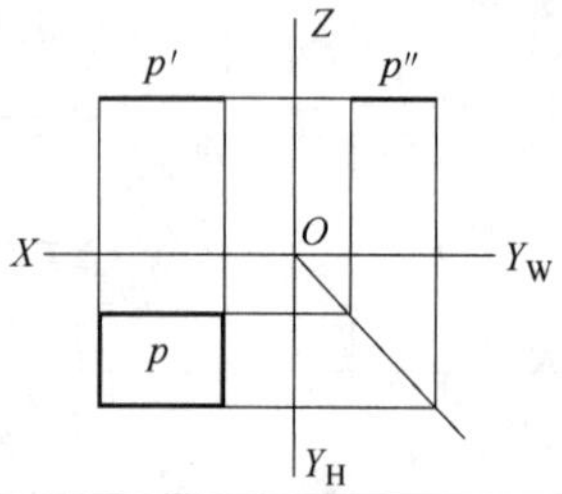 Z, $p'$, $p''$, X, O, $Y_W$, $p$, $Y_H$ | 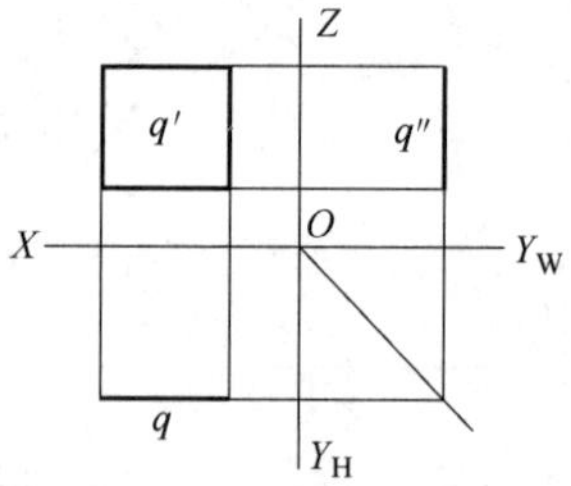 Z, $q'$, $q''$, X, O, $Y_W$, $q$, $Y_H$ | 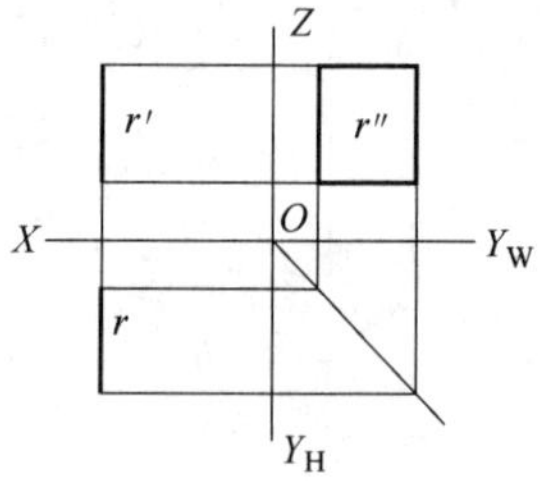 Z, $r'$, $r''$, X, O, $Y_W$, $r$, $Y_H$ |
| 实例 | 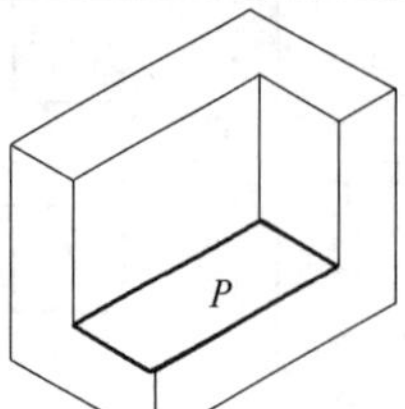 P | 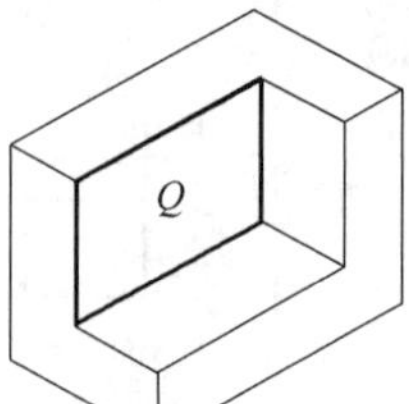 Q | 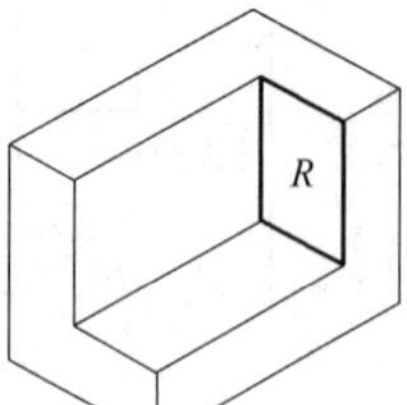 R |

续表

| 名称 | 水平面 | 正平面 | 侧平面 |
|---|---|---|---|
| 投影特性 | (1)水平投影反映实形；<br>(2)正面投影积聚成平行于 $X$ 轴的直线；<br>(3)侧面投影积聚成平行于 $Y_W$ 轴的直线 | (1)正面投影反映实形；<br>(2)水平投影积聚成平行于 $X$ 轴的直线；<br>(3)侧面投影积聚成平行于 $Z$ 轴的直线 | (1)侧面投影反映实形；<br>(2)正面投影积聚成平行于 $Z$ 轴的直线；<br>(3)水平投影积聚成平行于 $Y_H$ 轴的直线 |

### 3.4.3　平面上的点和线

如图 3-38 所示，点和直线在平面内的几何条件是：

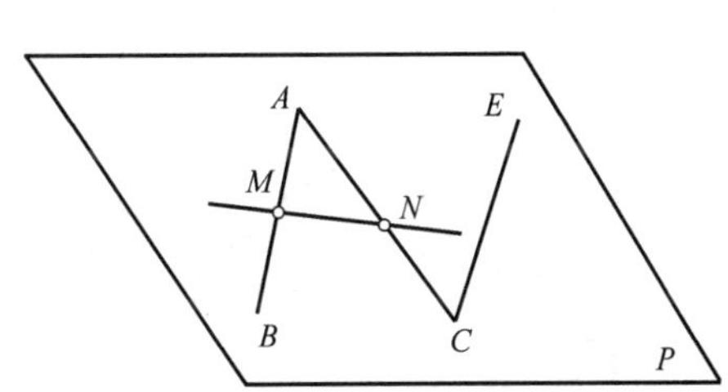


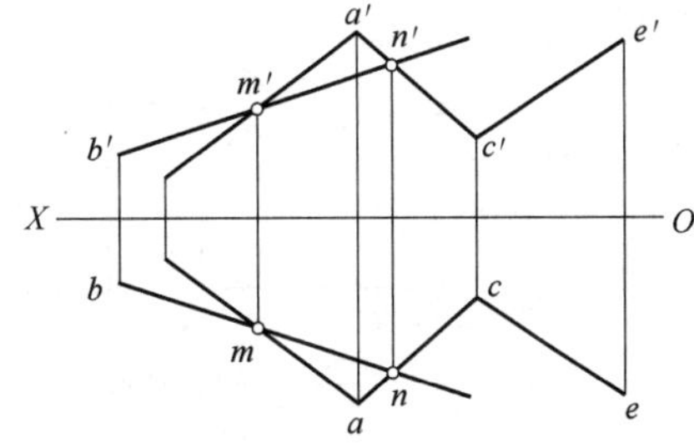


图 3-38　属于平面上的点和直线

(1) 若点从属于平面内的任一直线，则点从属于该平面；

(2) 若直线通过属于平面的两个点，或经过平面内的任一个点且平行于平面内的任一直线，则该直线必属于此平面。

**【例 3-10】** 如图 3-39 (a) 所示，已知点 $K$ 属于平面△$ABC$，$k$ 为其水平投影，求正面投影 $k'$（图 3-39a）。

**解** 点 $K$ 属于平面，则必属于平面内的任一直线，通过水平投影 $k$ 作一辅助线属于平面，求出直线的正面投影，再求出点 $K$ 的正面投影。辅助线一般容易求出，是已知直线。作图步骤如图 3-39 (b) 所示。

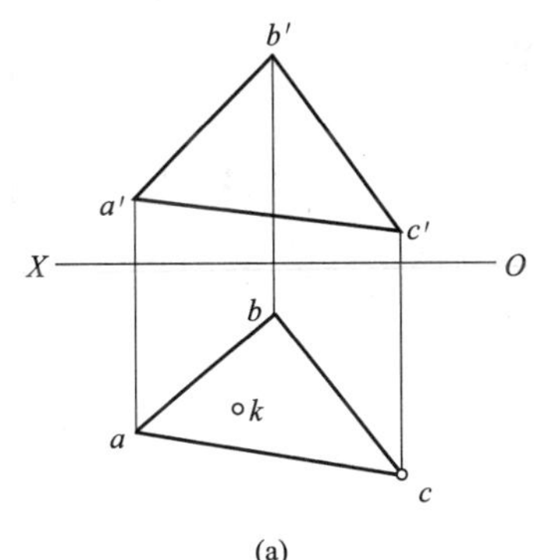


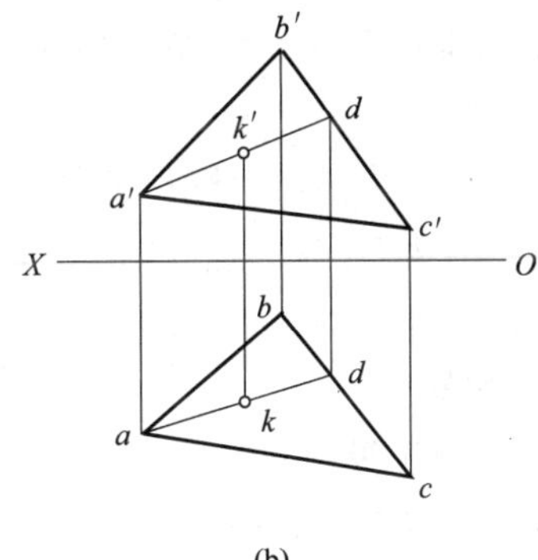


图 3-39　求平面上的点

(a) 已知条件；(b) 结果

# 3.5 轴测投影原理及画法

## 3.5.1 轴测投影的形成

多面正投影图可以完全确定物体的形状及其各部分的大小，而且作图简便，故在工程中被广泛地采用。但是，这种图立体感较差，不容易看懂。这是因为多面正投影法中的投射方向总是与形体的某一主要方向一致，所以每一个投影只能反映出形体上两个方向的尺寸。如图 3-40（a）所示，正面投影只反映了形体的长和高；水平投影只反映了形体的长和宽；侧面投影只反映了形体的高和宽。如果能在形体的一个投影上同时反映出形体的长、宽、高三个方向的尺寸，则这样的投影就具有立体感了，如图 3-40（b）所示。

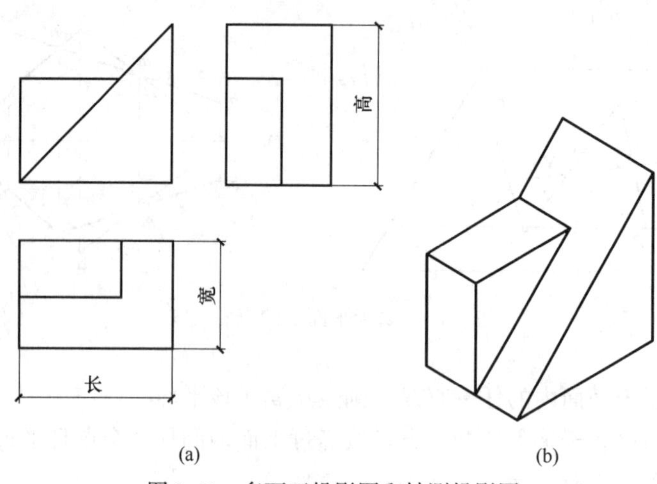


图 3-40 多面正投影图和轴测投影图

（a）正投影图；（b）轴测投影图

为此，可以选用一个不平行于任一坐标面的方向为投射方向，将形体连同确定该形体各部分位置的直角坐标系一起投射到同一个投影面 $P$ 上，这样得到的投影就能同时反映出形体三个方向的尺寸。这种投影方法即为轴测投影法，形体在 $P$ 投影面上的投影就称为该形体的轴测投影，也称轴测图。

根据投射方向的不同，轴测投影分成以下两类。

**1. 正轴测投影**

投射方向垂直于投影面时所得到的轴测投影称为正轴测投影。如图 3-41（a）所示，使坐标系的三条坐标轴 $O_1X_1$、$O_1Y_1$ 和 $O_1Z_1$，都与投影面 $P$ 倾斜，然后用正投影法将形体连同坐标系一起投射到 $P$ 投影面上，即得到此形体的正轴测投影。

**2. 斜轴测投影**

投射方向倾斜于投影面时所得到的轴测投影称为斜轴测投影。如图 3-41（b）所示，通常使投影面 $P$ 平行于 $X_1O_1Z_1$ 坐标面，即平行于形体上包含长度和高度方向的表面，而使投射方向倾斜于 $P$，即得到此形体的斜轴测投影。在斜轴测投影中也可以使投影面 $P$ 平行于 $X_1O_1Y_1$ 坐标面，即平行于形体上包含长度和宽度方向的表面。

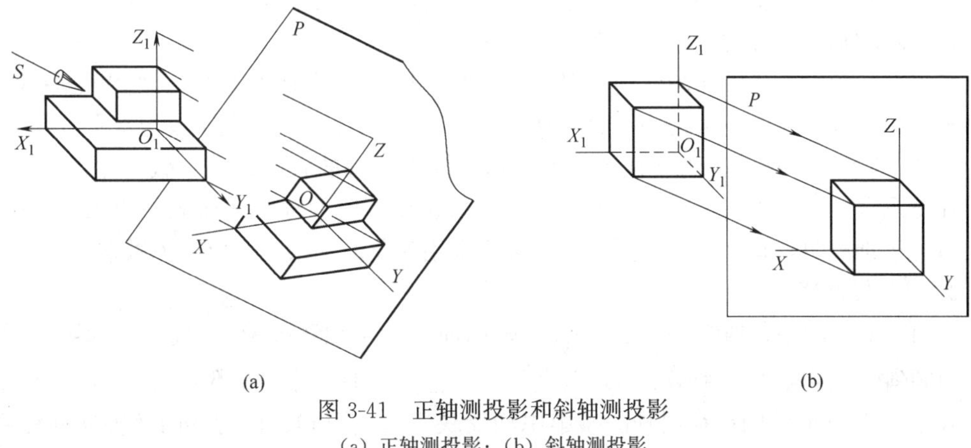


图 3-41　正轴测投影和斜轴测投影
(a) 正轴测投影；(b) 斜轴测投影

### 3.5.2　轴测投影的特性

轴测投影是一种单面投影。如图 3-41 所示，投影面 $P$ 称为轴测投影面，坐标轴 $O_1X_1$、$O_1Y_1$ 和 $O_1Z_1$ 在轴测投影面上的投影 $OX$、$OY$ 和 $OZ$ 称为轴测轴，投影面 $P$ 上轴测轴之间的夹角$\angle XOY$、$\angle XOZ$ 和$\angle YOZ$ 称为轴间角，轴间角确定了三条轴测轴的关系，轴测轴上线段与相应的原坐标轴上线段的长度之比，称为轴向伸缩系数。轴间角和轴向伸缩系数是画轴测图的两大要素，具体值将因轴测图的种类不同而不同。

绘制轴测投影时需要遵守以下几点作图原则。

(1) 轴测投影属于平行投影，所以轴测投影具有平行投影的特性，画轴测投影时必须保持平行性、定比性。如：空间形体上互相平行的直线，其轴测投影仍互相平行；空间直线上的两线段长度之比在轴测投影上仍保持不变。

(2) 空间形体上与坐标轴平行的直线段，其轴测投影的长度等于实际长度乘上相应轴测轴的轴向伸缩系数，即沿着轴的方向需按比例截量尺寸。其他不与坐标轴平行的直线，由于伸缩系数不同，故不能沿它按确定的比例截量尺寸，画图时只能通过坐标定点的方法作出其两端点后才能画出该直线的轴测投影，这就是只能沿轴测量的原则。

### 3.5.3　工程上常用的两种轴测图

#### 1. 正等轴测图

在正轴测投影中，坐标轴对轴测投影面的倾斜角决定了轴间角和轴向伸缩系数。当三条坐标轴的倾角取成相等时，三个轴间角和三个轴向伸缩系数也相等。可以证明，此时的轴间角均为 120°，各轴向伸缩系数均约为 0.82（图 3-42a）。这种正轴测投影称为正等轴测投影（正等轴测图）。此外，改变坐标轴对轴测投影面的倾斜角，就会得到另外的轴间角和轴向伸缩系数。当有两条

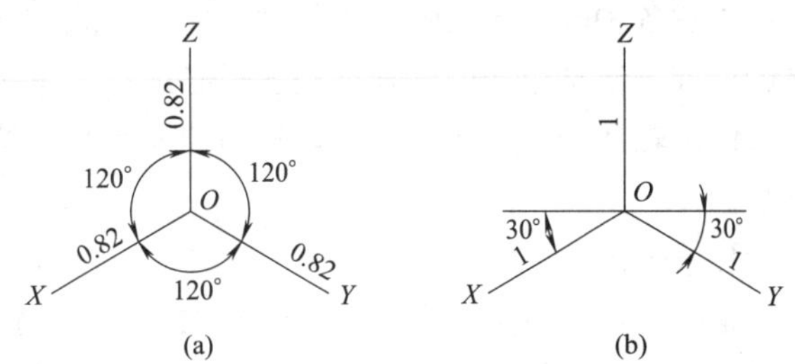


图 3-42　正等轴测图的轴间角和轴向伸缩系数
(a) 正等轴测图；(b) 简化伸缩系数

坐标轴对轴测投影面的倾斜角相等而第三条不等时，就有两个轴向伸缩系数相等而另一个不等，所画的轴测图称为斜二轴测图。

在手工绘图中正等轴测图作图相对比较简便，且有较好的图示效果，所以是最常用的一种轴测图。画图时，通常把$OZ$轴画成竖直的，$OX$轴和$OY$轴则画成与水平方向呈30°角，如图3-42（b）所示。为使作图简便，通常还把各轴的轴向伸缩系数简化为1，称为简化伸缩系数，这样画出的轴测图形状未变，只是比真实的轴测图放大了约1.22倍。今后将不再特别声明，画正等轴测图时，一般均采用简化伸缩系数，以避免做乘法运算。

**2. 斜二轴测图**

在斜轴测投影中，通常是令$X_1O_1Z_1$坐标面平行于轴测投影面，这样，不论投射方向如何倾斜，轴测轴$OX$和$OZ$总是呈直角，且它们的轴向伸缩系数均为1，即一切平行于$X_1O_1Z_1$坐标面的图形在斜轴测投影中均反映实形。而$OY$轴的方向及轴向伸缩系数则视投射方向的不同而自由改变。

为了便于作图，取$OY$轴与水平呈45°，其轴向伸缩系数取成0.5，如图3-43所示。当$OY$轴的轴向伸缩系数取成1时，三个轴向伸缩系数全都相等，画出的轴测图称为斜等轴测图。当$OY$轴的轴向伸缩系数取成0.5或0.7或其他的非1值时，画出的轴测图称为斜二轴测图。$OY$轴的轴向伸缩系数为0.5的斜二轴测图的视觉效果比斜等轴测图好，所以它也是常用的一种轴测图。今后将不再特别声明，画斜二轴测图时，一般均采用0.5的$OY$轴轴向伸缩系数。

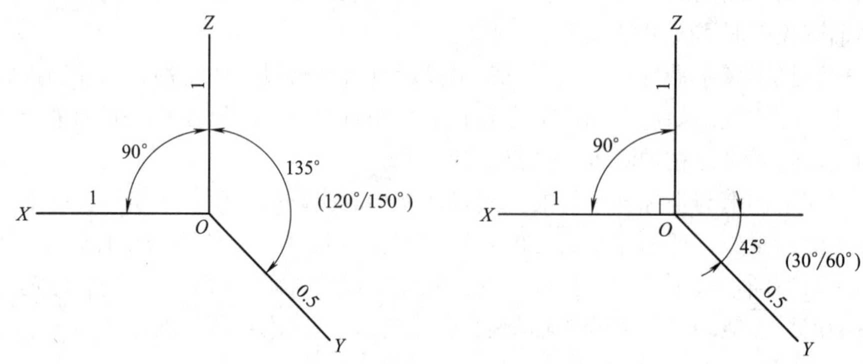


图3-43 斜二轴测图的轴间角和轴向伸缩系数

### 3.5.4 平面立体轴测图的画法

虽然各种轴测图的轴间角和轴向伸缩系数不同，但绘制轴测图时应遵守的原则和对形体的处理方法是相同的。画轴测图时必须首先选定轴测图类型，确定轴间角大小，这样才可以画出轴测轴；其次必须确定轴向伸缩系数，这样才可以沿轴测量。下面是几种常用的画法。

**1. 坐标法**

根据形体上各点的坐标，沿轴测轴方向进行度量，画出它们的轴测图，并依次连接所得各点，得到形体的轴测图，这种画法称为坐标法，它是画轴测图的最基本的方法，也是其他各种画法的基础。

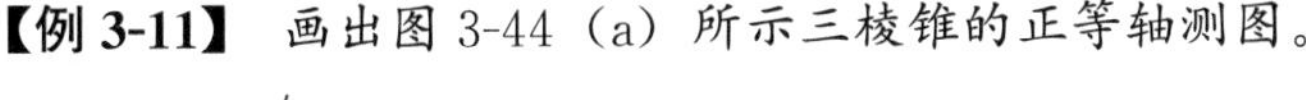

【例 3-11】 画出图 3-44（a）所示三棱锥的正等轴测图。

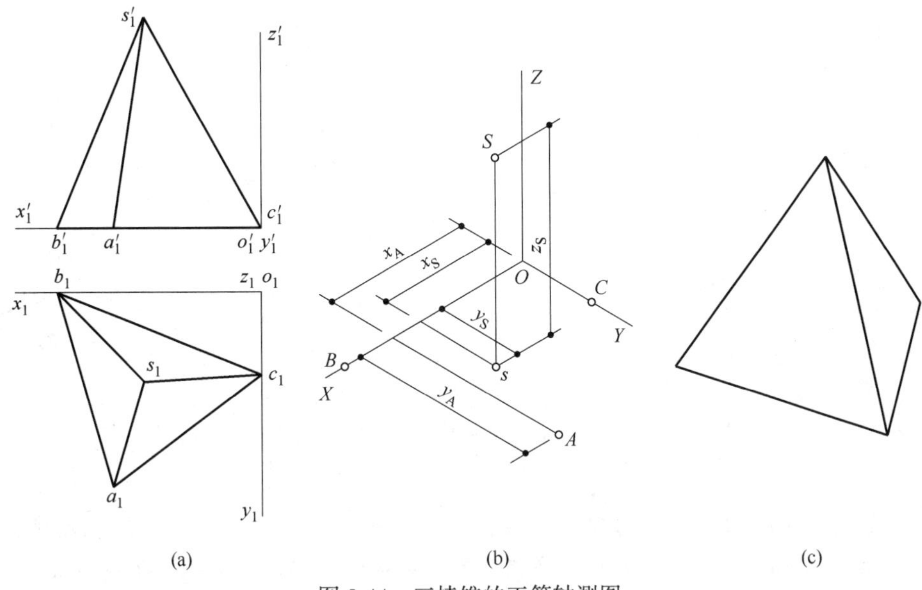


(a) (b) (c)

图 3-44 三棱锥的正等轴测图

（a）已知条件；（b）作图方法；（c）结果

**解** 在图 3-44（a）中，设定三棱锥的坐标系为 $O_1$-$X_1Y_1Z_1$，从而可确定三棱锥上各点 $S$、$A$、$B$、$C$ 的坐标值。为作图方便考虑，使 $X_1O_1Y_1$ 坐标面与锥底面重合，$O_1X_1$ 轴通过 $B$ 点，$O_1Y_1$ 轴通过 $C$ 点。

作图方法示于图 3-44（b）中。按轴间角 120°画出正等轴测图的轴测轴，沿各轴截量每个点的坐标值，由此确定各点的位置。连接所得各点，并描深可见的棱线和底边，得图 3-44（c）。

为了增强轴测图的立体感，通常轴测图上只画可见轮廓线，对不可见的部分则省略不画。

**2. 端面法**

对于柱类和锥类形体，通常是先画出能反映其特征的一个端面或底面，然后以此为基础画出可见的棱线和底边，完成形体的轴测网，这种画法称为端面法。

对于棱台类形体，通常先画出上、下底面，然后以此为基础连接相应顶点画出可见的棱线，完成形体的轴测图。

【例 3-12】 画出图 3-45（a）所示正六棱柱的正等轴测图。

**解** 该正六棱柱前后、左右对称，故选用上底面中心点为坐标原点。

作图方法示于图 3-45（b）、（c）中。画出正等轴测图的轴测轴，根据上底面各顶点的 $x$、$y$ 坐标，画出上底面的正等轴测图。上底面的六个边中，只有平行于 $X$ 轴的前后两个边画图时可以直接量取长度，其他四个边不与坐标轴平行，必须通过先确定端点的方法才能画出它们。过上底面各顶点沿 $Z$ 轴方向画出互相平行的可见棱线，在可见棱线上截出棱柱的高度，连接所得各点即为下底面上的可见边。最后，描深可见图线，得图 3-45（d）。

【例 3-13】 画出图 3-46（a）所示棱柱体的斜二轴测图。

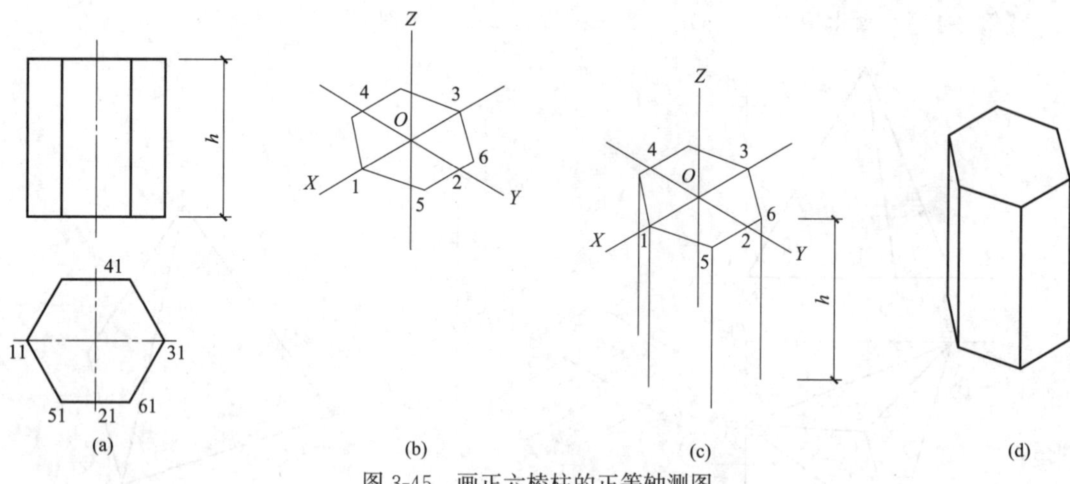

(a) (b) (c) (d)

图 3-45 画正六棱柱的正等轴测图

(a) 已知条件；(b)、(c) 作图方法；(d) 结果

**解** 图 3-46（a）中，棱柱体的前、后端面互相平行，形状相同，因此设定坐标系时可使前端面与坐标面 $X_1O_1Z_1$ 重合。这样，前、后端面的斜二轴测投影形状不变。

作图方法示于图 3-46（b）。画出斜二轴测图的轴测轴，在 $XOZ$ 内画出前端面的实形，过前端面各顶点作 $OY$ 轴的平行线，在这些平行线上量取棱柱体厚度的一半得后端面上的各顶点，连接所得各点，最后描深可见的网线，得图 3-46（b）。

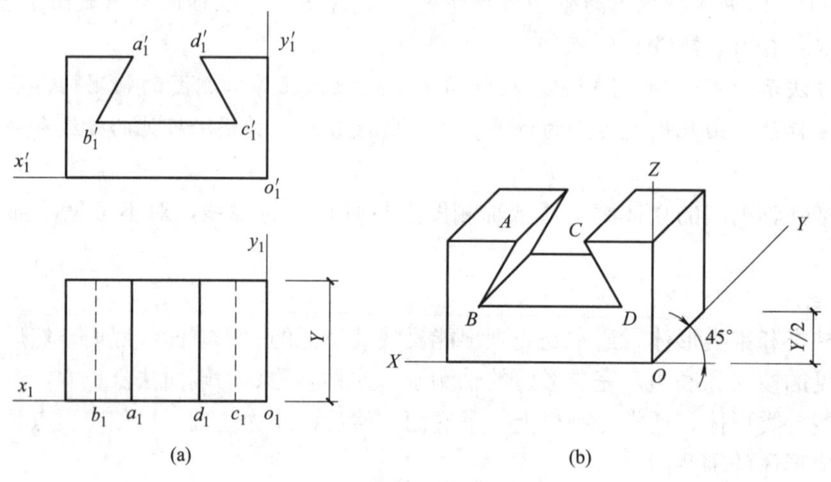

(a) (b)

图 3-46 画棱柱体的斜二轴测图

(a) 已知条件；(b) 结果

**【例 3-14】** 画出图 3-47（a）所示正六棱台的正等轴测图。

**解** 作图方法示于图 3-47（b）、（c）中。画出轴测轴后，以 $O$ 点为下底的中心画出下底面六边形（图 3-47b），再沿 $OZ$ 轴截取棱台的高度得上底面的中心，画出上底面六边形（图 3-47c），由上、下底面各顶点画出可见棱线；最后，描深图线，得图 3-47（d）。

**3. 切割法**

对于能从基本立体切割而成的形体，可先画出原始基本立体的轴测图，然后分步进行切割，得出该形体的轴测图，这种画法称为切割法。

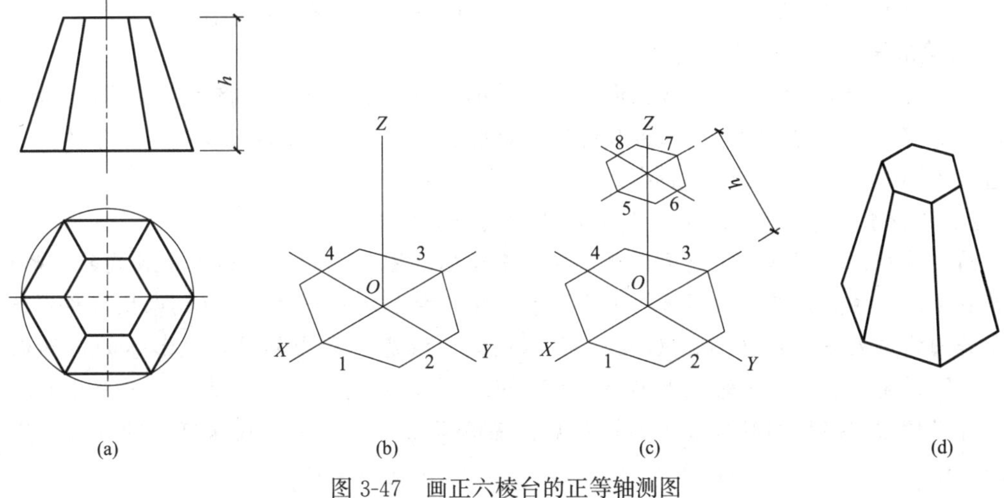


图 3-47 画正六棱台的正等轴测图

(a) 已知条件；(b)、(c) 作图方法；(d) 结果

**【例 3-15】** 绘制图 3-48 (a) 所示立体的正等轴测图。

**解** 该立体可以看成是长方体被切去某些部分后形成的。故画轴测图时，可先画出完整的长方体，再画切割部分。

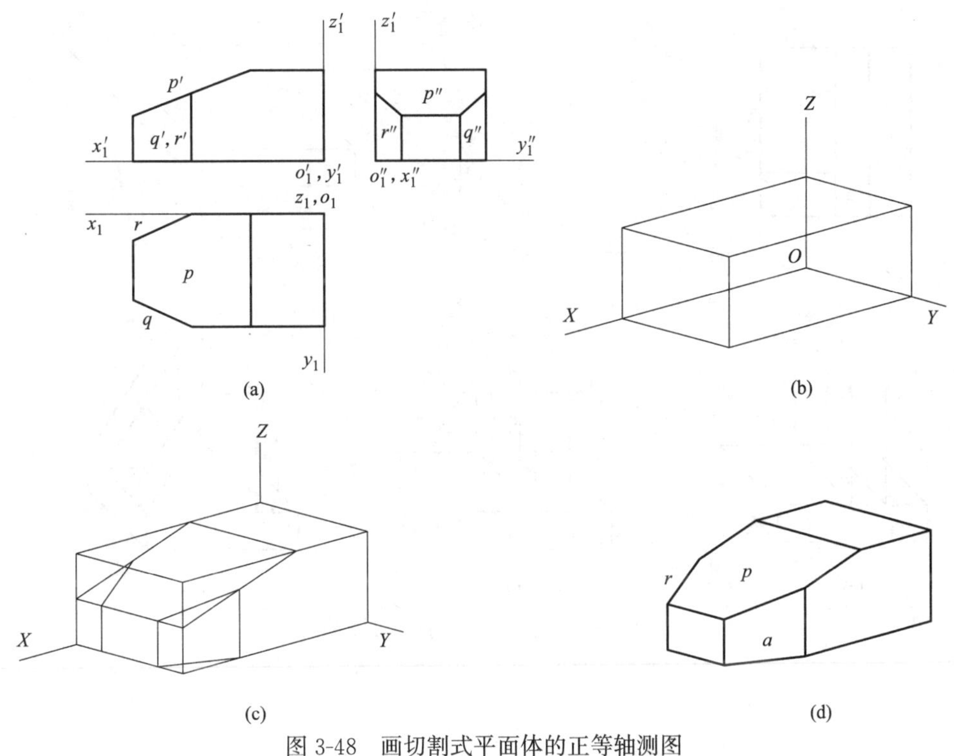


图 3-48 画切割式平面体的正等轴测图

(a) 已知条件；(b)、(c) 作图方法；(d) 结果

作图方法见图 3-48 (b)、(c)。选定坐标原点和坐标轴（图 3-48a），画出正等轴测图的轴测轴和完整长方体的轴测图（图 3-48b），再沿轴的方向定出截割平面 $P$ 截切各棱线所得的交点，画出长方体左上部被 $P$ 截切形成的切口；用同样的方法画出两个铅垂面 $Q$、

$R$ 截切形成的切口（图 3-48c）；最后，描深可见的图线，得图 3-48（d）。

**4. 叠加法**

对于由几个基本体叠加而成的形体，宜在形体分析的基础上，将各基本体逐个画出，最后完成整个形体的轴测图，这种画法称为叠加法。画图时，要注意保持各基本体的相对位置。画图的顺序一般是先大后小。

**【例 3-16】** 画出图 3-49（a）所示挡土墙的斜二轴测图。

**解** 该挡土墙可以看成是由三部分叠加而成的（图 3-49a）：Ⅰ为水平放置的矩形板，Ⅱ为在Ⅰ上面竖直放置的矩形板，Ⅲ为在Ⅰ、Ⅱ的右上方前后对称放置的两块三角形板。

作图方法见图 3-49（b）、（c）、（d）。选定坐标原点和坐标轴，使形体的前端面与 $X_1O_1Z_1$ 面重合，底板Ⅰ的底面与 $X_1O_1Y_1$ 面重合，分别画出Ⅰ、Ⅱ、Ⅲ三部分的轴测图，并保持它们间的相对位置关系；最后，擦除多余的轮廓线，描深可见的部分，得图 3-49（e）。

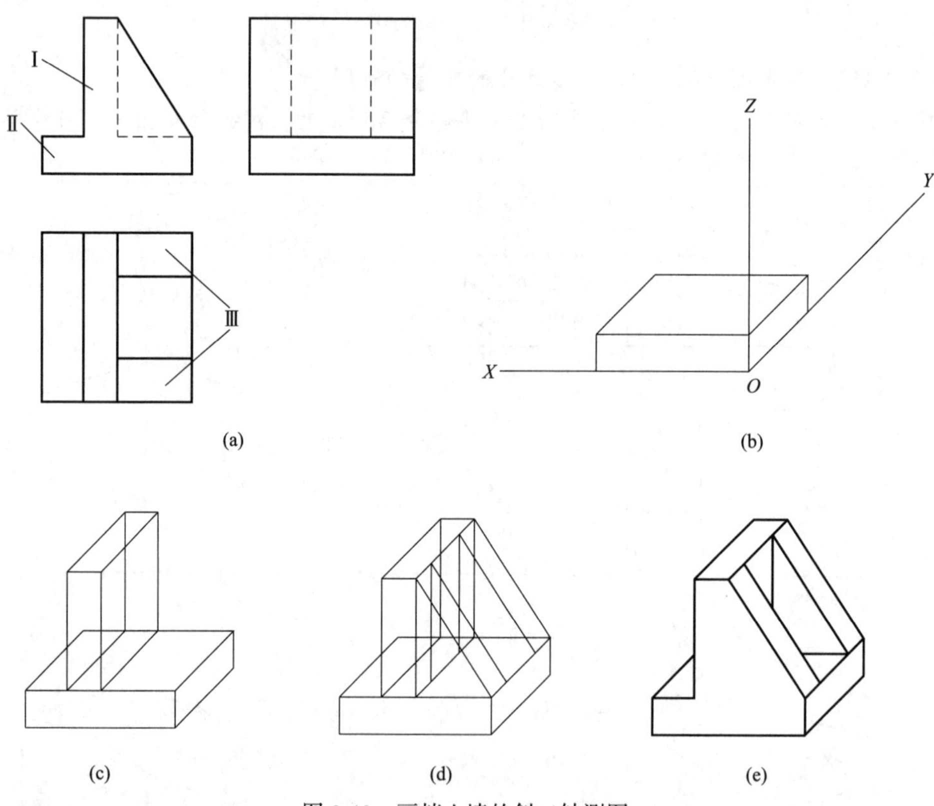


图 3-49 画挡土墙的斜二轴测图

（a）已知条件；（b）、（c）、（d）作图方法；（e）结果

# 组合体投影

## 4.1 基本体及其投影

单一的几何体称为基本体。如：棱柱、棱锥、圆柱、圆锥、球等，如图 4-1 所示。它们是构成形体的基本单元，在几何造型中又称为基本体素。

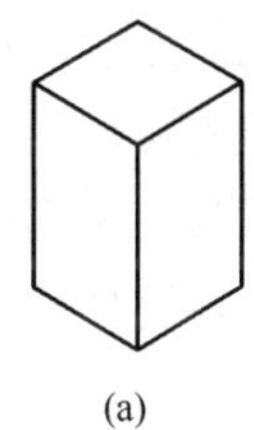

(a)

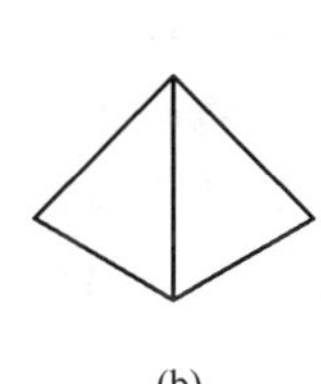

(b)

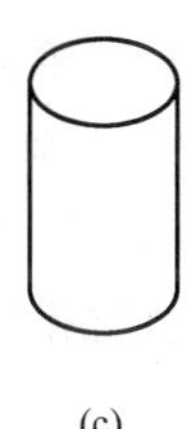

(c)

(d)

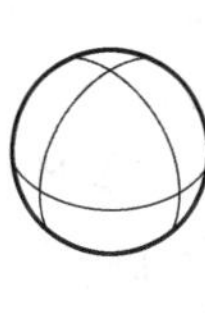

(e)

图 4-1 常见的基本体

(a) 棱柱；(b) 棱锥；(c) 圆柱；(d) 圆锥；(e) 球

### 4.1.1 棱柱

棱柱由一个平面多边形，沿着与其不平行的矢量扫描而成，棱柱有两个相互平行的多边形底面，其余的面称为棱柱的棱面或侧面；相邻两个棱面的交线，称为棱线或侧棱，棱线互相平行。直棱柱的棱线与底面垂直，斜棱柱的棱线与底面倾斜。最基本的棱柱为正棱柱。正棱柱由一个平面正多边形沿其法线方向扫描而成。

图 4-2 (a) 是一个正六棱柱在三投影面体系中的空间情况。

图 4-2 (b) 是正六棱柱的三面投影图。主视图由三个矩形线框组成，中间线框反映前、后两侧面的实际形状；旁边两线框反映其余四个侧面的重合投影，是类似形；上、下两条直线是顶面和底面的积聚性投影，另外四条线是六条侧棱的投影。

俯视图的正六边形线框是六棱柱顶面和底面的重合投影，反映实形；六边形的边和顶点是个侧面和六条侧棱的积聚性投影。

左视图由两个矩形线框组成，两线框反映四个侧面的重合投影，是类似形；上、下两条直线是顶面和底面的积聚性投影，两侧直线是两侧面的积聚性投影，中间直线是两侧棱的实际投影。

棱柱的投影特点：在与特征面平行的投影面的投影为多边形，反映特征实形；另两个面的投影为一个或多个可见与不可见矩形。

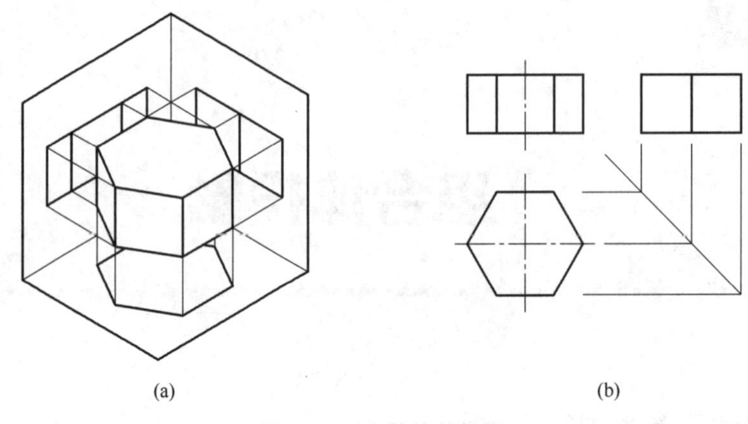

图 4-2 正六棱柱的投影
(a) 空间情况；(b) 三面投影图

### 4.1.2 棱锥

棱锥由平面多边形各个顶点向它所在的平面外一点依次连直线段而构成。多边形称为棱锥的底面，多边形外的点称为锥顶点，锥顶点和多边形各个顶点的连线称为棱边。棱锥分类的主要依据为底面多边形，例如底面为三角形的棱锥称为三棱锥，底面为五边形的棱锥称为五棱锥。如果底面为正多边形，且锥顶在底面上的投影是底面的中心，这样的棱锥称为正棱锥。

图 4-3（a）是一个正四棱锥在三投影面体系中的空间情况。

图 4-3（b）是正四棱锥的三面投影图。主视图是一个三角形，反映一侧面的类似投影；底面三角形的投影积聚为直线并平行于水平面。

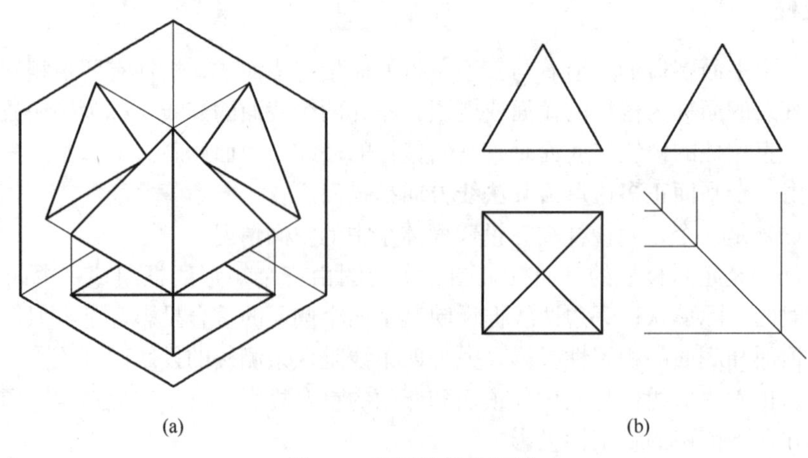

图 4-3 正四棱锥的投影
(a) 空间情况；(b) 三面投影图

俯视图由一个大的正方形线框包含四个三角形线框组成，分别反映底面正方形的实形及四个侧面的类似形投影。

左视图是一个三角形线框，左、右两侧斜线反应侧面的积聚性投影；底面正方形的投影积聚为直线并平行于水平面。

棱锥的投影特点：在与底面平行的投影面上的投影为多边形，反映底面实形；另两个面投影为一个或多个可见与不可见的三角形。

### 4.1.3　圆柱

圆柱由顶面、底面和圆柱面围成，圆柱面是由与回转轴线平行的母线绕轴线旋转而成。圆柱面上的纬圆直径都相等，圆柱面上的素线都平行于回转轴线。

图 4-4（a）是一个圆柱体在三投影面体系中的空间情况。

图 4-4（b）是圆柱体的三面投影图。

圆柱的俯视图的圆反映圆柱上、下底面的实形，并且是回转体柱面上所有点的积聚性投影。

圆柱的主视图是一矩形线框，各边分别代表上、下底面的积聚性与圆柱面上最左与最右两条素线的投影，线框是前半部与后半部圆柱面的重合投影。

左视图也是一个矩形线框，各边分别代表上、下底面的积聚性与圆柱面上最前与最后两条素线的投影，线框是前半部与后半部圆柱面的重合投影。

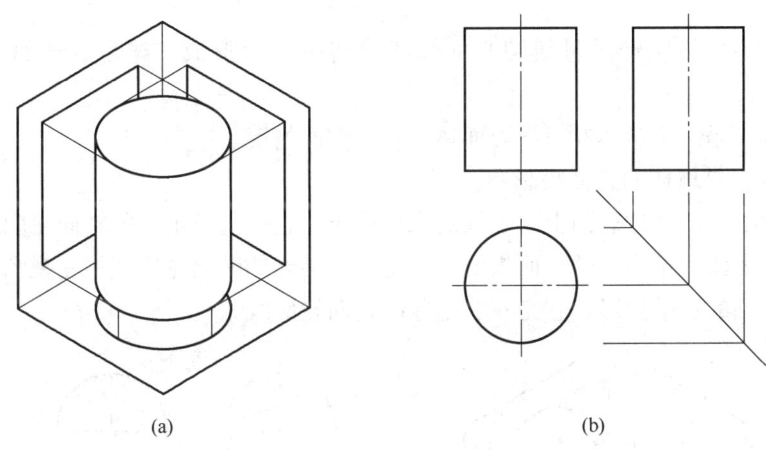


图 4-4　圆柱的投影

（a）空间情况；（b）三面投影图

### 4.1.4　圆锥

圆锥由底面和圆锥面围成，圆锥面是由与回转轴线相交的母线绕轴旋转而成。

图 4-5（a）是一个圆锥体在三投影面体系中的空间情况。

图 4-5（b）是圆锥体的三面投影图。

俯视图是一个圆，没有积聚性。这个圆既是底平面的真实投影，也是圆锥面的投影。凡是圆锥面上的点、线的水平投影，都在这个圆平面的范围内。

主视图是一个等腰三角形，底边是圆锥底平面的积聚性投影，两腰是圆锥的最左转向素线与最右转向素线的真实投影。

左视图是一个等腰三角形，底边是圆锥底平面的积聚性投影，两腰是圆锥的最前转向素线与最后转向素线的真实投影。

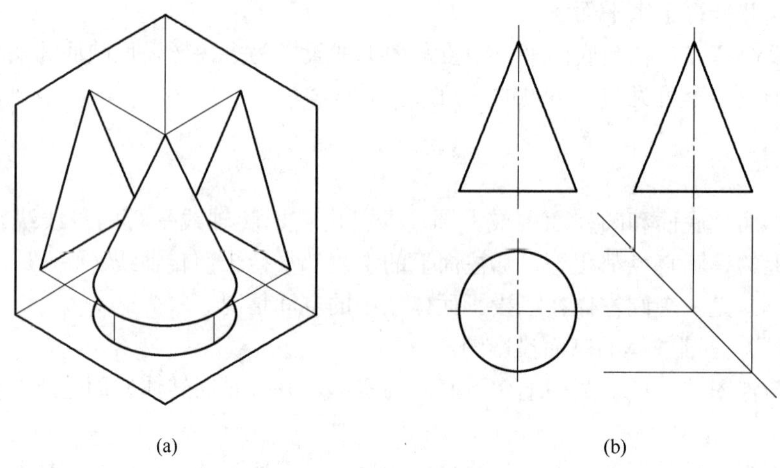

(a)　　(b)

图 4-5　圆锥的投影

（a）空间情况；（b）三面投影图

### 4.1.5　球

球面由半圆母线绕经过母线圆心的轴线旋转一周而形成。球是以球面为边界的实心体。

图 4-6（a）是一个球体在三投影面体系中的空间情况。

图 4-6（b）是球体的三面投影图。

俯视图中的圆，是球表面上水平圆的水平投影，它是上下半球的转向轮廓线；主视图中的圆，是球表面上正平圆的正面投影，它是前后半球的转向轮廓线；左视图中的圆，是球表面上侧平圆的水平投影，它是左右半球的转向轮廓线。

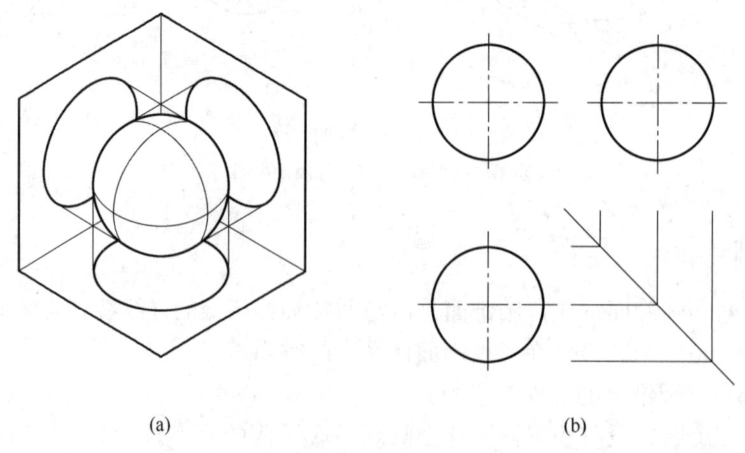

(a)　　(b)

图 4-6　球的投影

（a）空间情况；（b）三面投影图

## 4.2　组合体的形成分析

工程形体一般较为复杂，为了便于认识、把握它的形状，常采用几何抽象的方法，把复杂形体看成是由一些基本几何体（如棱柱、棱锥、棱台、圆柱、圆锥、圆台、球等）按照一定的构形方式加工、组合而成的。常见形体的构形方式一般有立体相加和立体相减两大类：相加包括简单叠加和相交连接，相减即切割或挖切。有些复杂的形体也可能同时由几种构形方式综合而成。由基本几何体经过这些加工、组合构造出来的形体，称为组合体。分析组合体的形成方法，称为形体分析。形体分析是认识形体、表达形体、想象形体和几何造型的基本思维方法。

简单叠加是基本立体之间无损的自然堆积，叠合面是基本体的自然表面。立体叠加后，不另外产生表面交线。图 4-7（a）所示的组合体，可以看作是由三个四棱柱叠加而成的。叠加时，基本立体的表面贴在了一起，但是没有接缝。叠加后，当两基本立体的某处表面连成一个平面时，这两个表面间没有分界线，因此画图时共面处不应画线。图 4-7（b）所示的组合体，可以看作是由两个半圆台和一个梯形棱柱叠加形成的。叠加时，棱柱的棱面与锥面相切，平滑过渡的表面间也没有分界线，所以画图时也不应画线。

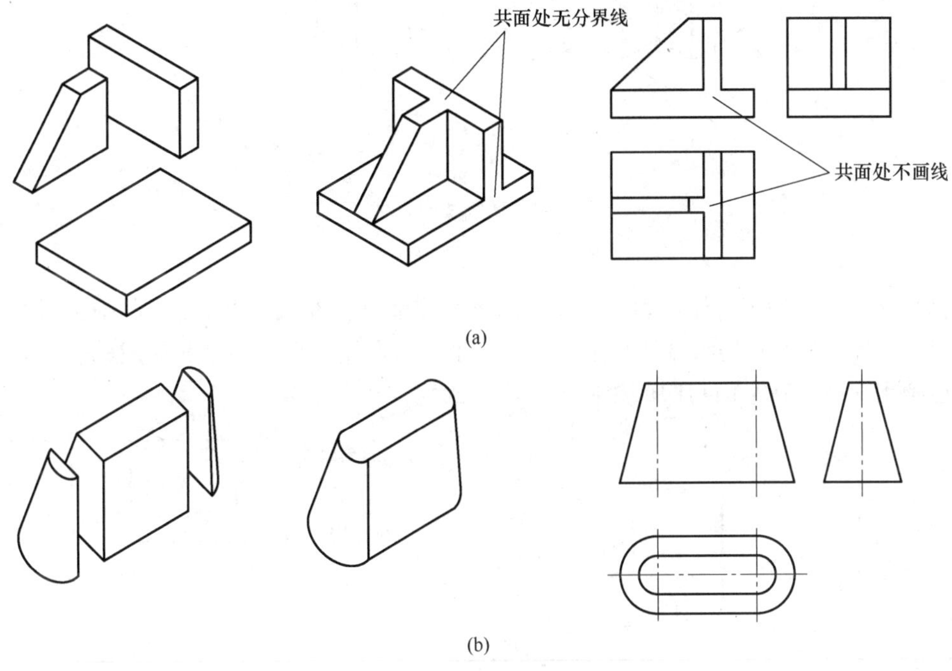


图 4-7　叠加式组合体

（a）组合体一；（b）组合体二

切割式组合体是由基本立体被一些平面或曲面切割形成的。图 4-8（a）所示的组合体，可以看作是由棱柱先切去它的右上角，再挖去一个小棱柱；或者反过来，先挖切出槽，再斜切掉端部形成的。也可以将该组合体看作是 U 形八棱柱被斜切一次形成的。图 4-8（b）所示的组合体是由立方体挖去了 1/4 圆柱，并用两个截平面又切去了一个角形成的。画切割式组合体一般是先画出切割前的原始形状，然后逐步画出有关的部分。

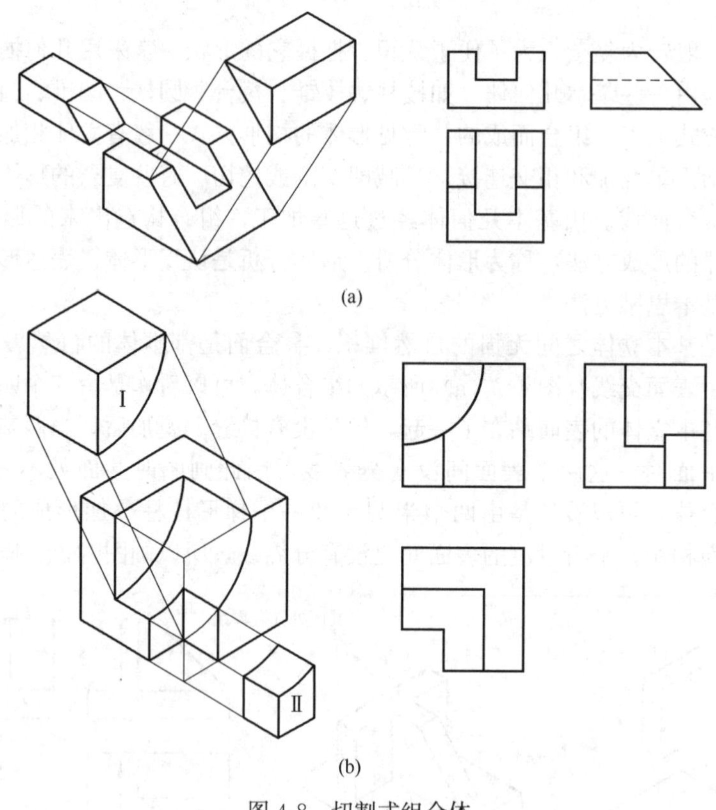


图 4-8 切割式组合体

(a) 组合体一；(b) 组合体二

相交连接起来的组合体，表面之间可能产生交线（截交线或相贯线），画图时要画全这些交线。图 4-9 所示的组合体是由圆柱与一个八边形棱柱交接在一起形成的，在表面相交处应画出交线，在平面与曲面相切处则不应画线。

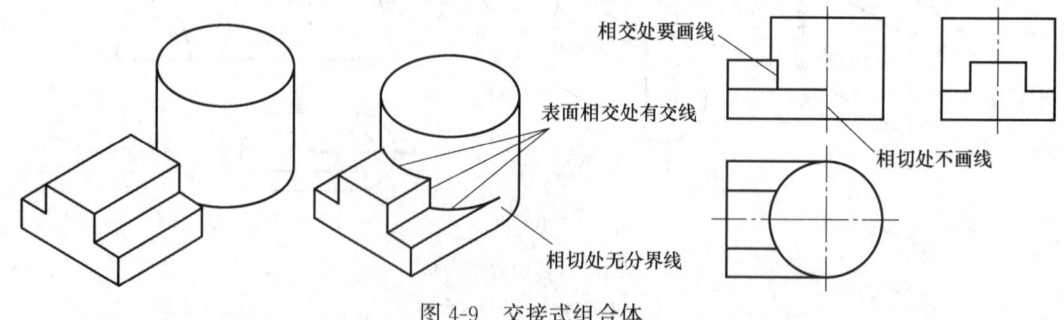


图 4-9 交接式组合体

在更多的情形下，形体可能是由多种构形方式综合形成的，图 4-10 所示是这种组合体的一个例子。

需要指出，形体分析时分析的思路不是唯一的。同样一个形体，往往可以从不同的角度分析其形成方式。

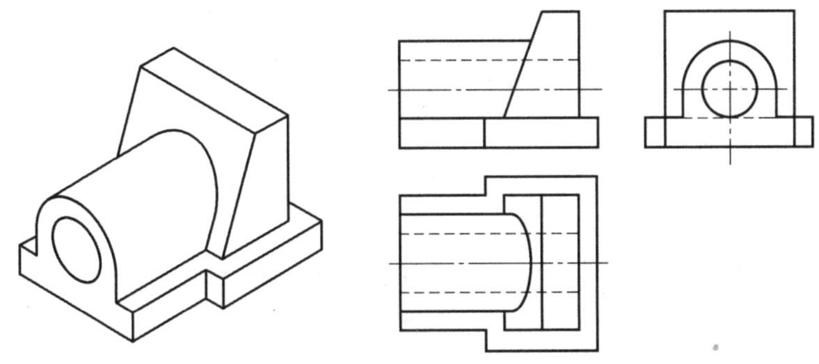

图 4-10　综合方式形成的组合体

## 4.3　组合体视图的画法

首先，在画组合体的投影图之前，必须熟练掌握基本形体投影图的画法；然后，分析该组合体是由哪些基本形体按什么形式组合而成的；最后，根据各基本形体的投影特性和它们之间的相对位置，逐个画出它们的投影，从而形成组合体的投影。

下面介绍画组合体视图的方法和步骤。

### 4.3.1　形体分析方法

将一个较为复杂的组合体按其功用合理地分解成几个基本部分，弄清各部分的形状、相对位置和表面间过渡关系，有分析、有步骤地画图。如图 4-11（a）所示的形体是由一个被挖去一个圆柱的四棱柱，上面叠加了一个三棱柱，四棱柱前右下端又叠加了一个四棱柱组合而成的，如图 4-11（b）所示。

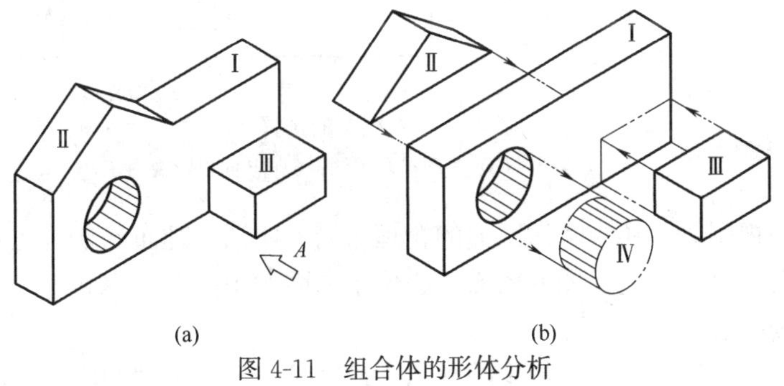


图 4-11　组合体的形体分析

（a）立体图；（b）形体分析

### 4.3.2　视图的选择

每一个物体都可以画出多个视图，但用哪些视图表示才是最清楚、最简单的，这就有个视图选择问题。视图的选择包括两方面内容，即如何选择主视图和确定视图的数量。

**1. 主视图的选择**

用一组视图来表达形体，首先要确定主视图，主视图一旦确定，其他的视图也随之而确定。因此，主视图的选择是否恰当，将影响其他视图的选择和画法。选择主视图应遵循以下原则。

（1）正常位置：

形体在正常状态或使用条件下放置的位置，称为正常位置。例如，吊车在使用条件下总是立着的，但不用时也可能是平着放的，然而人们通常看到的吊车是立着的，因此立着放就是它的正常位置。画主视图时，应使形体处于正常位置。

（2）特征位置：

形体安放在正常位置后，还应选择能够反映物体的形状特征和结构特征的方向作为主视方向，来绘制主视图。

（3）避免虚线：

视图中的虚线是表示物体不可见部分的轮廓线，不但不好画，而且也不便于标注尺寸；虚线越多，表明不可见部分越多，当然也不便于识读。

如图 4-12（a）所示，按箭头 A 方向投射，所得到的主视图，能反映出底板、立板和支撑板三部分的形状特征和相互位置；而且，主视图中无虚线，如图 4-12（b）所示。若按 B 方向投射，虽然也能看出三者之间的形状特征和相对位置关系，但主视图中出现了虚线，如图 4-12（c）所示，给读图和画图都带来不便，故按 B 方向投射不可取。

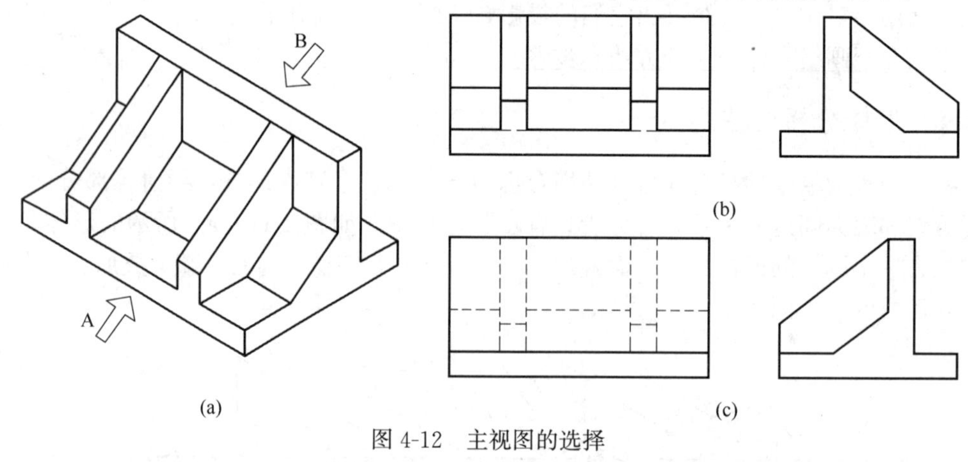


图 4-12 主视图的选择

（a）立体图；（b）A 向投影视图；（c）B 向投影视图

此外，画三视图时，还应考虑图面的合理布局。所谓合理布局，就是除了要充分利用图纸外，更重要的是使一组视图的图面重心位于图面的中间范围内。

**2. 确定视图的数量**

确定视图数量的原则是：用最少的视图，最完整、清楚地把物体表达出来。

当主视图确定以后，分析组合体还有哪些基本形体的形状和相对位置没有表达清楚，以便选择其他视图。对于多数组合体，一般画出其主视图、俯视图和左视图，即可把组合体表达清楚。如图 4-12（a）所示，在确定 A 向作为主视图投射方向后，还必须画出俯视图和左视图，才能将整个形体表达清楚。

### 4.3.3 画图步骤

**1. 确定比例、图幅**

在确定了主视图投射方向和安放位置后，就要根据形体的大小和标注尺寸时所需的位置，选择适当的比例和图幅。

**2. 布置视图**

画出各个视图的定位线、轴线或主要端面位置线等，并注意 3 个视图的间距，给标注尺寸留下适当位置，使视图均匀地布置在图幅内，如图 4-13（a）所示。

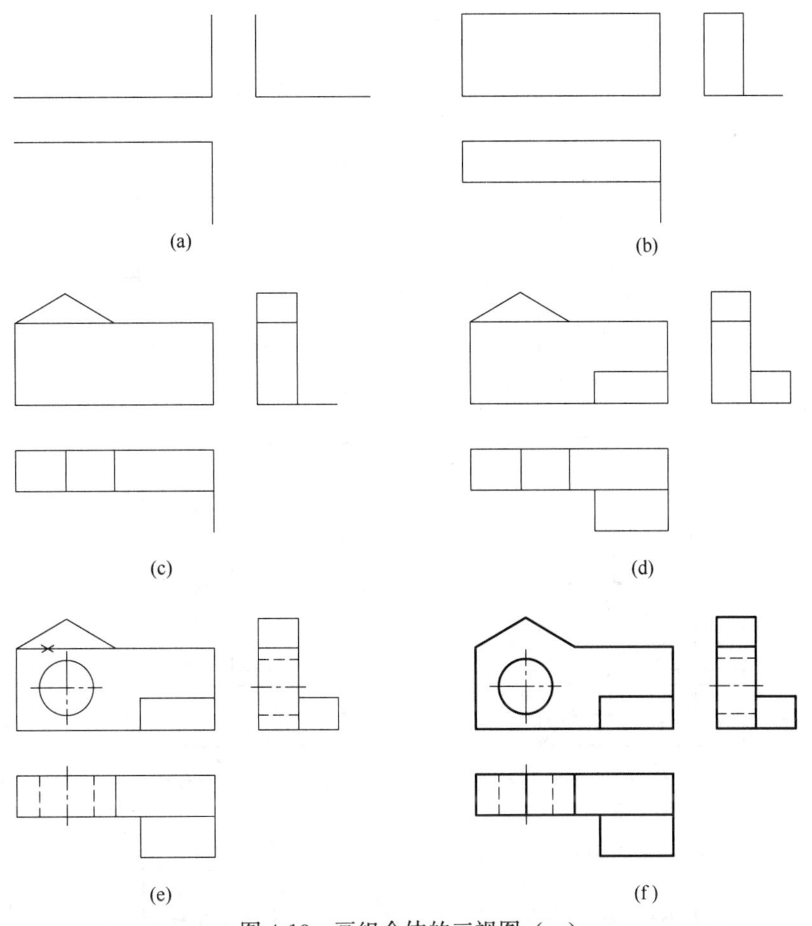

图 4-13　画组合体的三视图（一）

（a）画定位线；（b）画形体Ⅰ；（c）画形体Ⅱ；（d）画形体Ⅲ；（e）画挖去形体Ⅳ，并检查；（f）描深

**3. 画底图**

根据物体的结构特征逐个画出各部分形体的三面投影图。先画大的易定位的形体，再画小的不易定位的形体。如图 4-11 所示的形体，首先画形体Ⅰ，如图 4-13（b）所示；然后，画形体Ⅰ上叠加的三棱柱Ⅱ，如图 4-13（c）所示；再画形体Ⅲ，如图 4-13（d）所示；最后，画挖去形体Ⅳ后形成的孔，如图 4-13（e）所示。

**4. 检查描深**

底稿画完后，要逐个检查各基本体的投影是否完整，各基本体之间的相对位置是否正确，并特别注意表面过渡关系是否正确。例如，形体Ⅰ上面的三棱柱和形体Ⅰ的前端面共面，在主视图上下过渡表面不应画出界线，应将多余的线去掉，如图 4-13（e）所示。在检查确认无误后，再根据线型要求描深，如图 4-13（f）所示。

**【例 4-1】**　如图 4-14（a）所示，画出组合体的三视图。

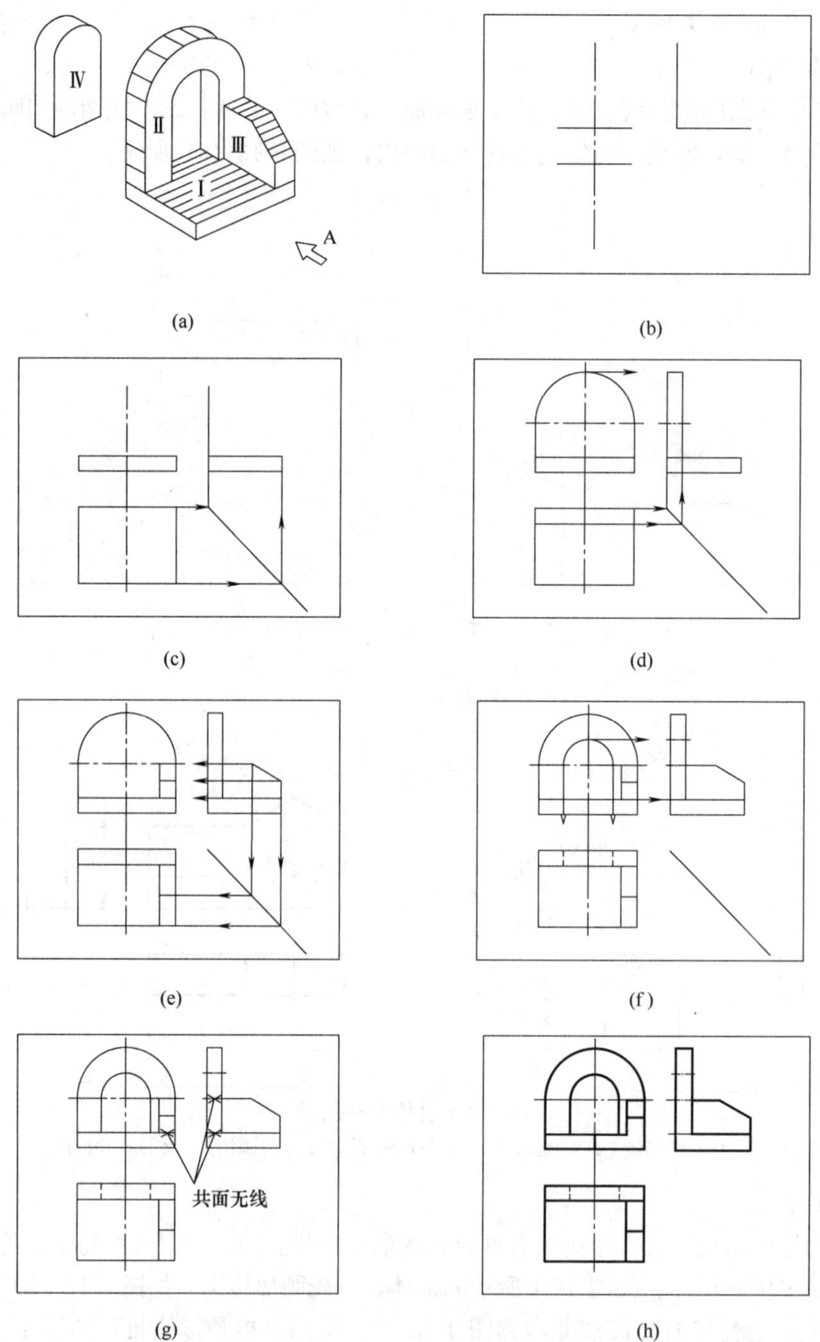


(a) (b) (c) (d) (e) (f) (g) (h)

图 4-14 画组合体的三视图（二）

(a) 立体图；(b) 画定位线；(c) 画形体Ⅰ；(d) 画形体Ⅱ；(e) 画形体Ⅲ；(f) 画挖去形体Ⅳ；(g) 检查；(h) 描深

画图步骤如下：

(1) 形体分析。该组合体由形体Ⅰ、Ⅱ、Ⅲ、Ⅳ组合而成。形体Ⅰ和Ⅱ与Ⅲ均为共面叠加，在形体Ⅱ上挖去形体Ⅳ，如图 4-14 (a) 所示。

(2) 确定主视图。选择图 4-14 (a) 中箭头所指的方向为主视图投射方向。

(3) 选比例，定图幅。按 1∶1 比例，确定图幅的大小。

(4) 布图、画定位线。如图 4-14 (b) 所示。

(5) 逐个画出各形体的三视图。如图 4-14 (c)～(f) 所示。

(6) 检查、描深。如图 4-14 (g)、(h) 所示。

**【例 4-2】** 如图 4-15 (a) 所示，画出组合体的三视图。

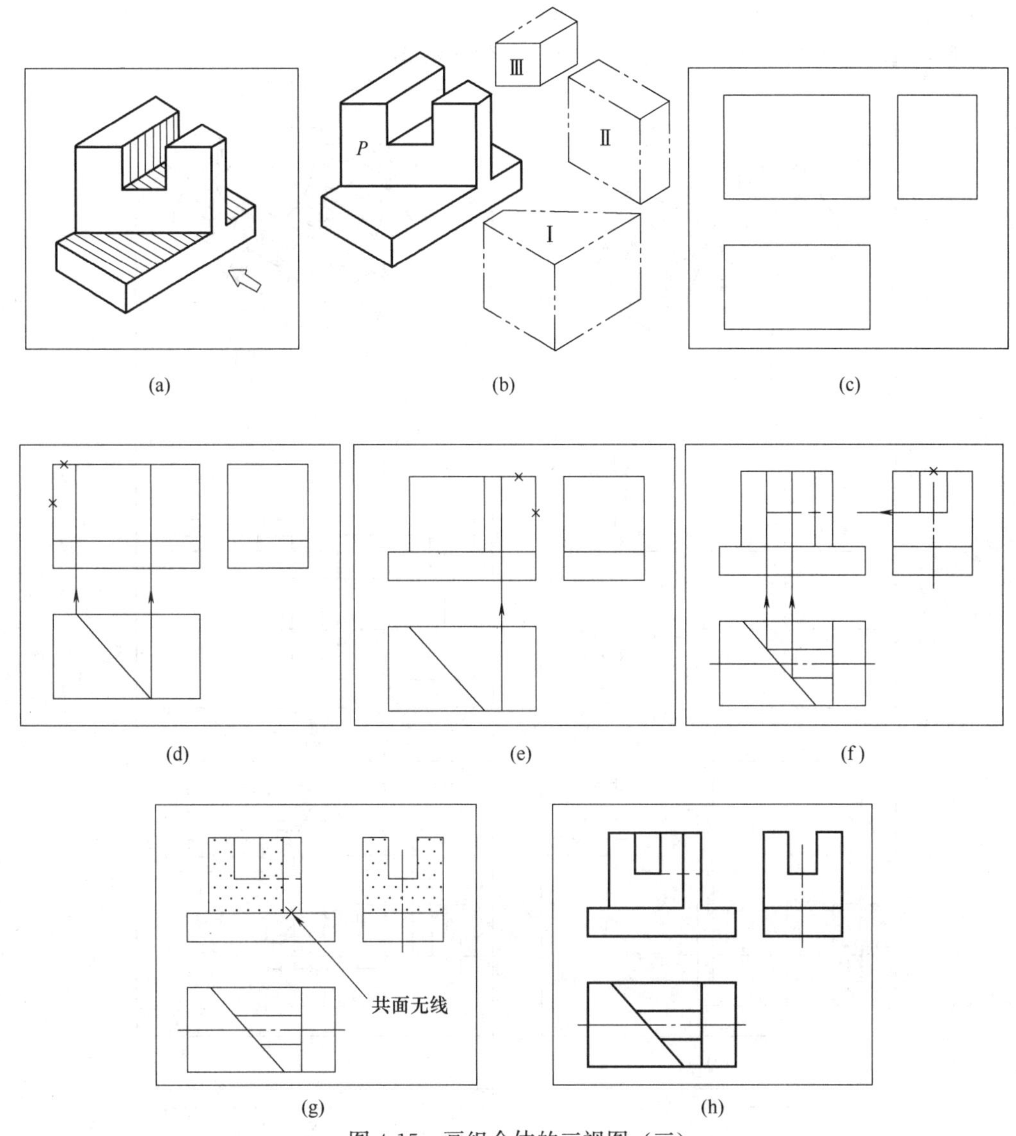


图 4-15　画组合体的三视图（三）

(a) 立体图；(b) 形体分析；(c) 画四棱柱；(d) 画切去部分Ⅰ；(e) 画切去部分Ⅱ；(f) 画切去部分Ⅲ；(g) 检查；(h) 描深

画图步骤如下：

(1) 形体分析。由图 4-15 (b) 形体分析可知，该组合体是在四棱柱的基础上依次切去Ⅰ、Ⅱ、Ⅲ部分而形成的。

(2) 确定主视图。选择图 4-15 (a) 中箭头所指的方向为主视图投射方向。

(3) 选比例，定图幅。按 1∶1 比例，确定图幅的大小。

(4) 布图、画定位线。

(5) 逐个画出各形体的三视图。如图 4-15 (c)～(f) 所示。

画图时，应首先画出四棱柱的三面视图，然后分别画出切去Ⅰ、Ⅱ、Ⅲ各部分的三面视图。

(6) 检查、描深。如图 4-15 (g)、(h) 所示。

**【例 4-3】** 画出如图 4-16 (a) 所示组合体的三视图。

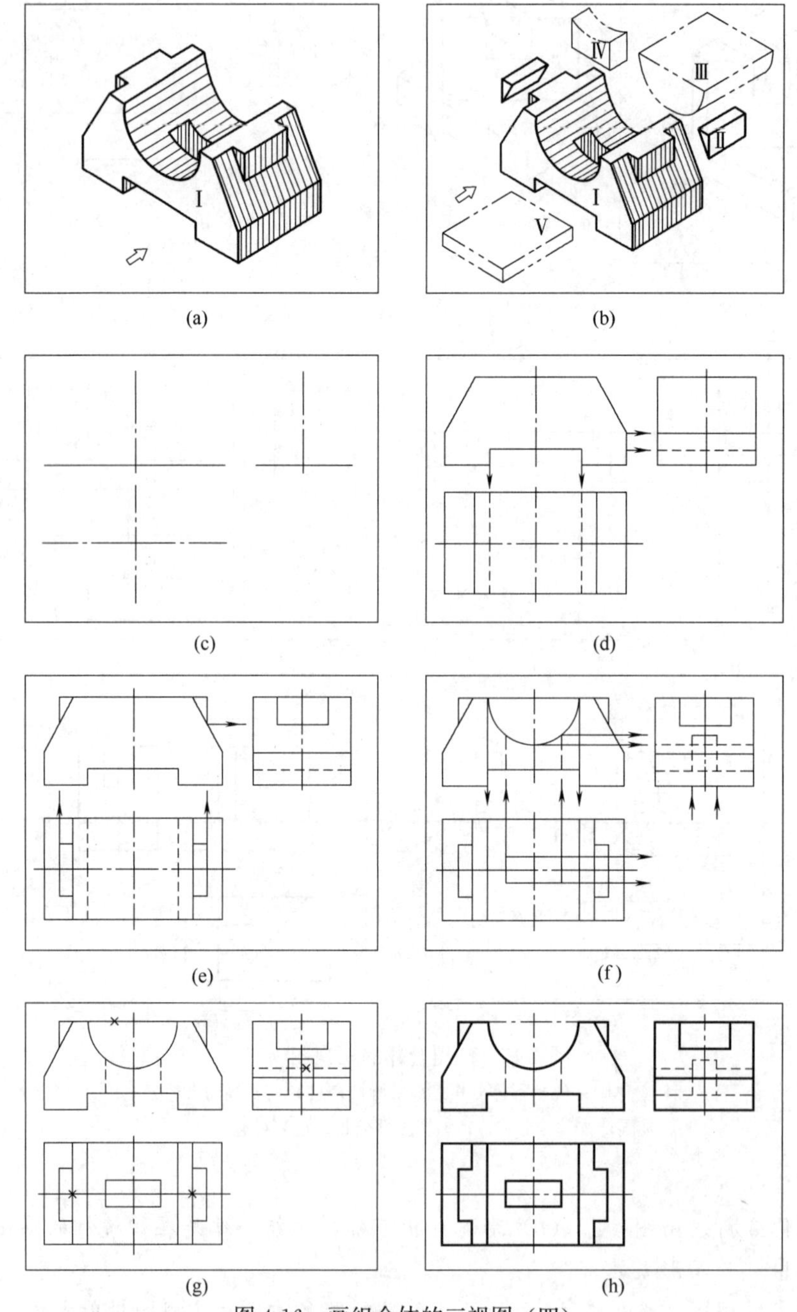


图 4-16 画组合体的三视图（四）

(a) 立体图；(b) 形体分析；(c) 画定位线；(d) 画形体Ⅰ～Ⅴ；(e) 画形体Ⅱ；(f) 画形体Ⅲ和Ⅳ；(g) 检查；(h) 描深

画图步骤如下：

(1) 形体分析。由图 4-16 (b) 形体分析可知，该组合体是在六棱柱上叠加两个形体Ⅱ，在中间依次挖切Ⅲ、Ⅳ、Ⅴ部分所形成的。

(2) 确定主视图。选择图 4-16 (a) 中箭头所指的方向为主视图投射方向。

(3) 选比例，定图幅。按 1∶1 比例，确定图幅的大小。

(4) 布图、画定位线。如图 4-16 (c) 所示。

(5) 逐个画出各形体的三视图。如图 4-16 (d)～(f) 所示。

如图 4-16 (d) 所示，先画六棱柱Ⅰ和切去形体Ⅴ的主视图，然后对应再画出另两面视图；如图 4-16 (e) 所示，应先画三棱柱Ⅱ有积聚性的俯视图，然后再画另两视图；如图 4-16 (f) 所示，应先画切去半圆柱有积聚投影的主视图和有积聚性的四棱柱孔的俯视图，然后画四棱柱孔在主视图上的投影，同时也就画出了半圆柱孔和四棱柱孔在主视图上的交线（积聚为一点），最后根据投影对应关系，画出左视图的交线投影。

(6) 检查、描深。该组合体的各形体过渡表面有共面、挖切和相交。检查时，对这些特殊位置的投影要注意检查，将多余的线去掉，如图 4-16 (g) 所示；最后，完成描深，如图 4-16 (h) 所示。

### 4.3.4 徒手画图

在实际工作中，例如在选择视图、布置幅面、实物测绘、参观记录、方案设计和技术交流时，常常需要徒手画图。因此，徒手画图是每个工程技术人员必须掌握的技能。徒手画出的图，通称草图，但绝非指潦草的图。草图也要力求达到视图表达正确，图形大致符合比例及线型的规定，满足线条光滑美观、字体端正、图面整洁等要求。

**1. 草图的要求**

绘制草图，一般是在印有淡色方格纸或将透明图纸衬上方格纸进行，其方法基本上与仪器图相同。

草图虽然是徒手画的，有一定的误差，但不能潦草、失真。它是目测估计形体的大小和各部分比例绘制出来的，在长、宽、高以及各基本形体的大小、相互之间的比例关系上，应与实物大致一样。不能把高的画成矮的，长的画成短的。所绘草图的大小，要根据形体的大小、繁简等实际情况，选择适当的比例进行放大或缩小。徒手画出的图形既要准确、清晰，又要便于标注尺寸。

画草图的底线一般用 HB 铅笔，描深粗实线用 2B 铅笔，虚线用 B 铅笔，铅芯一律削成圆锥状。

草图中的点画线、细实线用 H 铅笔一次画成。草图中的字体同仪器图的要求一致。

**2. 画草图的技巧**

画草图时，图纸可以不固定，手执笔的姿势如图 4-17 所示。手执笔的部位不能太低，用力不能过大。画图时，要目测估计或用铅笔测量形体各组成部分的长、宽、高，找准它们的相互位置及大小比例关系。然后，用方格纸上

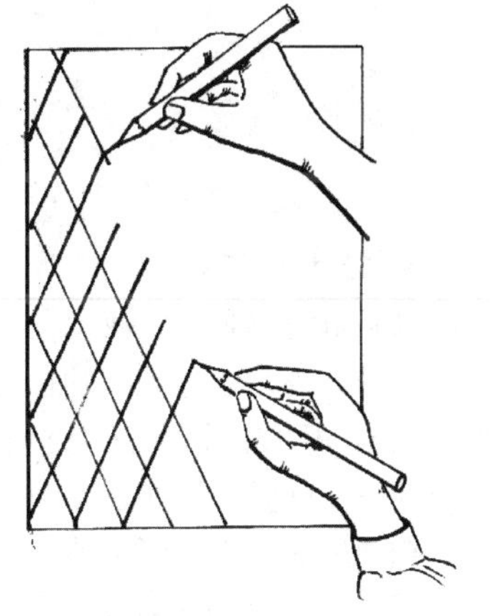

图 4-17　画直线的姿势

的格数来控制所画图线的长短。

**3. 徒手画直线**

画水平线和垂直线时，应尽量在方格纸的格线上画。画水平线时，可将图纸放得稍斜些，以便从左下方向右上方画，如图 4-17 所示。画短线时，将手腕抵住纸面，用移动手指画出。画较长线时，宜以均匀的速度移动手腕，目光看向终点。画垂直直线时，应从上向下画，如图 4-17 所示，45°斜线要沿方格的对角线方向画。任意斜线应从左上方向右下方或从右上方向左下方画。如图 4-18 所示为徒手画的各类直线段。

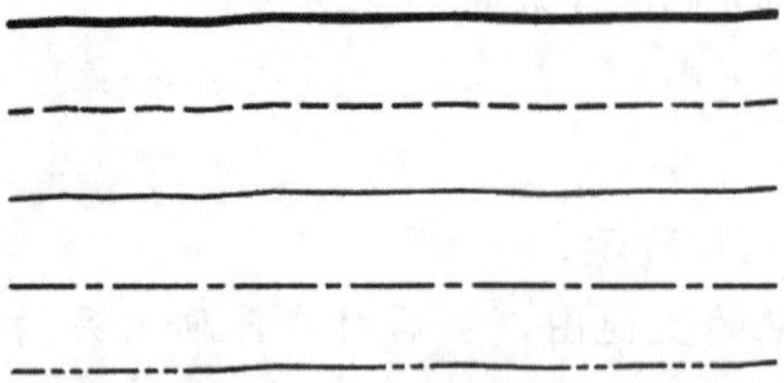

图 4-18　徒手画线段

如图 4-19 所示为徒手画出的与水平线成 30°、45°、60°等特殊角度的斜线，方法为按两条直角边的近似比例关系画出，定出两端点后连成直线；也可以按等分圆弧的方式画出。

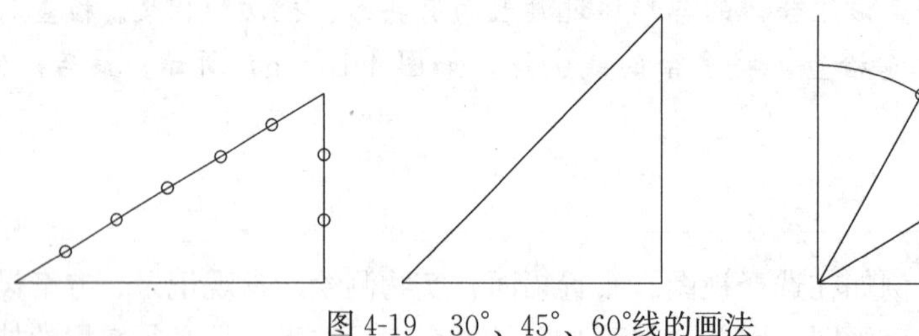

图 4-19　30°、45°、60°线的画法

**4. 徒手画圆**

画圆时，先在方格纸上确定圆心，然后过圆心画出水平、垂直两条中心线。画直径较小的圆时，在中心线上按半径目测定出 4 个点；然后，徒手连接成圆，如图 4-20（a）所示。画直径较大的圆时，通过圆心画几条不同方向的射线，按半径目测确定一些点后，再徒手连成圆，如图 4-20（b）所示。

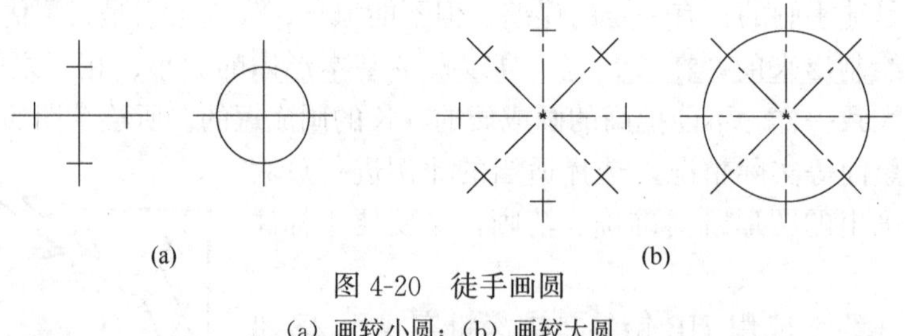


图 4-20　徒手画圆

（a）画较小圆；（b）画较大圆

**5. 徒手画椭圆**

椭圆的长轴、短轴一般是已知的，如图 4-21 所示。根据长、短轴的长度，先作出椭圆的外切矩形，如果所画椭圆较小，可以直接徒手画出椭圆，如图 4-21（a）所示；如果所画椭圆较大，则在画出外切矩形后，再作出矩形的对角线，将对角线的一半长度目测分成 10 等份，定出 7 等分的点，如图 4-21（b）中的 5、

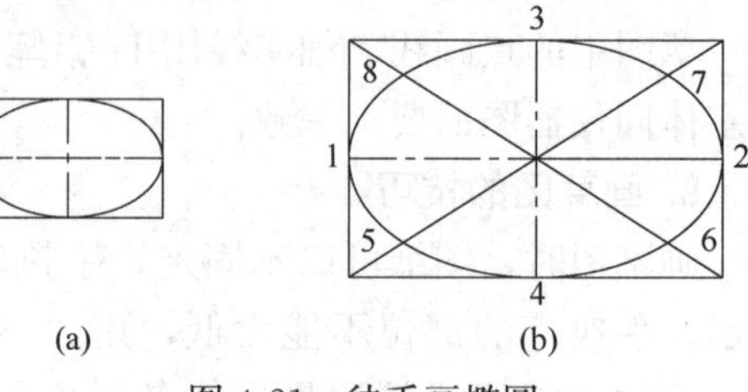


图 4-21　徒手画椭圆

（a）画较小椭圆；（b）画较大椭圆

6、7、8 点。依次用光滑曲线连接 1、5、4、6、2、7、3、8 八个点（八点法），即得所作椭圆。

徒手画草图时，图线要尽量符合规定，直线要平直、粗细分明，图线应流畅；视图要完整、清楚，布局要合理、恰当。

如图 4-22 所示，为徒手画的形体模型。画图时，要按照投影关系和各部分的目测比例先画出整体，然后再画出局部。

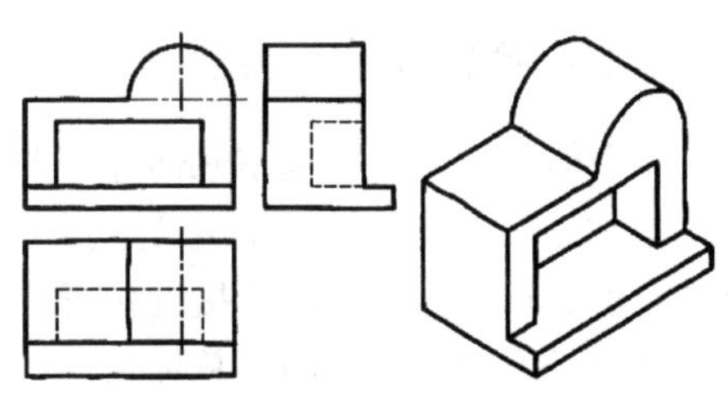

图 4-22　徒手画形体模型的视图和立体图

## 4.4 组合体的尺寸标注

### 4.4.1 组合体尺寸标注要求

画出组合体的三视图，只是表达了组合体的形状，要想表达组合体的实际大小，还需要在视图上标注出尺寸。对组合体进行尺寸标注时，应做到正确、齐全、清晰、合理。

1）正确：尺寸标注必须符合国家标准。

2）齐全：各类尺寸标注应齐全，每一尺寸，只标注一次，不应出现重复和多余尺寸。

3）清晰：参见图 4-23。

4）合理：尺寸标注应尽量符合设计和工艺要求。

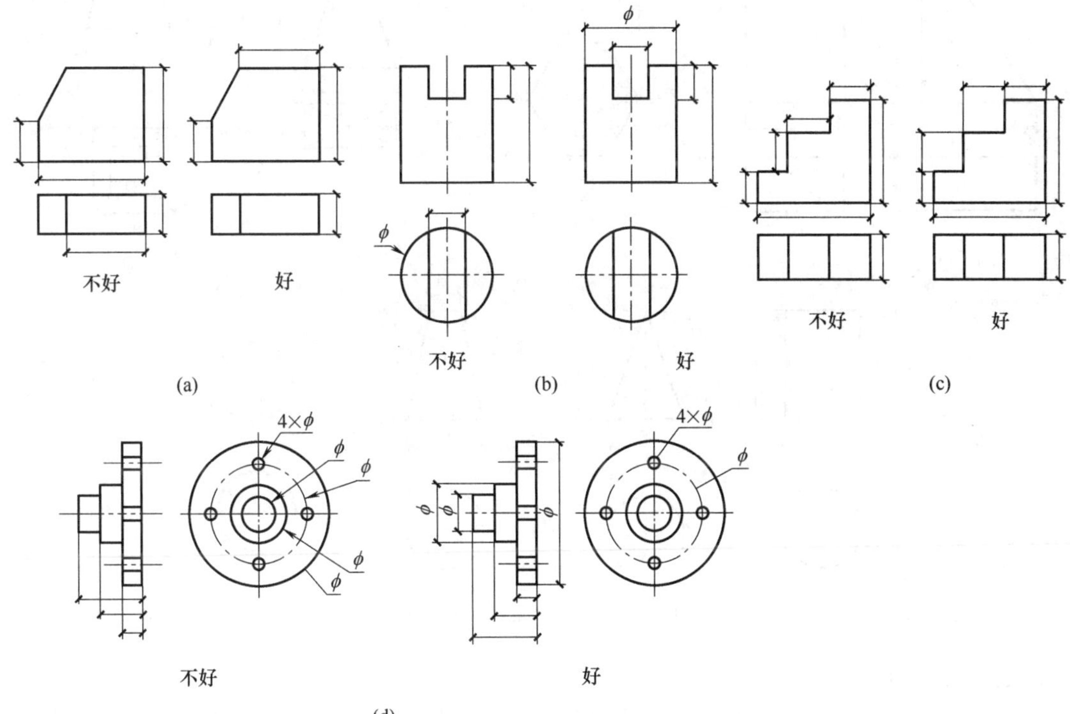


图 4-23　尺寸清晰

（a）标注反映特征；（b）标注相对集中；（c）排列整齐；（d）布局清晰

### 4.4.2 组合体尺寸的种类

组合体是由若干个基本几何体按照一定的方式组合而成的，因此在标注组合体的尺寸时，通常运用形体分析法将组合体拆分成多个组成部分，并逐一标注各基本几何体的定形尺寸，然后根据各组合体直接的位置关系标注定位尺寸。另外，对于组合体而言，通常需要标注总长、总宽、总高等总体尺寸。

**1. 常见基本体的定形尺寸**

在图 4-24 中，三棱柱只标注直角边的长度和棱柱高度；四棱柱标注长、宽、高；五棱柱的底面是圆内接正五边形，可标注底面外接圆直径和棱柱高度；六棱柱底面为正六边形，但六棱柱一般不标注正六边形的边长，而是标注对角距和棱柱高度。棱锥需要标注底面尺寸和椎体高度，棱台则需要标注上、下底面尺寸和台体高度。标注圆柱、圆锥、圆台等回转体的尺寸时，只需要标注底面直径和回转体高度即可，底面直径通常标注于非圆视图上，并在尺寸数字前加上“$\phi$”。球体标注只需要标注球体直径，并在尺寸数字前加上“$S\phi$”。

对于带切口的形体，除了标注基本形体的尺寸之外，还要注出确定截平面位置的尺寸，如图 4-25 所示。必须注意的是，由于形体与截平面的相对位置确定后，切口的交线已完全确定，因此不应再标注交线长度。

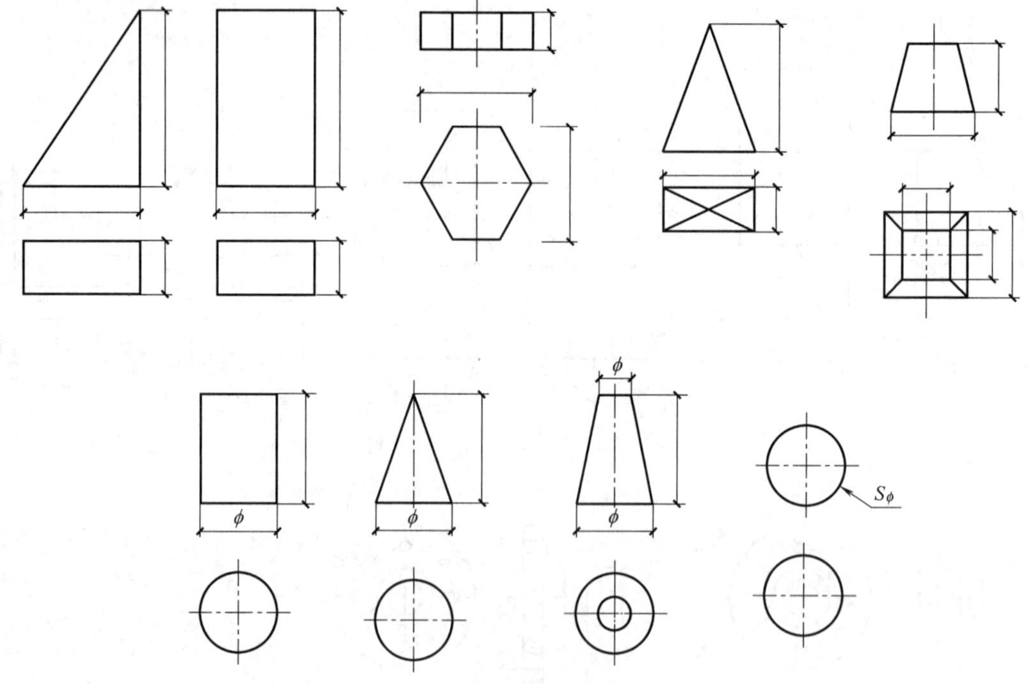


图 4-24 常见基本体定形尺寸

**2. 定位尺寸的标注**

确定各简单几何体相对位置的尺寸称为组合体定位尺寸：两几何体的相对位置是指空间两几何体的左右、前后、上下位置关系，故确定两几何体相对位置的定位尺寸个数应为三个：当两几何体的邻接边界面处于共面、贴合位置时，该方向的定位尺寸可以省略；当

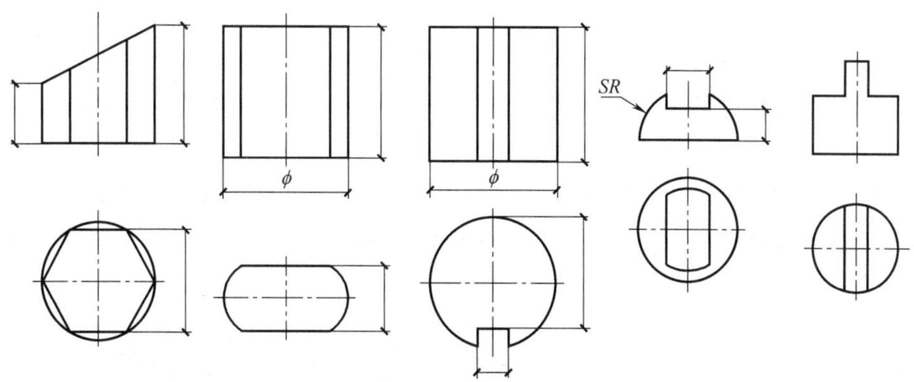


图 4-25　带切口的基本体尺寸标注

两回转体处于共轴线位置时，可以省略两个方向的定位尺寸。例如，图 4-26 所示组合体，其中 60、40、16 分别是长方体板的长、宽、高三个方向上的定形尺寸；$R10$ 为六个圆孔的定形尺寸；40 标注了左右四个圆孔在长度方向上的定位尺寸；20 标注了 6 个圆孔在宽带方向上的定位尺寸。6 个 $R10$ 的圆孔和长方形板的高度是平齐的，所以标注时省略了高度方向的定位尺寸；中间两个圆孔在长度方向上与长方形孔的对称中心线重合，因此，不需要标注两孔在长度方向上的定位尺寸。

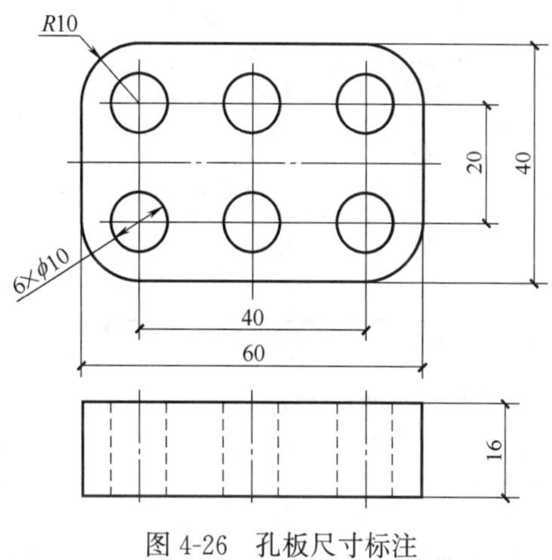


图 4-26　孔板尺寸标注

**3. 总体尺寸的标注**

组合体的总体尺寸指的是组合体的总长、总宽和总高。在实际应用中，由于经常需要对产品进行包装，为了便于确定包装规格，通常要求标注物体的总长、总宽和总高。但是，在标注过程中，进行总长、总宽或总高尺寸标注之后，通常会出现如图 4-27（b）所示的封闭尺寸链。这样，就会产生多余的尺寸。出现这种情况时，需要消除一个尺寸，如图 4-27（a）所示，去掉高度尺寸 36。

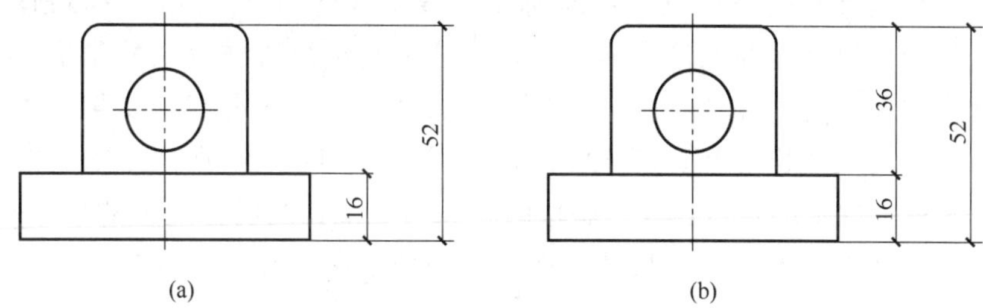


图 4-27　总体尺寸标注

（a）合理；（b）不合理

当组合体的一端或者两端为回转体时，通常不以轮廓线为界限标注其总体尺寸，如图 4-28 所示，由 $R10$ 与 $\phi56$ 即可确定该组合体的总长尺寸。

### 4.4.3 尺寸基准

用于确定组合体中各基本形体间相对位置的一些基准线或面称为组合体的尺寸基准，通常选择组合体的底面、端面、对称面或回转轴线等作为组合体的尺寸基准。如图 4-29 所示，高度方向通常选择组合体的底面作为尺寸基准；长度方向通常选择组合体的左端面、右端面或者对称轴线作为尺寸基准；宽度方向通常选择组合体的前端面、后端面或者对称轴线作为尺寸基准。

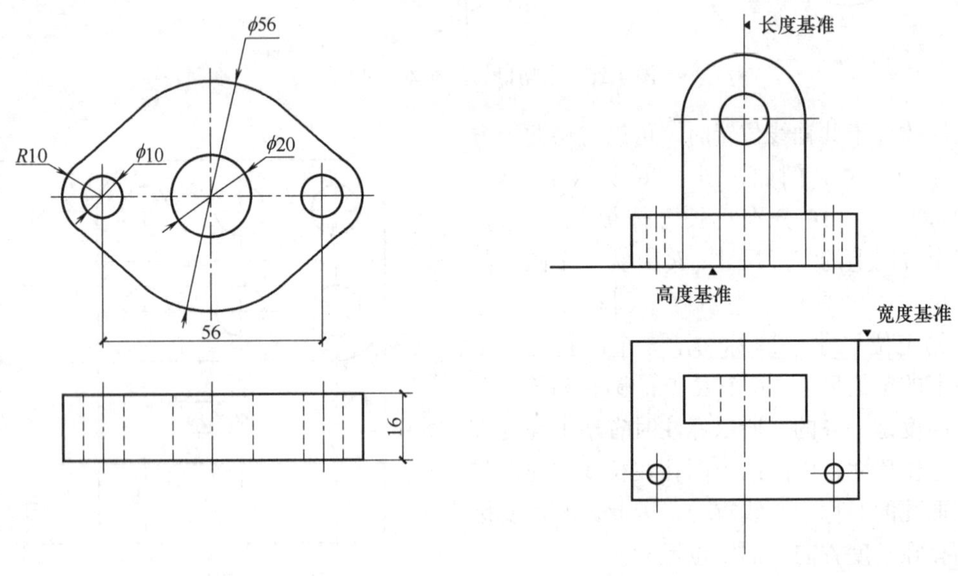


图 4-28 不标注总体尺寸示例　　图 4-29 尺寸基准的选择

### 4.4.4 组合体尺寸标注举例

将支架拆分为 5 个基本几何体，分别标注其定形尺寸，如图 4-30 所示；然后，根据各基本几何体之间的关系，标注定位尺寸，如图 4-31 所示。由于选择的支架在长度和宽度方向的尺寸基准都是空心圆柱的对称中心线，因此不需要标注空心圆柱在长度、宽度方向上的定位尺寸；在高度方向上，以空心圆柱的底部作为尺寸基准，空心圆柱高度方向的定位尺寸也不需要标注。底板的长、宽方向的对称线与支架在长、宽方向的对称中心线与支架在长度和宽度方向的尺寸基准分别重合，所以不需要标注空心圆柱在长度、宽度方向上的定位尺寸；底板的底面与支架在高度方向上的尺寸基准重合，也不需要标注高度方向上的定位尺寸；但是，底板上两小孔需要标注长度方向的定位尺寸，即“200”。圆形凸台的位置可由底板孔的位置确定，因此不需要标注定位尺寸。肋板分别与圆形凸台和空心圆柱相交，需要标注定位尺寸“90”和“75”。前面小凸台与空心圆柱相交，需要标注定位尺寸“60”和“40”。在进行组合体尺寸标注时，还应考虑总体尺寸，以及对尺寸正确、齐全、清晰、合理的要求。经过调整之后的尺寸标注形式，如图 4-31 所示。

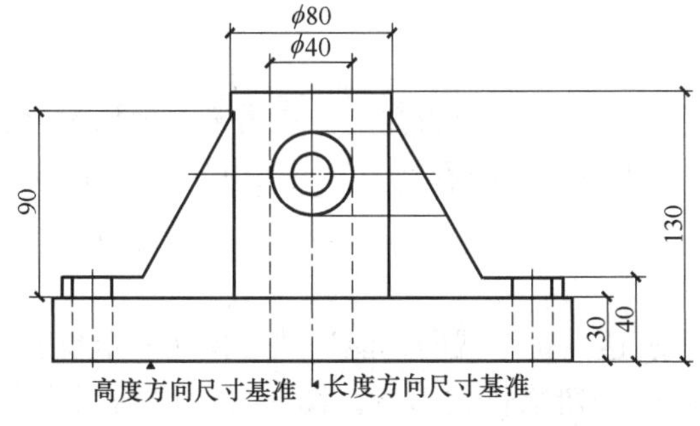


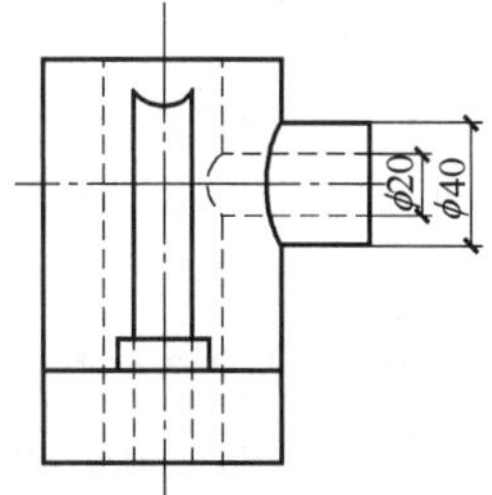


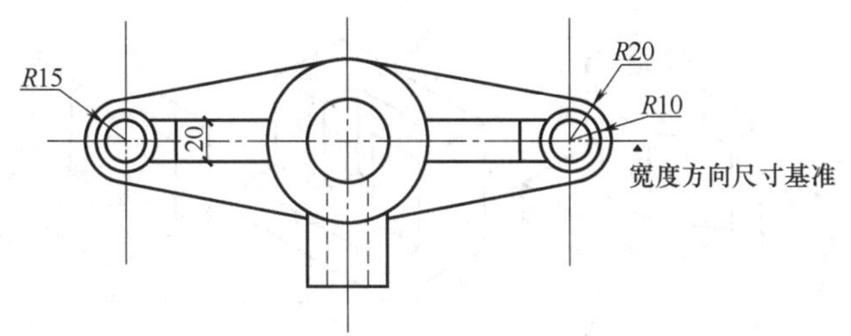


图 4-30　标注定形尺寸

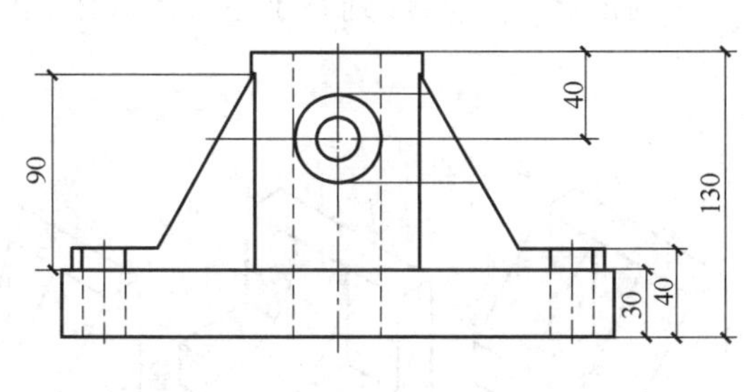


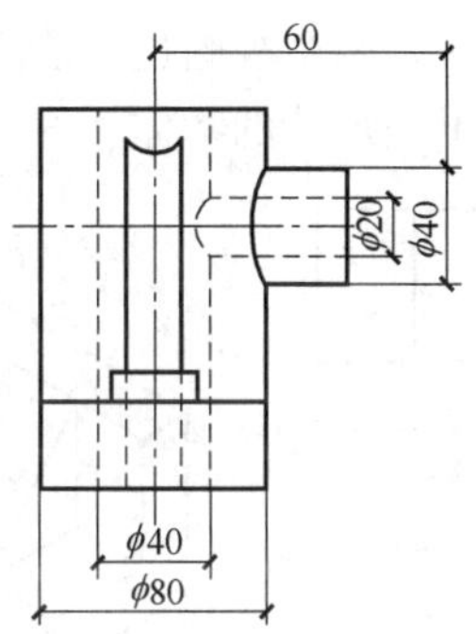


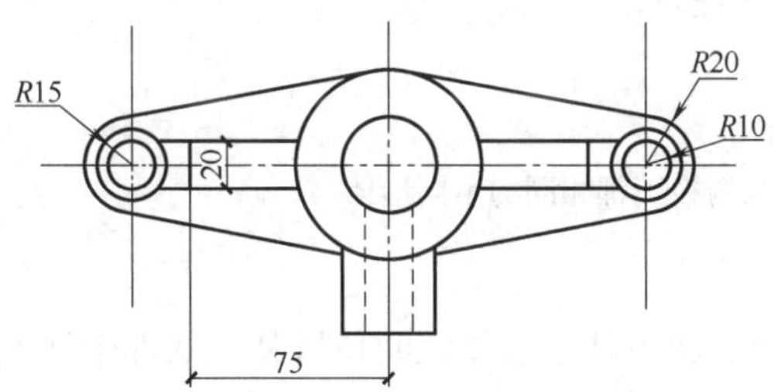


图 4-31　标注定位尺寸

## 4.5　组合体视图的识读

画图是用正投影法将空间三维形体用二维平面图形表达出来，而读图则是根据已给出的二维视图，运用形体分析法和线面分析法，想象出组合体的空间形状。由此可见，读图是画图的逆过程。为了能够正确而迅速地读懂组合体视图，必须掌握读图的基本知识和基本方法。

### 4.5.1 读图的基本知识

读图时除应熟练掌握基本形体的投影特点（如矩矩为柱、三三为锥、梯梯为台、三圆为球），掌握各种位置线、面以及截交线、相贯线的投影特点及作图方法外，还应注意以下几点。

**1. 几个视图联系起来识读**

物体的形状一般都是通过三个视图来表达，每个视图只能反映形体在一个投射方向的形状。因此，仅有一个视图，一般不能唯一确定物体的形状。图 4-32 列举了主视图完全相同的四种不同形状的物体。

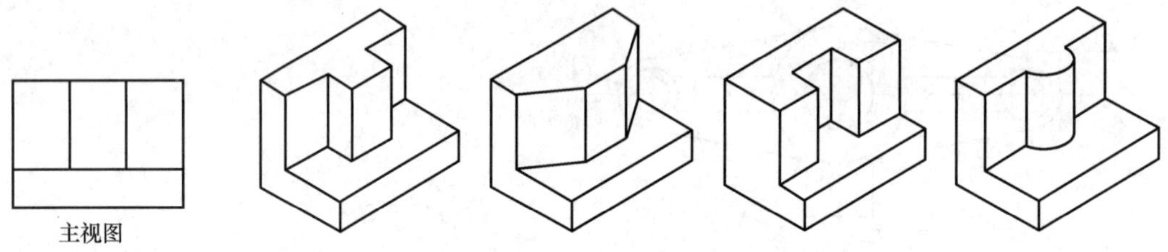


图 4-32 主视图相同的不同形体

有时，两个视图也不能完全确定形体的形状，图 4-33 列举了主视图和俯视图都相同的四种不同形状的物体。

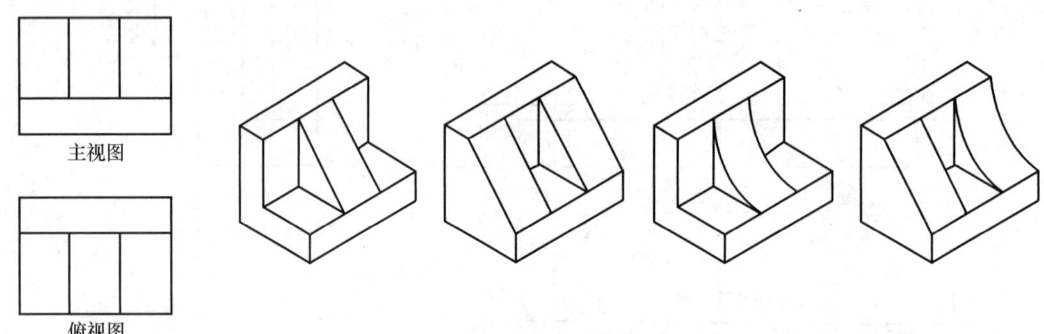


图 4-33 主视图和俯视图都相同的不同形体

**2. 找出特征视图**

特征视图就是最能反映组合体形状特征和各基本形体之间位置特征的那个视图，一般情况下是主视图。但形体各组成部分的形状特征，并非总是集中在同一个视图上，而可能分散在每个视图上。图 4-34 所示的组合体由三个形体叠加而成，主视图反映形体Ⅲ的特征，俯视图反映形体Ⅰ的特征，左视图反映形体Ⅱ的特征。此外，读图时还应从最能反映组合体各部分相对位置的那个视图入手来分析组合体。图 4-34 所示的主视图可清楚地反映出三部分之间的上下和左右位置关系。

**3. 明确视图中封闭线框和图线的含义**

视图中，每个封闭线框可表示以下几种含义，如图 4-35 所示。

（1）表示一个平面（实形或类似）、曲面或相切的组合面；

（2）表示一个孔洞或坑槽；

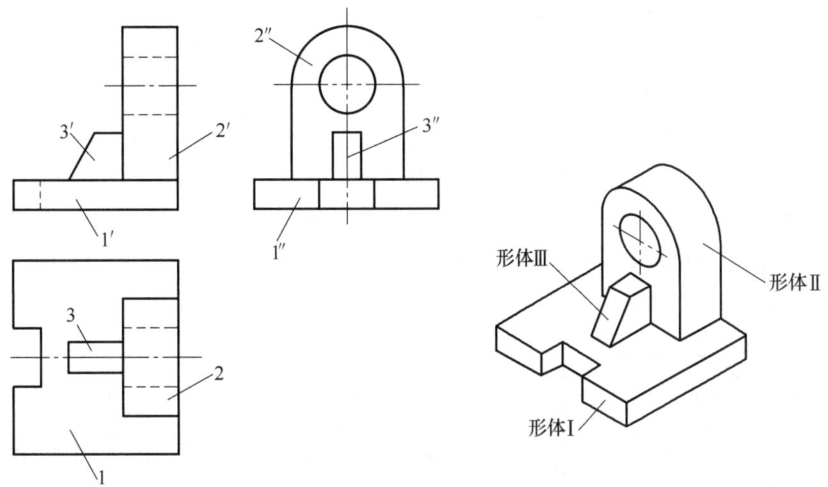


图 4-34　特征视图的分析

(3) 表示一个基本形体（平面立体或曲面立体）。

视图中每条图线可表示以下几种含义，如图 4-35 所示。

(1) 表示一个具有积聚性的平面或曲面；

(2) 表示两个面的交线（棱线、截交线、相贯线）；

(3) 表示曲面的转向轮廓线。

另外，两个相邻线框，表示物体上或相交或交错的位置不同的两个面，如图 4-35 主视图中，下面三个矩形线框表示六棱柱上左右、前后不同的三个棱面。大线框中套有小线框，表示大形体中凸出来或凹进去的小形体，如图 4-35 俯视图中，六边形线框中套有圆线框表示六棱柱上方凸出来的圆柱。

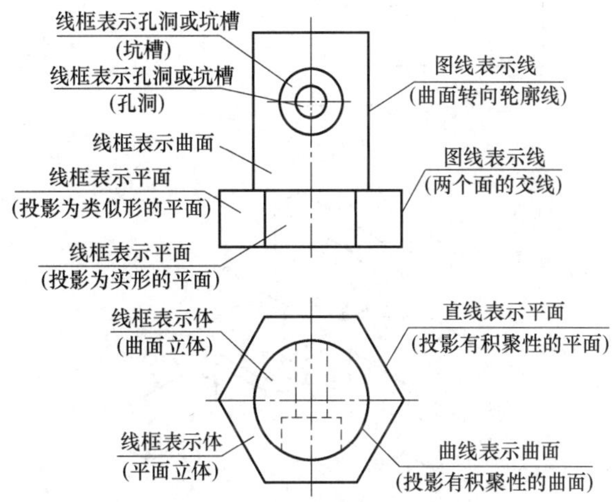


图 4-35　视图中封闭线框和图线的含义

## 4.5.2　读图的基本方法

形体分析法是读图的最基本方法，遇到难点部分辅以线面分析法进行分析。

**1. 用形体分析法读图**

形体分析法读图是以基本形体为读图单元，一般先从反映组合体形状特征较多的主视图着手，联系其他视图，将其划分为若干个封闭线框；然后，利用投影关系，找出各个线框在其他视图中的投影，从而分析各部分的形状以及它们之间的相对位置；最后，综合起来想象组合体的整体形状。

现以图 4-36 (a) 所示组合体的三视图为例，说明运用形体分析法读图的步骤。

**【例 4-4】** 根据图 4-36 (a) 所示组合体的三视图，想象其结构形状。

**解** 从已知的三视图看出，该形体是以四部分基本体叠加，结合切割方式组合而成的组合体。

作图步骤如下：

（1）分线框，找投影。视图中的每个封闭线框一般代表一个简单形体的投影。首先，从反映各部分特征的视图中，根据组合体的组成关系，按照“先粗后细、先整体后局部”的原则划分线框。从特征明显的主视图入手，将该组合体划分为四个简单的线框，并利用三等关系，找出每个线框对应的俯视图和左视图，如图 4-36（b）所示。这四个线框可以设想为四个简单形体Ⅰ、Ⅱ、Ⅲ、Ⅳ。

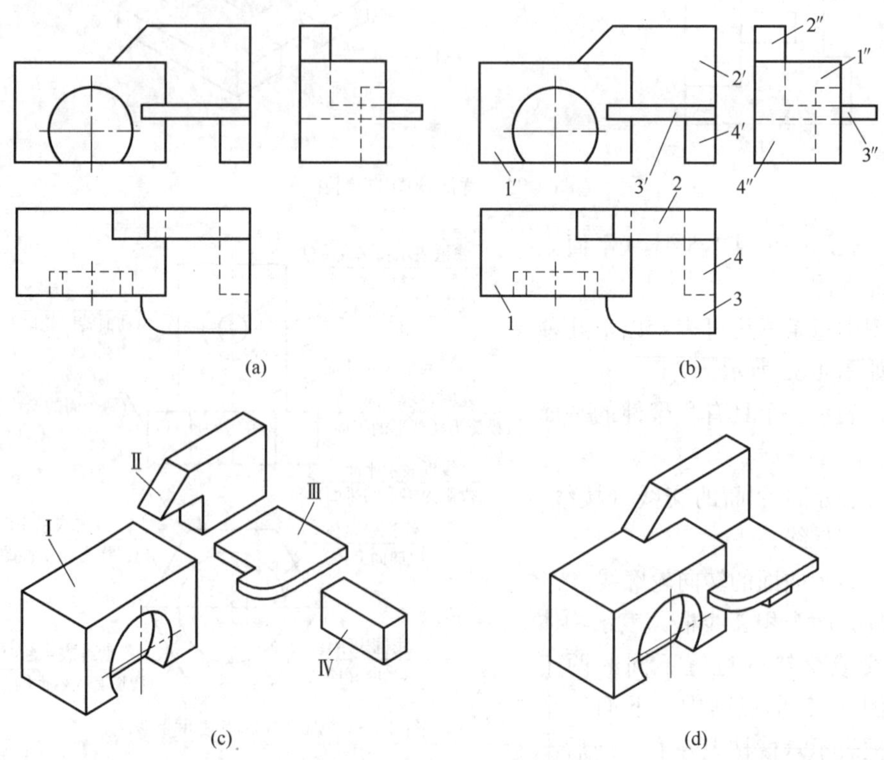


图 4-36 形体分析法读图

（a）组合体的视图；（b）分线框，找投影；（c）对投影，想形状；（d）定位置，想整体

（2）对投影，想形状。由线框Ⅰ的三个投影 1、1′、1″的外轮廓均为矩形可知，该形体Ⅰ的外形为长方体，再从主视图中的圆弧、俯视图和左视图的虚线可判断，在长方体的前端面上挖去大半个圆柱而形成一个槽。线框Ⅱ的正面投影 2′反映该形体的形状特征，再根据 2、2″，可判断出形体Ⅱ为多边形棱柱体。线框Ⅲ的水平投影 3 反映该形体的形状特征，再根据 3′、3″，可判断出形体Ⅲ为带圆角的 L 形棱柱体。线框Ⅳ的三个投影 4、4′、4″均为矩形，故形体Ⅳ为长方体。想象出的这四个简单形体的形状，如图 4-36（c）所示。

（3）定位置，想整体。根据视图中所显示各基本形体之间的相对位置，可判断出：形体Ⅰ位于组合体的左方，形体Ⅳ位于组合体的右下方，右方中间为形体Ⅲ，其左后角的缺口与形体Ⅰ的前表面和右侧面相重合，形体Ⅱ位于组合体的右、后、上方，其左下方的缺口与形体Ⅰ的顶面和右侧面相重合，前表面与形体Ⅲ的后表面、底面与形体Ⅲ的顶面相重合。形体Ⅰ、Ⅱ、Ⅳ的后表面为同一个平面，形体Ⅱ、Ⅲ、Ⅳ的右侧面为同一个平面。按照上述位置，将四个形体叠加在一起，获得该组合体的整体形状，如图 4-36（d）所示。

**2. 用线面分析法读图**

线面分析法是以线面为读图单元，一般不独立使用。当形体带有斜面，或某些细部结构比较复杂，用形体分析法难以判断其形状时，可采用线面分析法来帮助想象。通过分析视图上的图线及线框，找出它们的对应投影，从而分析出形体上相应线、面的形状和位置，综合想出该部分的空间形状。

**【例 4-5】** 如图 4-37（a）所示，根据形体的三视图，想象其结构形状。

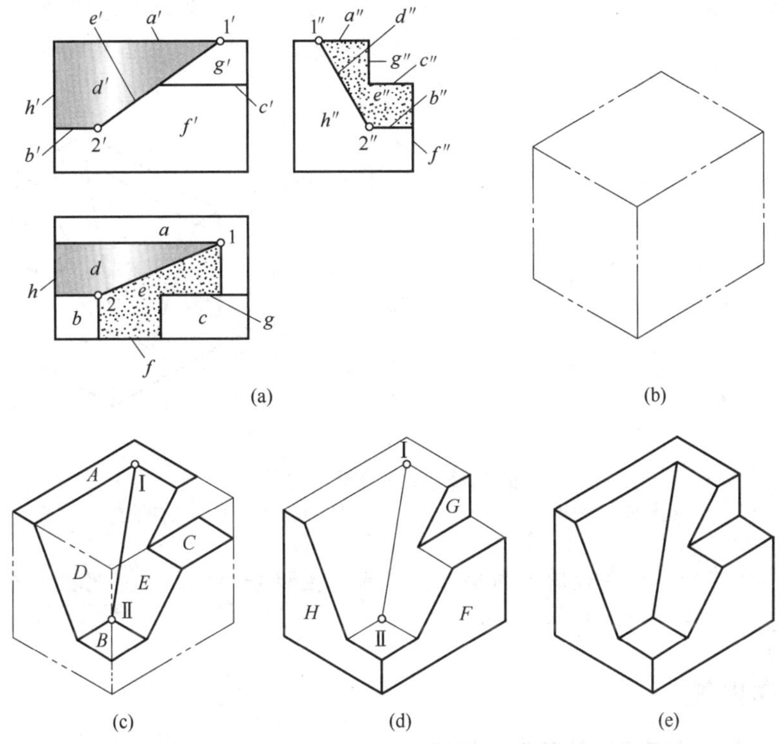


图 4-37　线面分析法读图（一）

（a）组合体的视图；（b）原始形体——长方体；（c）想象俯视图名线框的空间形状；（d）想象主、左视图各线框的空间形状；（e）综合起来想整体

**解**　根据形体的三视图可以看出：该形体是由长方体被多个平面截切而成，如图 4-37（b）所示，具体读图时主要运用线面分析法进行分析。注意：可根据平面"不类似必积聚"的投影特性来进行分析。

作图步骤如下：

（1）将投影分成若干部分，按投影分析出各部分的形状。

① 将视图中封闭线框最多的俯视图中的封闭线框编号（$a$、$b$、$c$、$d$、$e$），按投影规律找出其对应投影，并判断其空间形状。

根据投影规律可知：L 形线框 $a$、矩形线框 $b$、矩形线框 $c$ 的正面投影和侧面投影都积聚为水平线，故平面 $A$、$B$、$C$ 均为水平面；梯形线框 $D$ 的侧面投影 $d''$ 为斜线，说明 $D$ 平面为侧垂面；线框 $E$ 的正面投影 $e'$ 为斜线，说明 $E$ 平面为正垂面。注意：$D$、$E$ 两平面的交线ⅠⅡ的投影 12、$1'2'$、$1''2''$都为斜线，故交线Ⅲ为一般位置直线，如图 4-37（c）所示。

② 将主视图和左视图中剩下的封闭线框编号（$f'$、$g'$、$h''$），找出其对应投影，判断其空间形状。同理可以分析出：主视图中的线框 $f'$、$g'$的水平投影都为水平直线，侧面投影都为竖直线，可判断 $F$、$G$ 平面均为正平面；左视图中线框 $h''$的正面投影和水平投影都为竖直线，可知 $H$ 平面为侧平面。如图 4-37（d）所示。

（2）分析围成形体各个表面的相对位置，并综合起来想象出整体形状，如图 4-37（e）所示。

通过对形体各个表面的分析可知，组合体为长方体被正垂面 $E$、侧垂面 $D$ 和水平面 $C$ 切割左前角，又被水平面 $C$ 和正平面 $G$ 切掉右前上角所形成。当然，也可根据截切顺序和切割面的位置来分析，如图 4-38 所示。

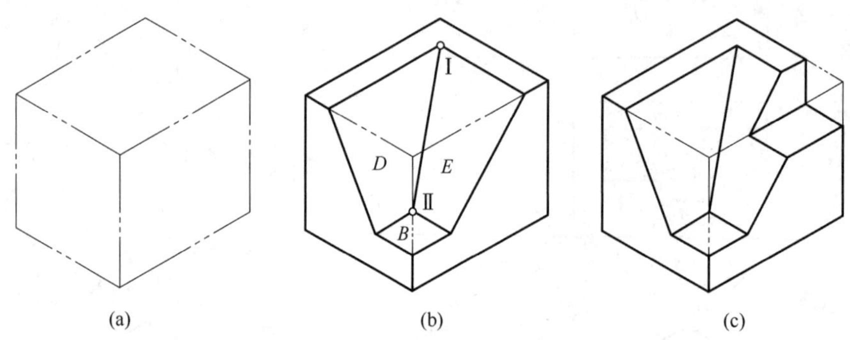


图 4-38 线面分析法读图

（a）原始形体——长方体；（b）切掉左前角；（c）切掉右前上角

由上述内容可知，读图步骤可归纳为：①先看主视分形体；②对照投影判位置；③线面分析解难点；④综合起来想整体。

### 4.5.3 读图训练

**1. 根据组合体的两视图补画第三视图**

根据组合体的两视图补画第三视图（简称“二补三”）是训练读图、画图和空间思维能力的一种基本题型。在这种训练过程中，要根据已知的两视图读懂组合体的形状，然后按照投影规律正确画出相应的第三视图（可能不唯一）。这是由图到物和由物到图的反复思维的过程，因此，它是提高综合画图能力和培养空间想象能力的一种有效手段。

**【例 4-6】** 已知如图 4-39（a）所示的涵洞进出口的两视图，补画其左视图。

**解** 先对涵洞口进行形体分析。根据已知视图可知，该形体大致由左、右两部分组成，属于综合形体，然后再对各线框作线面分析，想象出各部分的形状和位置。左侧部分由三个四棱柱组成，棱柱Ⅰ、Ⅱ（前、后八字翼墙）前后对称分布在棱柱Ⅲ（底板）上，如图 4-39（b）所示。右侧部分是长方体（端墙），其上挖切一洞口，如图 4-39（c）所示，进而确定并想象出涵洞口的形状。

作图步骤如下：

（1）画出左侧翼墙和底板的左视图，如图 4-39（b）所示。其中，翼墙顶面为正垂

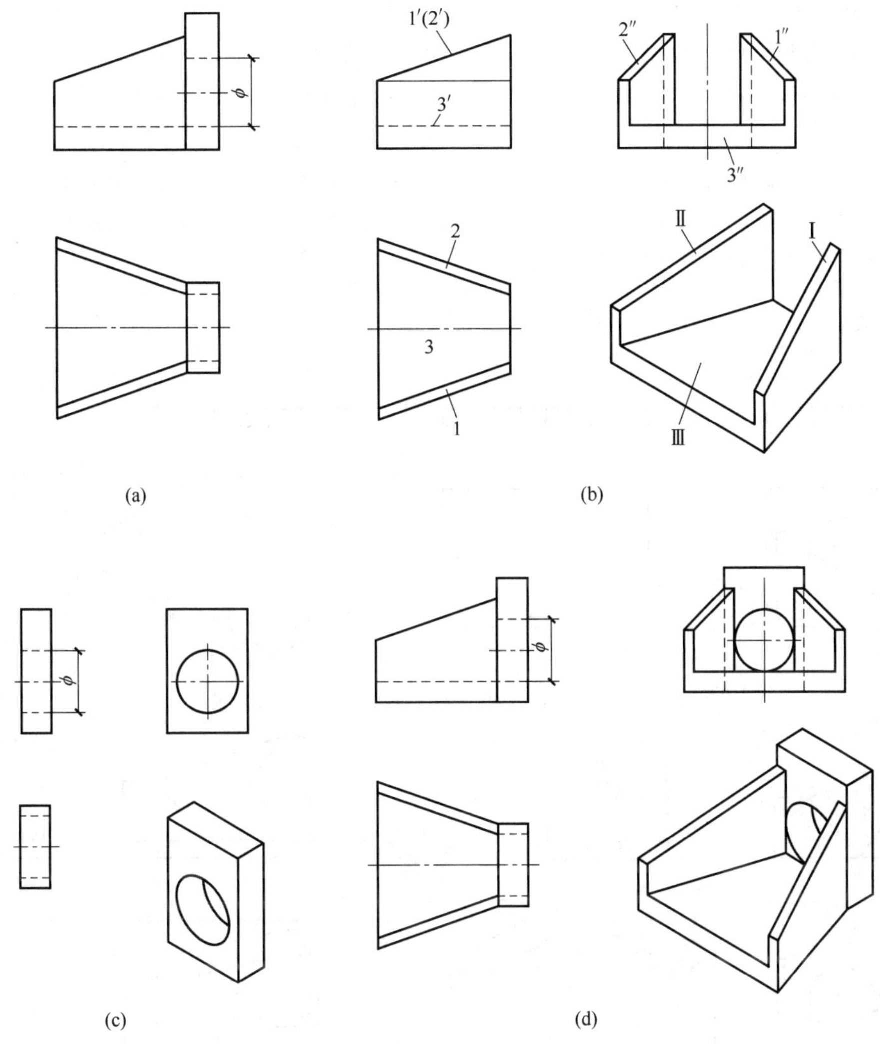


图 4-39　补画涵洞进出口的左视图

（a）已知条件；（b）补画翼墙和底板左视图；（c）补画右侧端墙的左视图；（d）补全左视图

面，前后侧面为铅垂面，翼墙与底板左侧面平齐。

（2）画出右侧端墙的左视图，如图 4-39（c）所示。

（3）检查、校核、加深图线。左视图中，右侧端墙前、后侧面被遮挡而不可见，应画成虚线，如图 4-39（d）所示。

**【例 4-7】** 如图 4-40（a）所示，已知挡土墙的两视图，补画其左视图。

**解**　先对挡土墙进行形体分析，根据已知视图可知，该形体大致由上、下两部分组成，属于综合形体，然后再对各线框作线面分析，想象出各部分的形状和位置。对照正面和水平投影可知，下部形体为“┓”形棱柱（基础底板）。上部挡土墙墙身部分斜面较多，可利用线面分析法分析其具体形状。

作图步骤如下：

（1）画出下部基础的侧面投影，如图 4-40（b）所示。

（2）画出墙身的侧面投影，如图 4-40（c）所示。其中，$P$ 平面为侧垂面，空间形状为梯形，$W$ 面投影积聚为一直线 $1''3''$；$Q$ 平面为一般面，空间形状为三角形，△Ⅰ Ⅱ Ⅲ，$W$ 面投影为类似形△$1''2''3''$；$R$ 平面为正垂面，空间形状为平行四边形，即▱Ⅰ Ⅱ Ⅴ Ⅳ，$W$ 面投影为类似形▱$1''2''5''4''$；$S$ 平面为正垂面，空间形状为梯形，$W$ 面投影为类似形。

（3）检查、校核、加深图线。特别注意：因挡土墙墙身部分左高右低，且后表面从左后方向右前方倾斜，故左视图中右侧端墙后棱线、后端面Ⅳ Ⅴ和Ⅱ Ⅴ棱线被遮挡而不可见，应画成虚线，如图 4-40（d）所示。

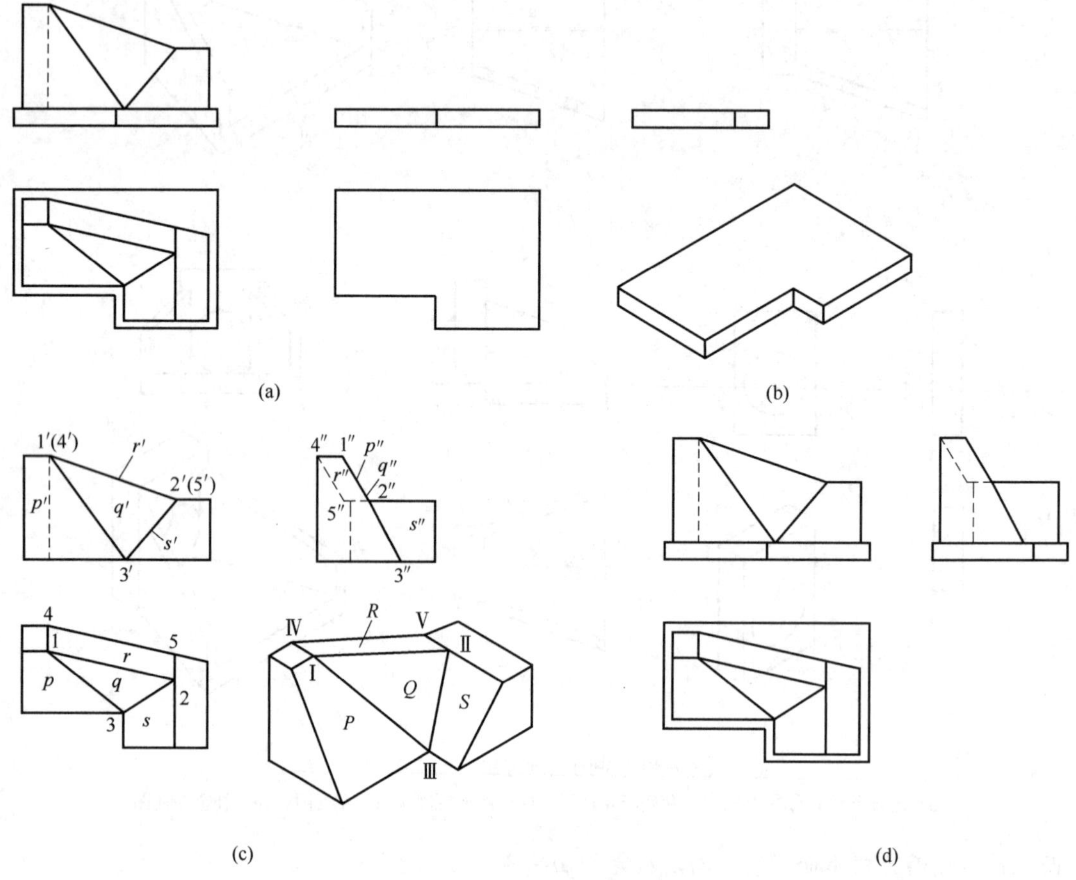


图 4-40 补画挡土墙的左视图

（a）已知条件；（b）补画基础底板的左视图；（c）分析挡土墙各个表面的形状并补画左视图；（d）补全左视图

**2. 补画视图中所缺的图线**

补画三视图中所缺的图线是读图、画图训练的另一种基本题型。它往往是在一个或两个视图中给出组合体的某个局部结构，而在其他视图中遗漏。这就要从给定的一个投影中的局部结构入手，依照投影规律将其他的投影补画完整。这种练习进一步强调了形体的三视图是一个统一体，必须三面投影同时对应绘制，切忌画完一个投影再画另一个投影。

**【例 4-8】** 如图 4-41（a）所示，补画三视图中遗漏的图线。

**解** 由给出的三视图可以看出，主视图反映其形状特征，该形体为左低右高的“┛”形棱柱体，形体的左侧中间部分切去一个三棱柱，形成三棱柱切口，在左视图没有画出该切口的投影以及左侧水平顶面的投影；由左视图明显看到一 V 形缺口，缺口交线以及与上部水平面的交线在主视图和俯视图两视图中漏画，均应根据投影规律补出相应的投影。

作图步骤如下：

（1）补画左侧三棱柱切口和水平面的侧面投影；

（2）补画上部 V 形缺口和中间侧平面的正面和水平投影；

（3）检查、校核，完成全图，如图 4-41（b）所示。

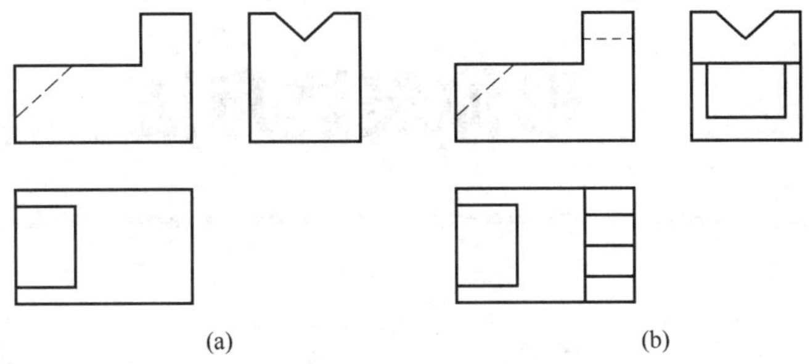

图 4-41　补画视图中所缺的图线

（a）已知条件；（b）补画漏线

# 形体表达方法

## 5.1 视图

### 5.1.1 基本视图

将物体放在一个方盒内，然后向盒的六个面进行正投影，如图 5-1（a）所示，所得的六面视图称为基本视图。六面视图的名称依次为平面图（$H$ 面投影）、正立面图（$V$ 面投影）、左侧立面图（$W$ 面投影）、底面图（$H_1$ 面投影）、背立面图（$V_1$ 面投影）和右侧立面图（$W_1$ 面投影）。其展开在同一平面上如图 5-1（b）所示，其标准配置关系如图 5-1（c）所示，这种配置不必注写视图名称。但在实际工作中，为了合理利用图纸，当在同一张图纸绘制六面视图或其中的某几个图时，图样的顺序宜按主次关系从左至右依次排列，如图 5-1（d）所示。此时，每个视图一般均应标注图名，图名宜标注在图样的下方或上方，并在图名下绘一条粗实线，其长度应以图名所占长度为准。视图无论如何布置，其六面视图仍保持“长对正、高平齐、宽相等”的投影对应规律。没有特殊情况，优先选用正立面图、平面图和左侧立面图这三个视图。

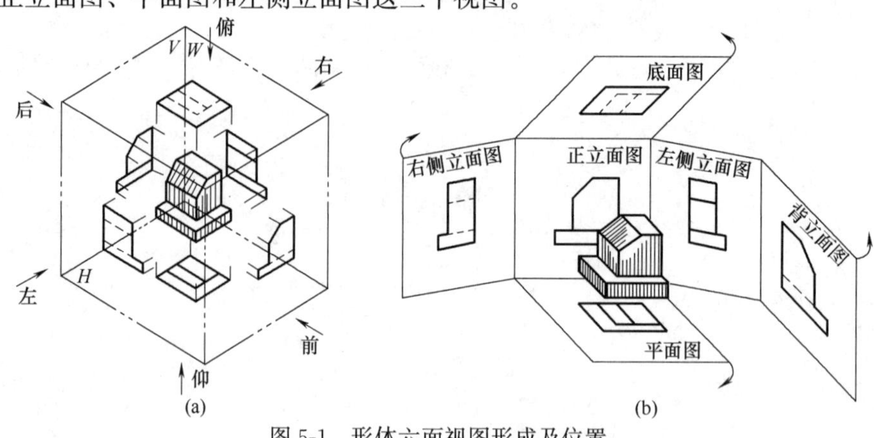


图 5-1　形体六面视图形成及位置

（a）六面投影体；（b）六面视图展开

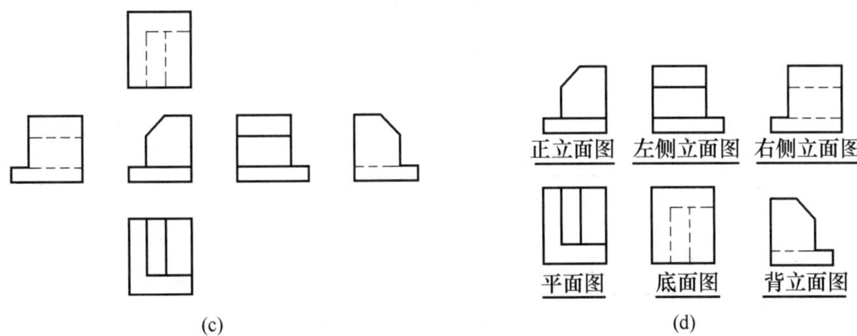


图 5-1　形体六面视图形成及位置（续）

(c) 投影图的排列位置；(d) 合理布局的排列位置

## 5.1.2　辅助视图

工程制图中，形体除了可以用基本视图表示外，还可以采用一些辅助视图来表达需要表达形体的部位。下面介绍几种常见的表达方法。

**1. 局部视图**

局部视图是将形体的某一部分向基本投影面投影所得的视图。当形体在某个方向仅有部分形状需要表示，而又没有必要画出整个基本视图时，可采用局部视图。局部视图相当于基本视图的一部分。

采用局部视图时，应注意以下几点：

(1) 在基本视图上用带字母的箭头指明投影部位和投射方向，对应在局部视图的下方（或上方）用相同的字母标明“X 向”。如图 5-2 所示的“A 向”。

(2) 局部视图可按基本视图的形式配置，如图 5-2 所示。必要时，也可以配置在其他适当位置。

(3) 局部视图的断裂处边界线用波浪线或折线表示，当所表示的局部结构完整，而外轮廓又是封闭时，可省略波浪线。

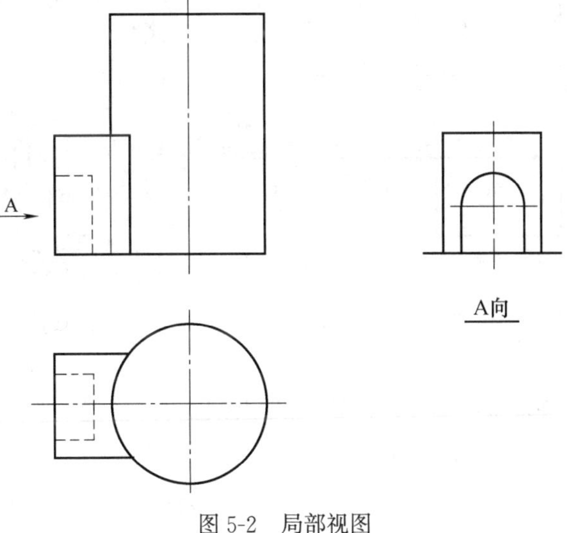


图 5-2　局部视图

**2. 斜视图**

当形体的表面与基本投影面成倾斜位置时，在基本投影面上就不能反映表面的实形。这时，可用换面法，增设一个与倾斜表面平行的辅助投影面，并用正投影法在该投影面上作出反映倾斜部分实形的投影。这种将形体向不平行于基本投影面的平面投影所得的视图，称为斜视图，如图 5-3 所示。

采用斜视图时，应注意以下几点：

(1) 斜视图的标注方法与局部视图一样。

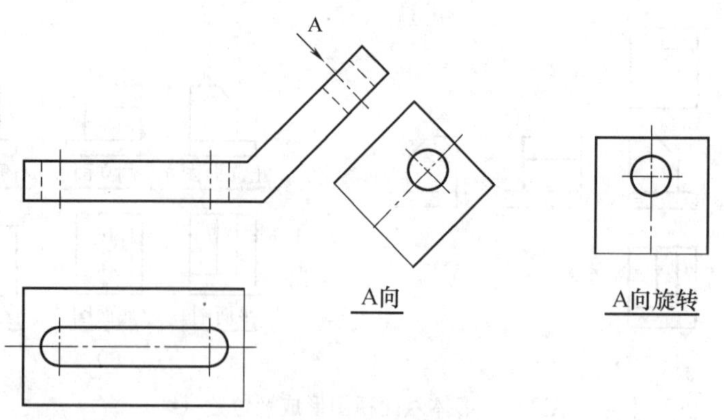


图 5-3 斜视图

（2）斜视图尽可能按投影关系配置，如图 5-3 所示的 A 向视图。必要时，也可以平移到图纸其他适当位置。为了画图方便，也可以将图形旋转配置，但必须在图形名称后加注“旋转”二字。如图 5-3 所示的“A 向旋转”，或用“⌒A”表示。

（3）斜视图是为了反映倾斜表面的实形，所设的辅助投影面只能垂直于一个基本投影面，形体上原来平行于基本投影面的表面，在斜视图中不反映实形，所以一般以波浪线或折线为界省略不画。在基本视图中同样要处理好这类问题，如图 5-3 所示的俯视图。

**3. 展开视图**

当形体呈折线形或曲线形时，该形体的某些面可能与投影面平行，而另一些面则不平行。与投影面平行的面，可以画出反映实形的投影图，而倾斜的或弯曲的面则不能同时反映实形，为了同时表达出这些面的实形和大小，假想把形体的某些倾斜或弯曲部分展至与某一基本投影面平行后，再向该基本投影面投影，这样所得到的视图称为展开视图。

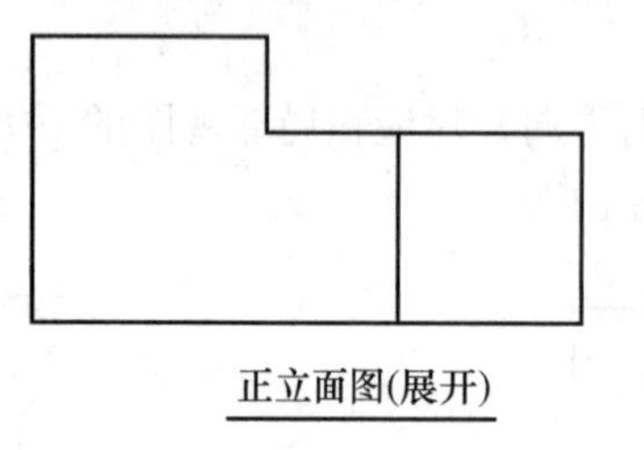


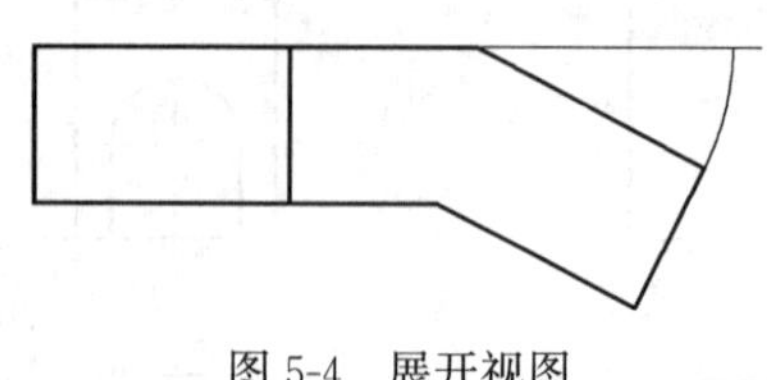

图 5-4 展开视图

展开视图不作任何标注，只需在图名后注写“展开”二字即可，如图 5-4 所示。

**4. 镜像视图**

有些建筑结构，直接用正投影法，绘制出的俯视图可能虚线过多，给看图带来许多不便。这时，如果把 $H$ 面当成一个镜面，在镜面中就会得到形体的反射图像，如图 5-5（a）所示。这种投影法称为镜像投影法，用镜像投影法绘制的视图称为镜像视图。用镜像投影法画的视图，应在图名后加注“镜像”二字，如图 5-5（b）所示的“平面图（镜像）”。它与前面所说的俯视图不同；或者，按图 5-5（c）所示画出镜像投影识别符号表示。

### 5.1.3 第三角投影简介

**1. 第三角投影的概念**

互相垂直的三个投影面（$V$、$H$、$W$）扩展后，可将空间分成 8 个分角，如图 5-6

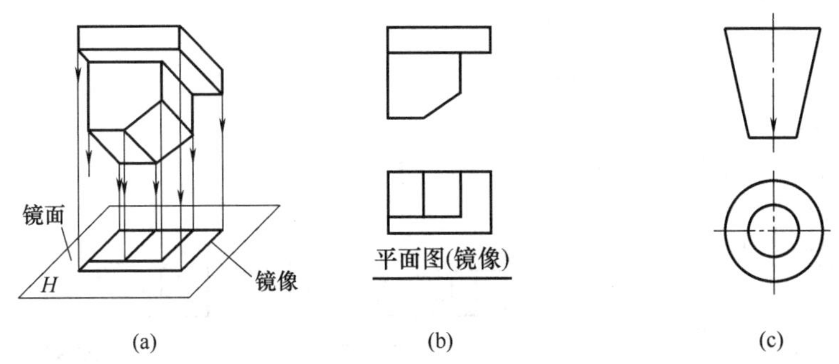


图 5-5　镜像投影法绘制的投影图
（a）镜像投影的形成；（b）平面图（镜像）；（c）画出镜像投影识别符号

（a）所示，这 8 个分角依次称为第一分角、第二分角……第八分角。大多数国家的制图标准中把形体放在第一分角进行正投影。根据我国的制图标准规定，工程图样均采用第一角投影画法。但是，也有些国家如美国、英国、日本等，采用第三角投影，即将形体放在第三分角进行正投影，如图 5-6（b）所示。随着我国加入 WTO，国际技术合作、技术交流日益增加，有必要对第三角投影的画法有所了解。

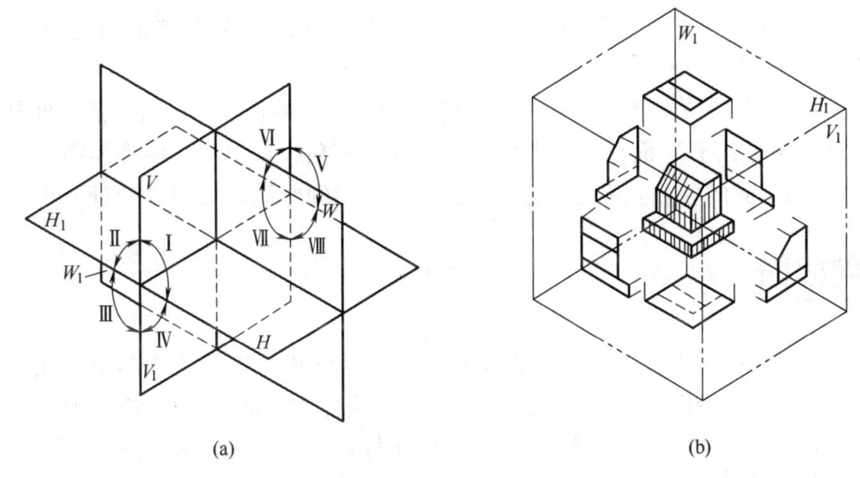


图 5-6　第三角投影
（a）八个分角；（b）第三分角立体图

**2. 第三角投影法**

如图 5-6（b）所示，把形体放在第三分角中，并向三个投影面进行正投影；然后，再按图 5-7（a）所示，$V_1$ 保持不动，将 $H_1$ 面向上旋转 90°，将形面向左旋转 90°，便得到位于一个平面上属于第三角投影的六面投影图，如图 5-7（b）所示。

如采用第三角画法，则必须在图样中画出如图 5-7（c）所示的第三角画法的标识符号。

**3. 第一角与第三角的比较**

（1）相同点：

投影都采用正投影法，在三面投影之间仍遵循“长对正、高平齐、宽相等”的三等对应关系。

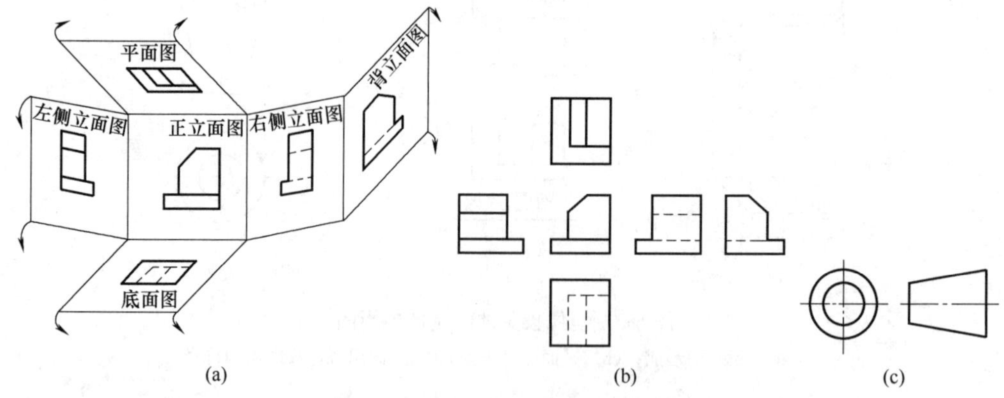


图 5-7 第三角六面投影视图的形成、配置及标识

(a) 六面视图展开；(b) 投影图的排列位置；(c) 标识符号

(2) 不同点：

1) 观察者、形体、投影面三者位置关系不同。第一角投影画法是将形体置于第一分角内，形体处于观察者与投影面之间，投影过程为“观察者→形体→投影面”；而第三角投影画法是将形体置于第三分角内，形体处于投影面之后，假定投影面是透明的，投影过程为“观察者→投影面→形体”。

2) 投影图的排列位置不同。第一角投影的 $H$ 面平面图置于 $V$ 面正立面图的下方，$W$ 面的左侧立面图置于 $V$ 面正立面图的右侧，而第三角投影是 $H_1$ 面平面图置于 $V_1$ 面正立面图上方，$W_1$ 面的左侧立面图置于 $V_1$ 面正立面图的左侧，如图 5-7 (b) 所示。

## 5.2 剖面图

建筑工程中，视图主要用于表达建筑形体的外部形状。当形体内部结构比较复杂时，如果视图的绘制依然沿用可见轮廓线画实线，不可见轮廓线画虚线的作图规定，则视图中就会出现较多虚线，这既不利于读图，也不便于标注尺寸。为了清晰地表达形体内部结构，工程中常采用剖面图的画法解决这一问题。

### 5.2.1 剖面图的基本概念

**1. 剖面图的形成**

剖面图是假想用剖切面剖开形体，将处于观察者与剖切面之间的部分移去，将其余部分向投影面投射所得的图形。图 5-8 (a) 为内部结构较为复杂的工程形体，其剖面图的形成过程如图 5-8 (b)、(c) 所示。图 5-8 (d) 中的主视图即为该形体的剖面图。

**2. 剖面图的画法**

(1) 确定剖切面位置：

为了表达形体内部的真实形状，一般常用平面作为剖切面。剖切平面一般应通过形体内部结构的对称面或孔、洞、槽等的轴线，并平行于相应的投影面。必要时，也可用投影面垂直面或柱面作为剖切面。

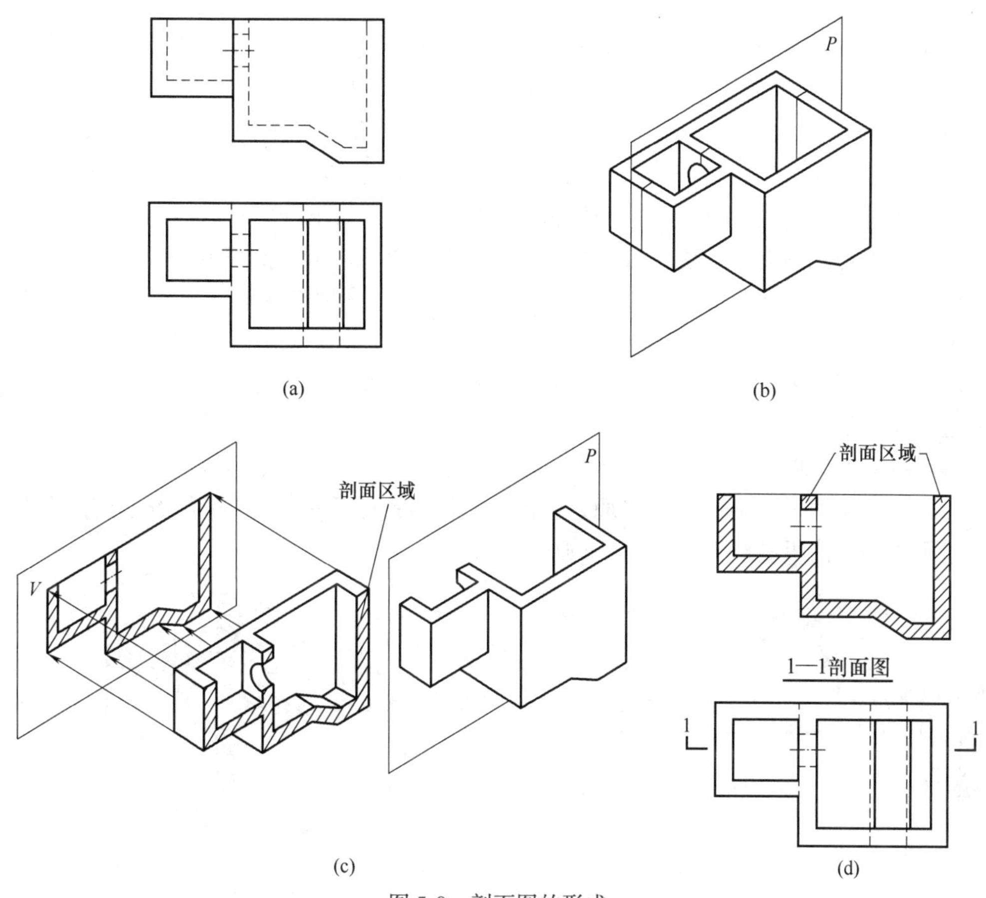


(a)　(b)　(c)　(d)

图 5-8　剖面图的形成

（a）形体；（b）、（c）形成过程；（c）剖面图

（2）画剖面图：

剖切面与形体接触的实体区域称为剖面区域。剖面图中剖面区域的边界轮廓线应用粗实线绘制，非剖面区域的轮廓线，一般用中实线绘制，如图 5-8（d）所示。

（3）画剖面符号：

剖面区域为一个或多个封闭的几何图形。绘制剖面图时，为便于区分实体与空腔部分，应在剖面区域绘制剖面符号。

当不需要区别剖面区域的材料类别时，剖面符号可采用通用的剖面线表示。通用剖面线为间隔均匀的平行细实线，绘制时一般要求与图形主要轮廓线或剖面区域的对称线成 45°，如图 5-8（d）所示。

**3. 剖面图的标注**

为便于读图，剖面图一般应标注剖切符号和剖切符号的编号两项内容，如图 5-8（d）中 1—1 剖面图的标注所示。

剖面图的标注应符合下列规定：

（1）剖切符号由剖切位置线和投射方向线两部分组成，两者均应以粗实线绘制。

剖切位置线，用于指示剖切面的起、讫和转折位置，其长度为 6～10mm，并应与形体轮廓线保持一定的间隙（图 5-9）。

投射方向线，用于指示剖面图的投射方向，其长度为 4～6mm，且垂直于剖切位置线（图 5-9）。如图 5-9 中，1—1 剖面图的标注表示从右向左投射。

（2）剖切符号的编号，宜采用阿拉伯数字，并按剖切顺序由左至右、由下向上连续编排，数字编号应注写在投射方向线的端部。为避免与图中其他图线发生混淆，需要转折的剖切位置线，应在转角的外侧加注与该符号相同的编号，如图 5-9 中的 3—3 所示。

当剖面图与剖面图的标注所在图样不在同一张图纸时，可在剖切位置线一侧注明其所在图纸的图纸号。如图 5-9 中的 3—3 剖切位置线下侧注写的“建施-5”，即表示 3—3 剖面图画在“建施”第 5 号图纸上。

（3）剖面图的名称与剖切符号的编号相对应，图名应注写在剖面图的下方，并其下加画一粗实线，如 1—1 剖面图、2—2 剖面图，如图 5-11（a）、（b）所示。

（4）省略剖面图的标注。

当剖切平面通过形体的对称平面，且剖面图按投影关系配置，中间又无其他图形隔开时，剖面图的标注可省略，如图 5-10 所示。

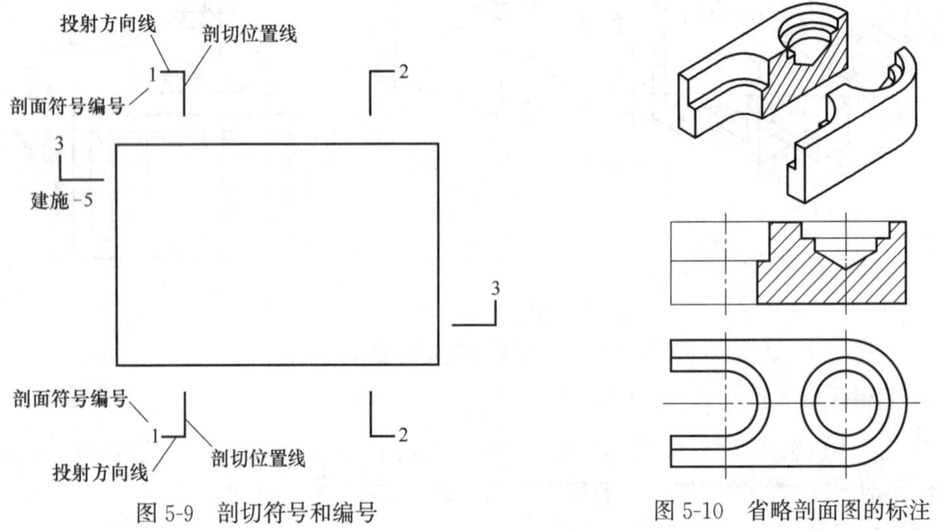


图 5-9 剖切符号和编号　　图 5-10 省略剖面图的标注

**4. 画剖面图的注意事项**

（1）剖面图只是假想将形体剖开，因此除剖面图外，其他视图仍应按完整形体画出，如图 5-8（d）和图 5-10 所示的俯视图均完整画出。

（2）剖面图实质上是剖切剩余部分主体的投影，剖面图不但要体现剖面区域的投影，也应表现出未剖到部分可见轮廓线的投影，不得遗漏。

（3）剖面图中，不可见轮廓线若由其他视图表达清楚，剖面图中对应的虚线一般可省略不画，但尚未表达清楚的结构仍应画出虚线。如图 5-11（a）剖面图中的虚线位置可由俯视图确定，可省略不画；如图 5-11（b）剖面图中对应的虚线位置若再无其他视图表达，则可画出，否则可省略。

（4）当剖切平面通过实心杆件的轴线或剖切平面纵向剖切薄板类结构（如肋板等）时，该结构应按不剖处理，如图 5-12 所示。

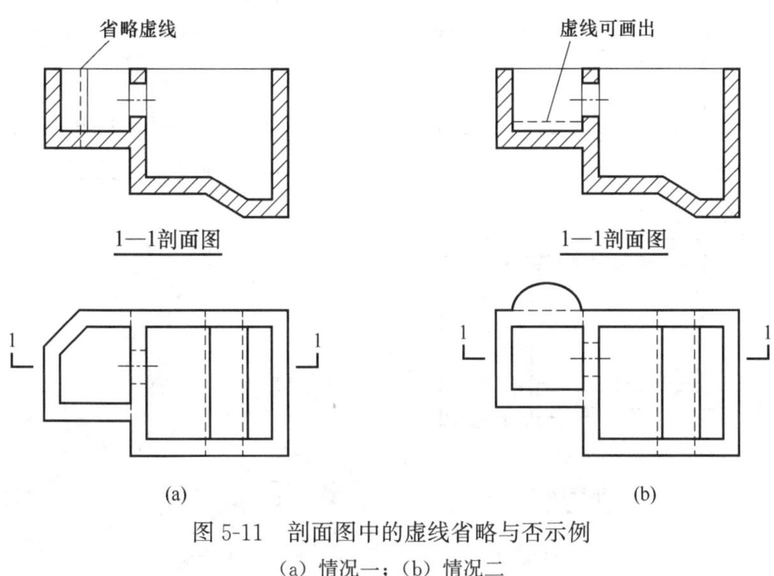


图 5-11　剖面图中的虚线省略与否示例
(a) 情况一；(b) 情况二

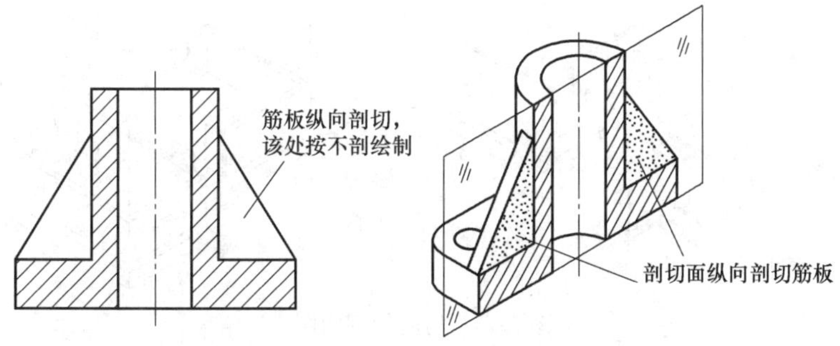


图 5-12　薄板纵向剖切画法

## 5.2.2　几种常用的剖面图

利用剖面图表达工程形体时，应根据其结构特点和图示要求，可选用“单一剖切面”“几个平行的剖切平面”或“几个相交的剖切面”剖切形体。根据形体被剖切的范围与表达方式的不同，剖面图可分为全剖面图、半剖面图、局部剖面图、阶梯剖面图和旋转剖面图等。

**1. 全剖面图**

用剖切面完全剖开形体后所得到的剖面图称为全剖面图。全剖面图一般适用于表达外形简单、内部结构复杂，且在投射方向上不对称的形体，如图 5-8 (d)、图 5-10、图 5-11 所示。

建筑工程中，常采用单一剖切平面将建筑物完全剖开，通过剖面图表达其内部的平面布局和竖向结构或构造形式。如图 5-13 所示的房屋，为了表达其内部的平面布置情况，可假想用以水平面，通过门、窗洞将整幢房屋剖开，然后画出其整体的剖面图。这种水平剖切所得剖面图，在房屋建筑图中习惯称为平面图。由于剖切位置一般要求通过门、窗洞口，因而不必在立面图中再进行标注。由图可见，平面图能清楚地表达房间的分隔情况、墙身厚度，以及门窗的数量、位置和宽度等内容。

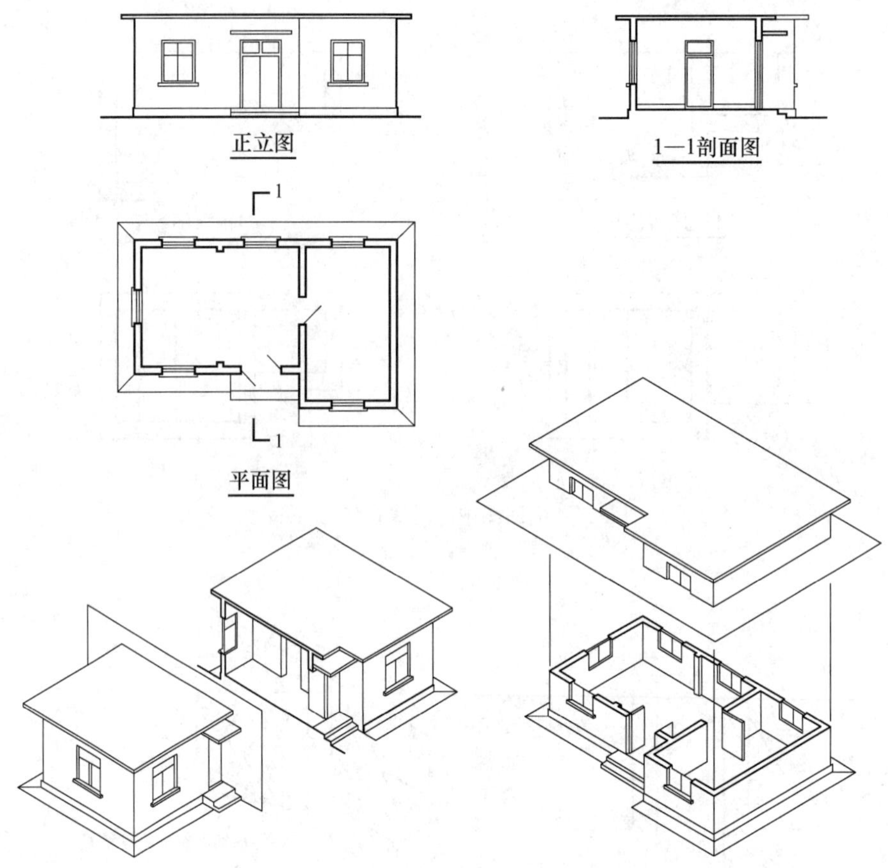


图 5-13 房屋的剖面图

图 5-13 中的 1—1 剖面图也是一个全剖面图。其竖向剖切平面通过门、窗洞口，从左往右投射所得剖面图能够清楚地表达屋顶、雨篷、门窗、台阶等的高度和形状。

**2. 半剖面图**

当形体具有对称平面时，向垂直于对称平面的投影面上投射所得视图，可以对称中心线为界，一半画成剖面图，另一半画成视图，这种组合而成的视图称为半剖面图。半剖面图一般适用于表达具有对称平面，且内、外形状均比较复杂的形体。

如图 5-14 所示的渡槽基础，因其左右、前后均对称，故可在垂直于对称面的主视图和左视图的位置，都用半剖面图予以表示，使其内、外形状均可表达清楚。

画半剖面图时，应注意以下几点：

（1）半剖面图中，视图与剖面图的分界线应是对称线（细单点长画线），不能画成粗实线。并且习惯上将剖开部分画在对称线的右侧或下方，如图 5-14 所示。

（2）由于形体内部形状已由半剖面图表达清楚，因而在另一半表达外形的视图中一般不再画出虚线。

（3）虽然形体具有对称平面，但若形体轮廓线与对称线重合时，则不能用半剖面图进行表达。

（4）半剖面图的标注方法与全剖面图相同。当剖切平面与形体的对称面重合，且半剖面图又位于基本投影图的位置时，其标注可以省略。当剖切平面不是形体的对称面时，应

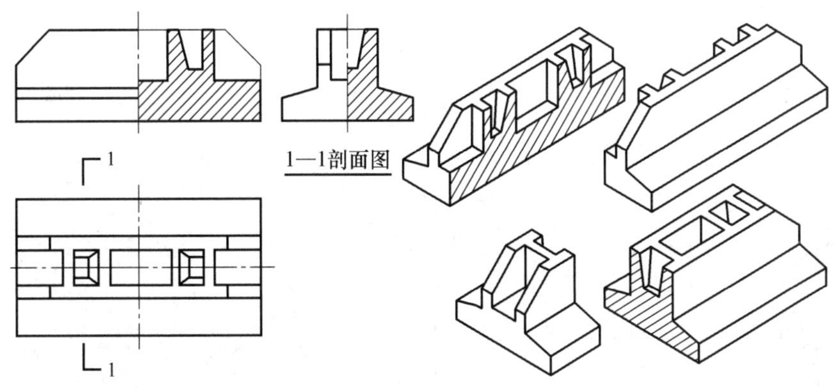


图 5-14　半剖面图

按全剖面图进行标注。如图 5-14 所示，主视图位置的半剖面图省略标注，1—1 剖面图则需标注。

**3. 局部剖面图**

用剖切面局部地剖开形体所得剖面图称为局部剖面图。局部剖面图适用于内、外形状均需表达的不对称形体，或不宜用半剖面图表达的对称形体，或部分内部结构尚未表达清楚但又不必作全剖的形体。

如图 5-15 所示的承插式排水管采用了局部剖面图，以波浪线为界，剖开部分画出内部结构和剖面符号，其余部分体现外形视图。

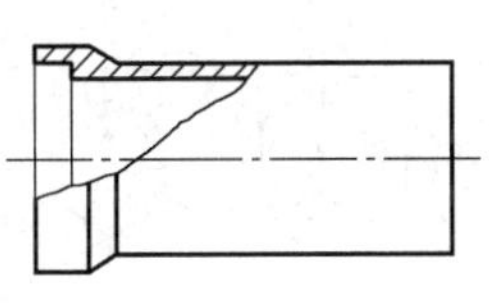

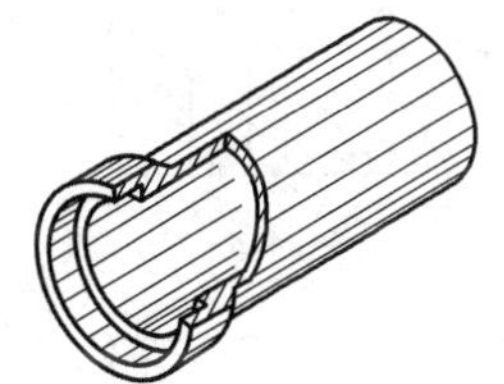

图 5-15　局部剖面图

当对称形体的轮廓线与对称线重合时，一般采用局部剖面图进行表达，如图 5-16 所示。

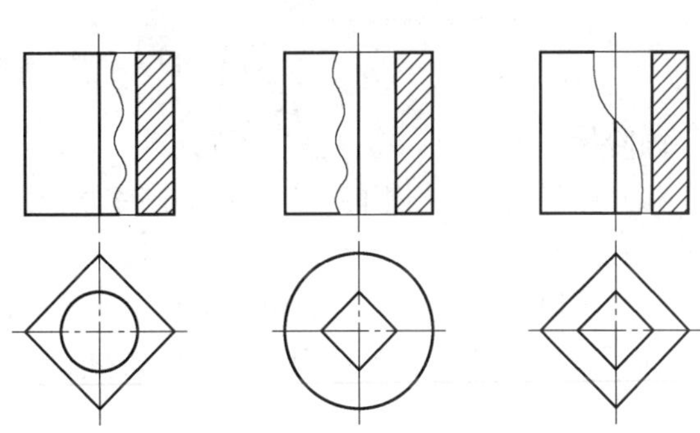

图 5-16　局部剖面图示例

局部剖面图中用波浪线或折断线表示视图与剖面图的分界线。波浪线或折断线不应与视图中的其他图线重合，也不能超出轮廓线，或穿过孔、槽，如图 5-17 所示。由于局部剖面图大部分仍为表示形体的外形视图，故仍沿用原视图名称，一般无须另行标注。

房屋建筑图中，当局部剖面图用于表达楼面、地面、屋面和墙面等多层结构所用材料和构造做法时，可按结构层次逐层用波浪线分开，因此这种剖面图常称为分层局部剖面图。如图 5-18 所示。

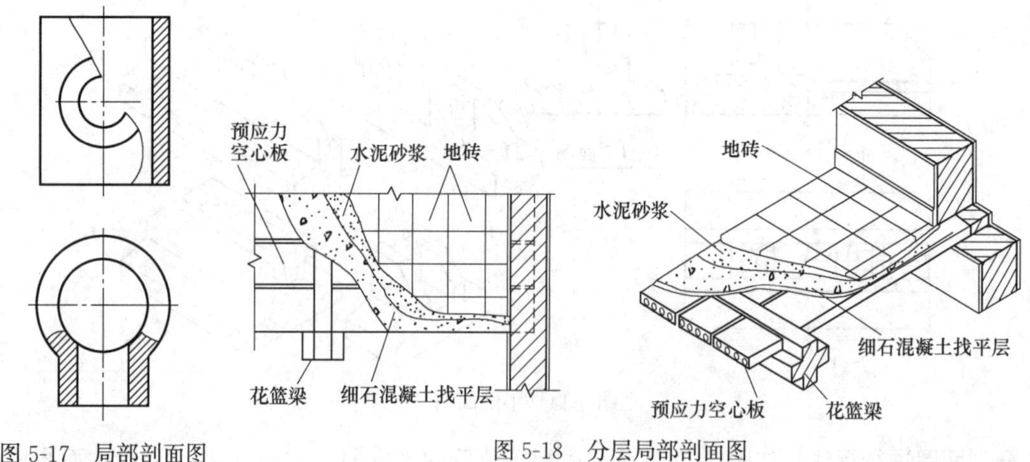


图 5-17 局部剖面图中波浪线的画法

图 5-18 分层局部剖面图

**4. 阶梯剖面图**

用两个或两个以上互相平行的剖切平面（平行于基本投影面）剖开形体，所得到的剖面图称为阶梯剖面图。如图 5-19 所示的形体，用两个相互平行的剖切平面 $P$、$Q$，分别通过左侧的矩形通孔和右侧的台阶孔剖开形体，由此可得到能同时反映两孔洞形状的剖面图。

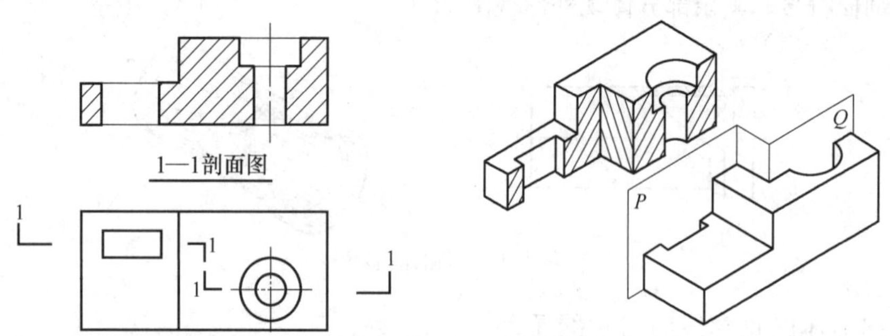


图 5-19 阶梯剖面图的形成

画阶梯剖面图时，应注意以下几点：

(1) 由于剖切是假想的，故在剖面图中不应画出剖切平面转折处的界线，如图 5-20 (a) 所示。

(2) 画阶梯剖面图时，剖切平面转折处应选择恰当。不得使剖面图中出现“不完整要素”，如图 5-20 (b) 所示；剖切平面转折处也应避免与其他轮廓线重合，如图 5-20 (c) 所示。

(3) 阶梯剖面图必须加以标注。即在相关视图中用剖切符号指明剖切平面的起、讫和转折位置，并加注剖切符号的编号。

建筑工程中，常采用阶梯剖面图表达建筑物内部的竖向结构。如图 5-21 所示，两个平行的剖切平面分别通过门、窗洞口进行剖切，所得 1—1 剖面图可反映屋顶、雨篷、门窗、台阶等的高度和形状等内容。

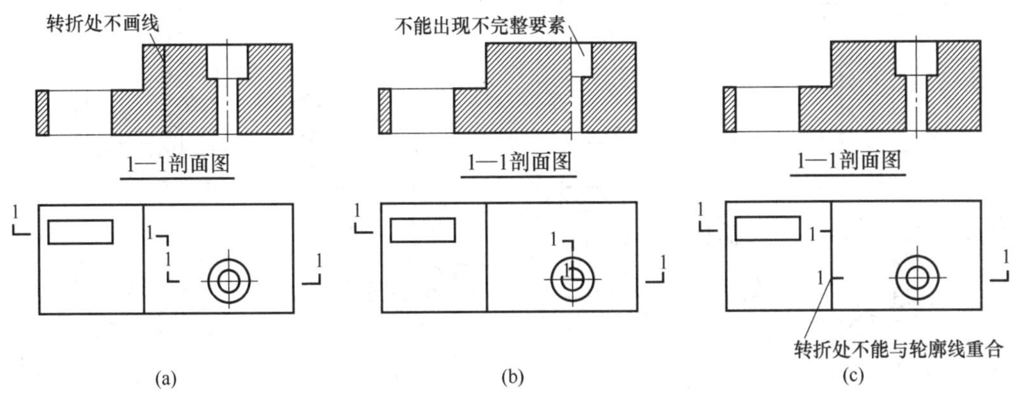


图 5-20　阶梯剖面图的错误画法
(a) 界线；(b) 不完整要素；(c) 重合

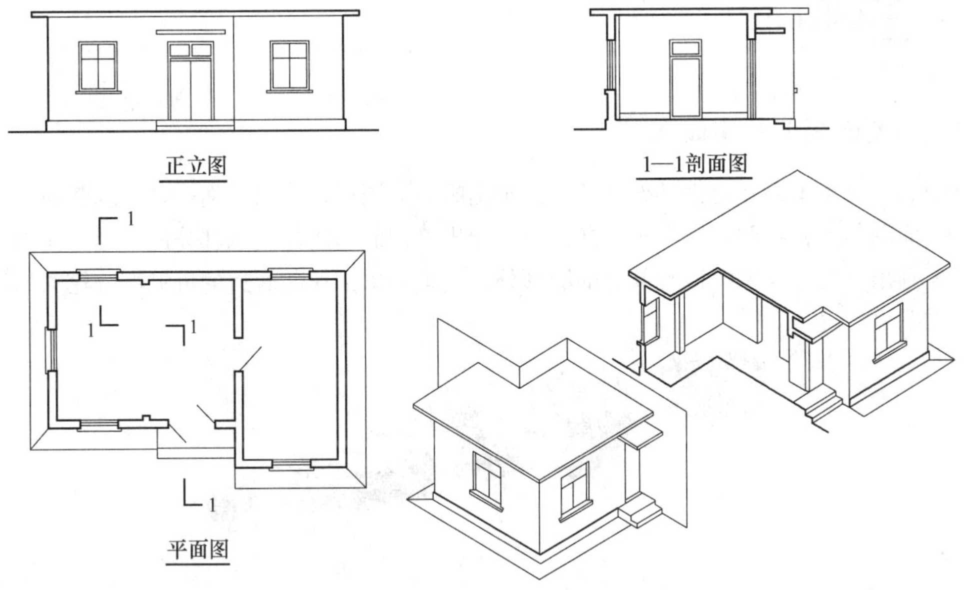


图 5-21　房屋的阶梯剖面图

**5. 旋转剖面图**

用两个相交的剖切平面（交线垂直于某一投影面）剖开形体，并将与投影面倾斜的部分绕着两剖切面的交线，旋转到与投影面平行后再进行投射，所得剖面图称为旋转剖面图。标注时，应在剖面图名称后加注“展开”字样。

如图 5-22（a）所示的沉淀井，在空心圆柱体的右前侧上部外接一矩形槽，若按两视图表达，则主视图中该部分投影异常复杂。为此，可根据形体特点，选择一正平剖切面 P 和铅垂剖切 Q 面假想将形体剖开，如图 5-22（b）所示；并且，将右侧矩形槽部分绕两剖切面的交线旋转到与正立投影面平行，如图 5-22（c）所示；可得到旋转剖面图，如图 5-22（d）所示。

旋转剖面图的标注与阶梯剖面图相同，如图 5-22 中 1—1 剖面的标注。需要注意的是，旋转剖面图中不画剖切面的转折线。

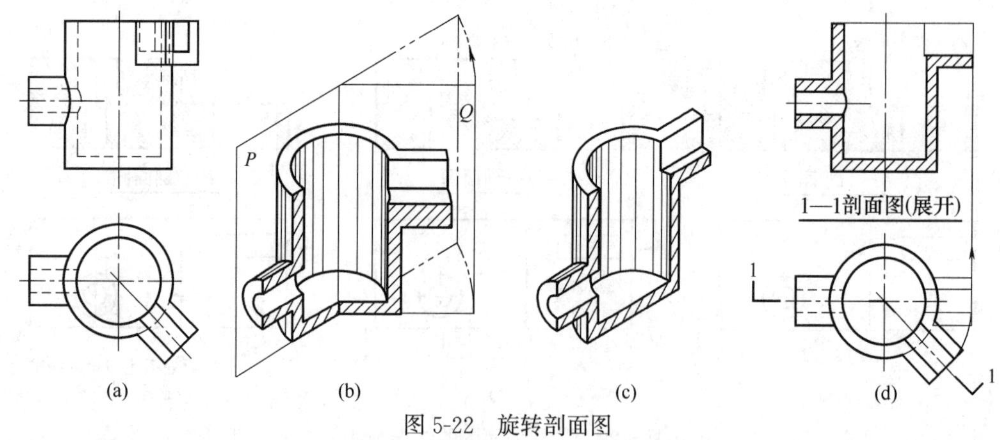


(a) (b) (c) (d)

图 5-22 旋转剖面图

(a) 沉淀井；(b) 剖开；(c) 平行；(d) 剖面图

## 5.3 断面图

### 5.3.1 断面图的基本概念

假想用剖切平面将机件某处切断，仅画出断面的图形，称为断面图，又称断面。

断面图与剖视图的区别在于：断面图仅画出剖切面与物体接触部分的图形；而剖视图除了要画出剖切面与物体接触部分的图形外，还须画出剖切面后边的可见部分轮廓的投影(图 5-23)。

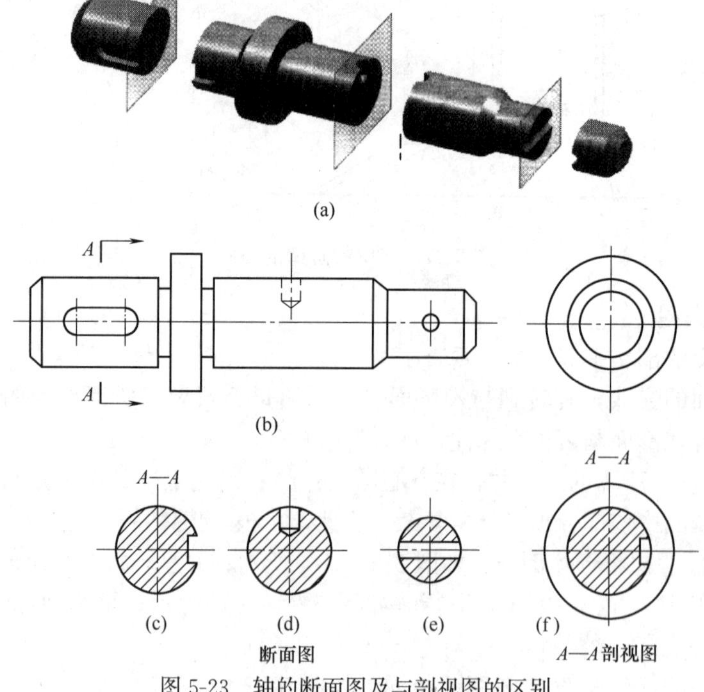


图 5-23 轴的断面图及与剖视图的区别

(a) 立体图；(b) 视图；(c)、(d)、(e) 断面图；(f) 剖视图

## 5.3.2　断面图的种类及其画法

根据断面图所配置的位置不同，可分为移出断面图和重合断面图两种。

**1. 移出断面图**

移出断面图是画在视图之外，轮廓线用粗实线绘制的断面图。

（1）移出断面图的配置与绘制：

1）移出断面图应尽可能配置在剖切符号的延长线上（图 5-24），也可配置在剖切线的延长线上；有两个或多个相交的剖切平面剖切所获得的移出断面图一般应画成断开（图 5-25）。

2）断面图形对称时，可配置在视图的中断处，如图 5-26 所示。

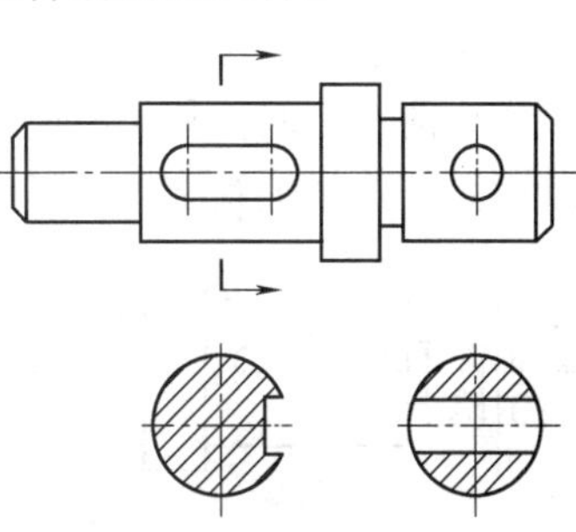

图 5-24　移出断面图配置在剖切符号或剖切位置延长线上

3）必要时可将移出断面图配置在其他合适的位置。在不致引起误解时，允许将图形旋转后画出（图 5-27）。

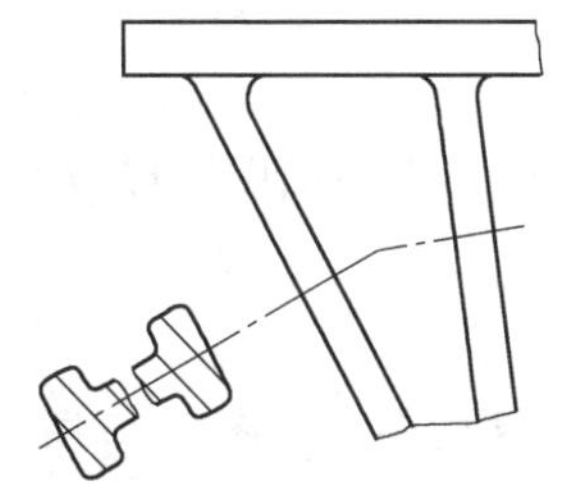

图 5-25　用两个相交平面剖切的断面图画法

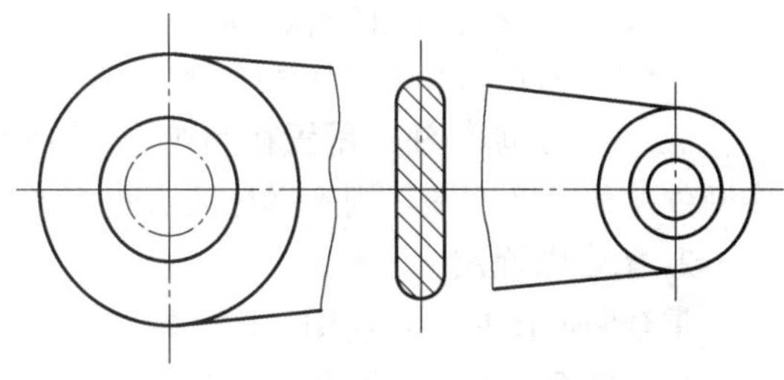

图 5-26　断面图在视图中断处

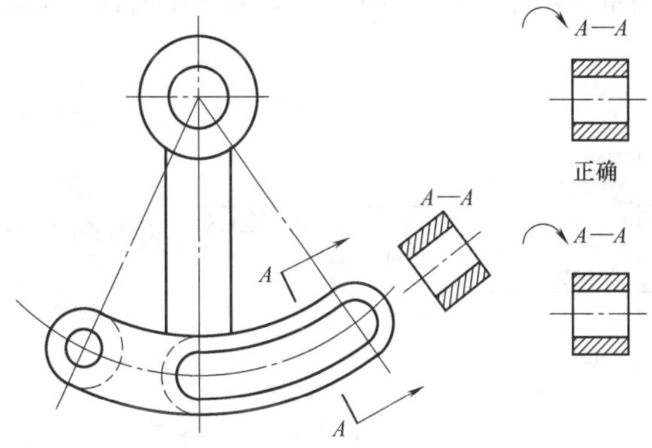


图 5-27　移出断面图的画法

（2）移出断面图画法的特殊规定：

1）当剖切平面通过回转面形成的孔或凹坑轴线时，孔或凹坑的结构的断面图按剖视图绘制（图 5-23d、e）。

2）当剖切平面通过非圆孔，导致出现完全分离的断面时，该非圆孔的断面图按剖视图绘制（图 5-23）。

（3）移出断面图的标注：

1）完整标注：在相应视图上画剖切符号表示剖切位置，用箭头表示投射方向，并注上字母，在断面图上方应用同样的字母标出相应的名称“×—×”（图 5-28d）。

2）部分省略标注：

省略名称。配置在剖切符号延长线上的移出断面图，可省略名称（图 5-28b）。

省略箭头。对称移出断面图不管配置在何处均可省略箭头（图 5-28a、c），不对称移出断面图按投影关系配置时可省略箭头（图 5-29）。

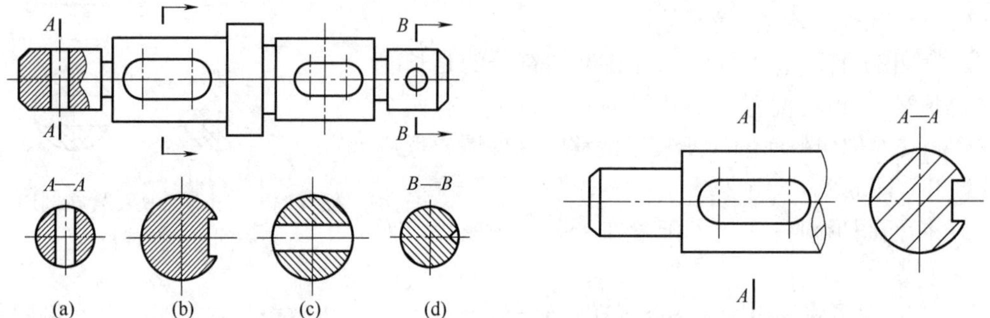


图 5-28 移出断面图的画法及标注

（a）省略箭头；（b）省略名称；

（c）完全省略标注；（d）完整标注

图 5-29 移出断面图按投影关系配置

3）完全省略标注：配置在剖切符号线延长线上的对称移出断面图，以及配置在视图中断处的移出断面图，则不必标注（图 5-28c）。

**2. 重合断面图**

重合断面图是画在视图之内，轮廓线用细实线绘制的断面图，如图 5-30 所示。

（1）重合断面图的画法：

当视图中轮廓线与重合断面图的图线重叠时，视图中的轮廓线应连续画出，不可间断（图 5-30a、c）。

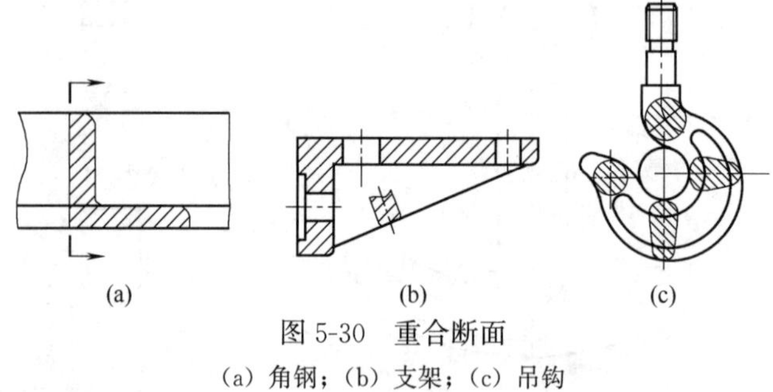


图 5-30 重合断面

（a）角钢；（b）支架；（c）吊钩

（2）重合断面图的标注：

配置在剖切符号上不对称的重合断面，只需画出剖切符号及箭头，不必标注字母（图 5-30a）；对称的重合断面则不必标注只用对称中心线作为剖切线（图 5-30c）。

## 5.4 简化画法和简化标注

在完整、清晰地表达形体结构形状的前提下，采用简化画法和规定画法可使绘图简便，提高工作效率。常用的简化画法有以下几种。

## 5.4.1　对称图形的简化画法

### 1. 用对称符号

构配件的对称图形，可以对称线为分界，只绘制该图形的 1/2 或 1/4，并绘制出对称符号，如图 5-31 所示。

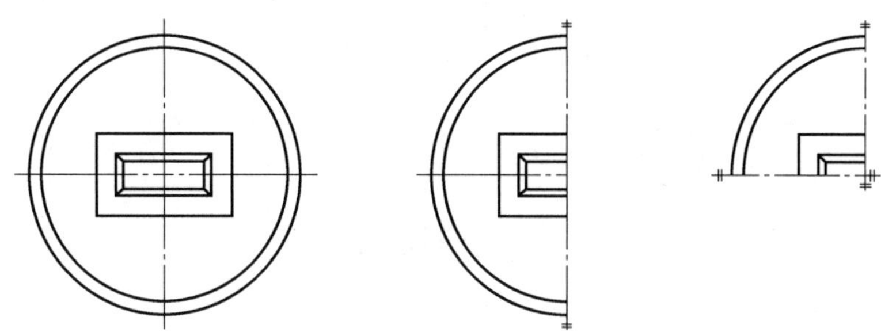

图 5-31　对称图形的简化画法（用对称符号）

### 2. 不用对称符号

当视图对称时，也可画出稍稍超过对称线的部分，省去对称符号，以折断线（折断线两端应超出图形轮廓线 2～3mm）或波浪线断开，如图 5-32 所示。

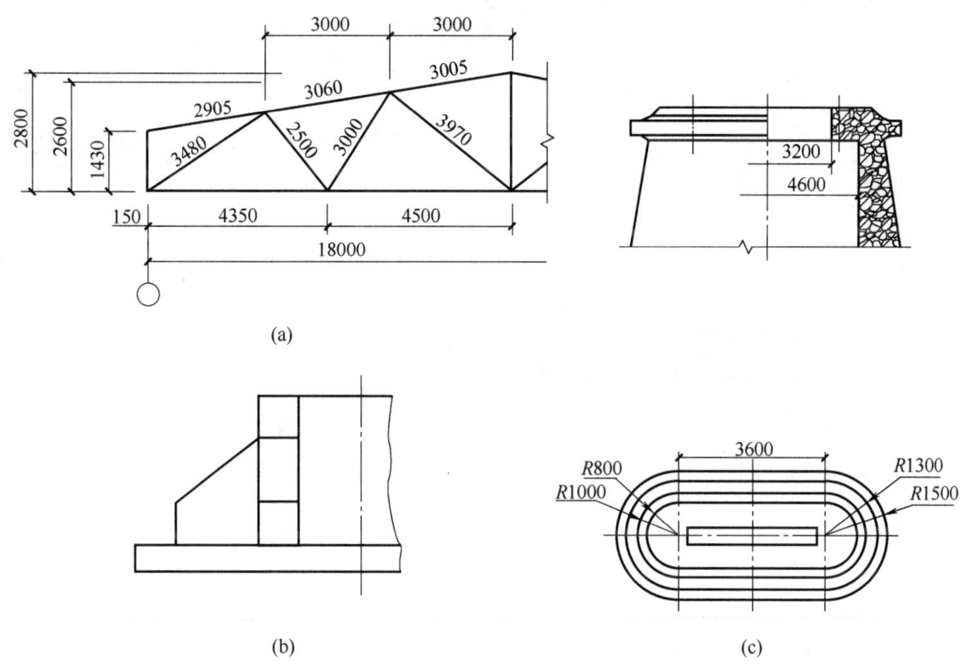


图 5-32　对称图形的简化画法（不用对称符号）
（a）梯形屋架；（b）杯形基础；（c）墩帽

注意：对称结构的图样，若只画出一半图形或略大于一半时，尺寸数字仍应注出构件的整体尺寸数，但只需画出一端的尺寸界线和尺寸起止符号，另一端尺寸线应超过对称中心线，如图 5-32（a）所示。

### 5.4.2 折断画法、断开画法及连接画法

**1. 折断画法**

当只需要表达形体某一部分的形状时，可假想将不要的部分折断，只画出需要的部分，并在折断处画出折断线。不同材料的形体，折断线的画法如图 5-33 所示。

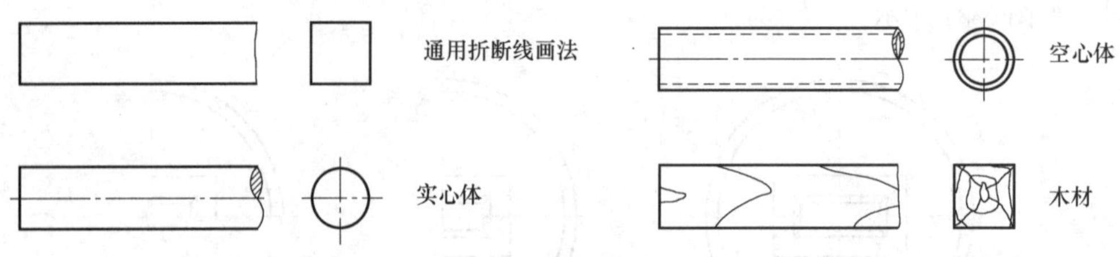


图 5-33 折断画法

**2. 断开画法**

对于较长的等断面构件，或按一定规律变化的物体，可断开后缩短绘制，断裂处用波浪线或折断线表示，但尺寸应按总长标注，如图 5-34 所示。

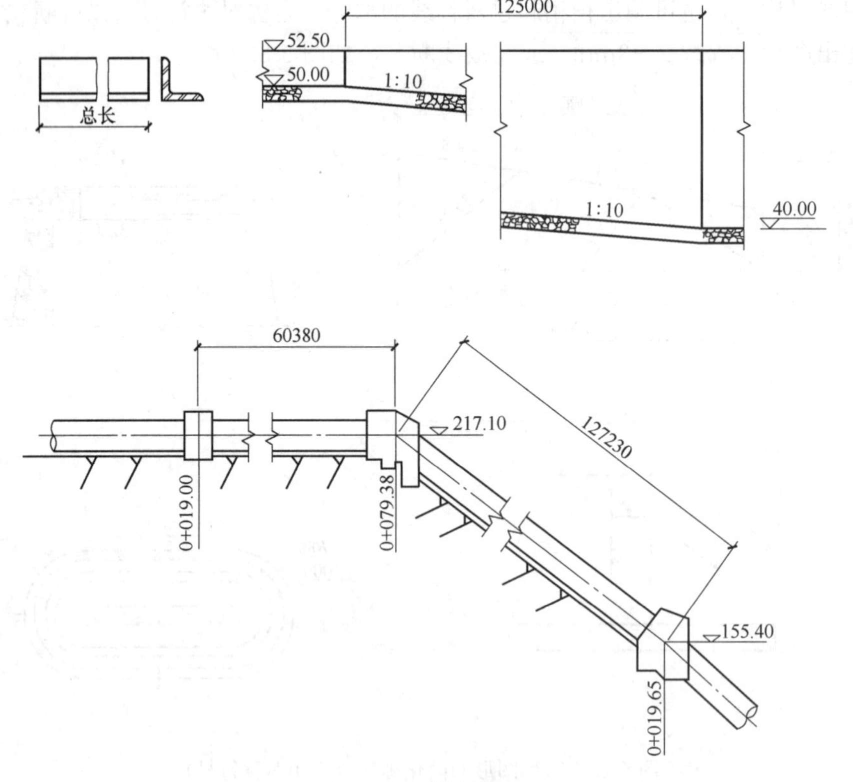


图 5-34 断开画法

**3. 连接画法**

当构件较长、图纸空间有限，但需要全部表达时，可分段绘制，并标注连接符号（折断线）和字母（需要注写在折断线旁的图形一侧），以示连接关系，如图 5-35 所示。

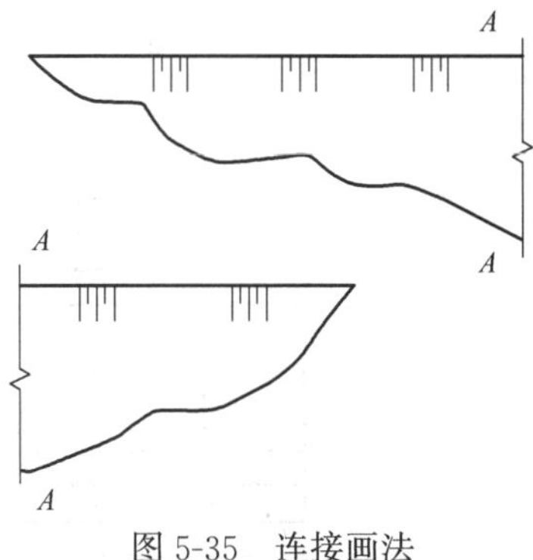


图 5-35　连接画法

## 5.4.3　相同要素的简化画法

当形体内有多个完全相同且连续排列的构造要素时，可仅在两端或适当位置画出其完整图形，其余部分以中心线或中心线交点表示，如图 5-36 左图所示。均匀分布的相同构造，可只标注其中一个构造图形的尺寸，构造间的相对距离用“间距数量×间距尺寸数值”的方式标注，如图 5-36 右图所示。

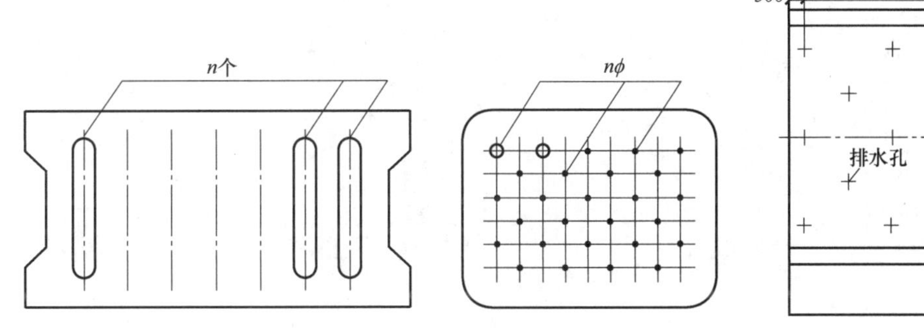

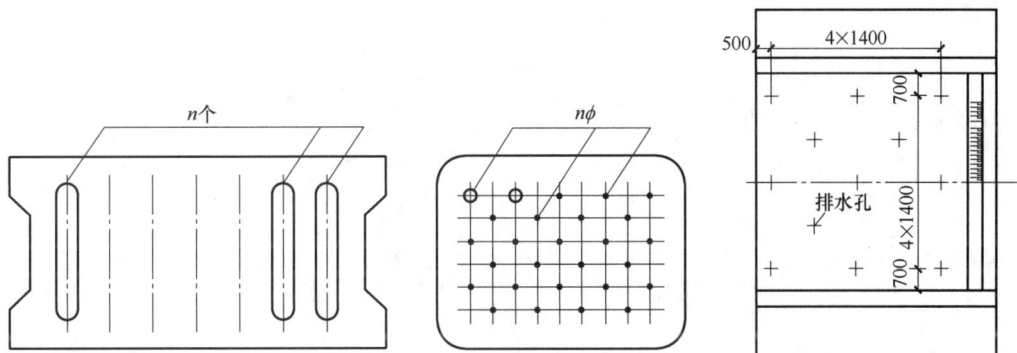

图 5-36　相同要素的简化画法

## 5.4.4　规定画法

（1）在画剖视图、断面图时，如剖面区域较大，允许沿着断面区域的轮廓线或某一局部画出部分剖面材料符号，如图 5-37 所示。

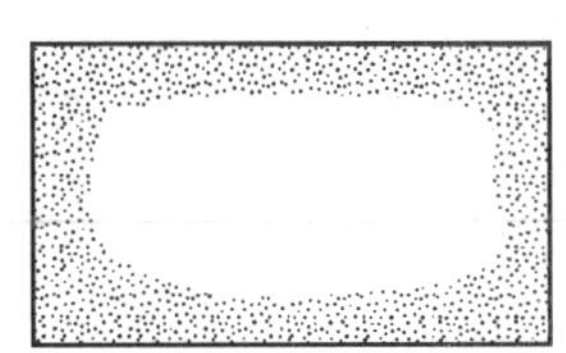

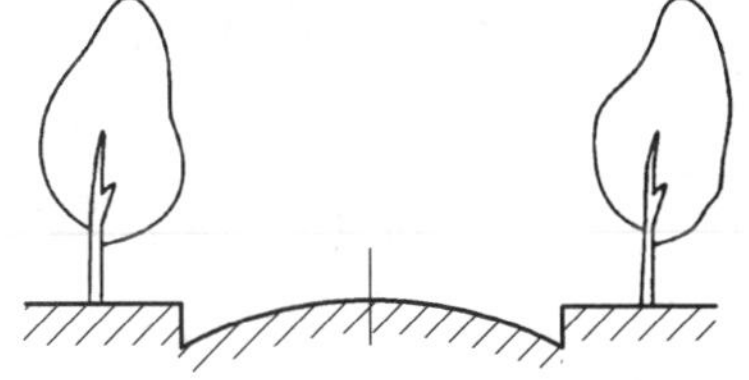

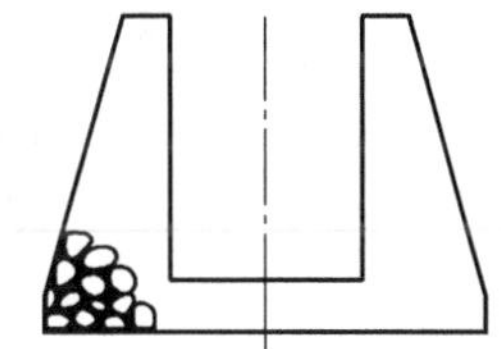

图 5-37　较大面积的剖面材料符号画法

（2）对于构件上的支撑板、横隔板等薄壁结构和实心的轴、墩、桩、杆、柱、梁等，当剖切平面通过其轴线或对称中心线，或者与薄板板面平行时，这些构件按不剖处理，如图 5-38 所示。

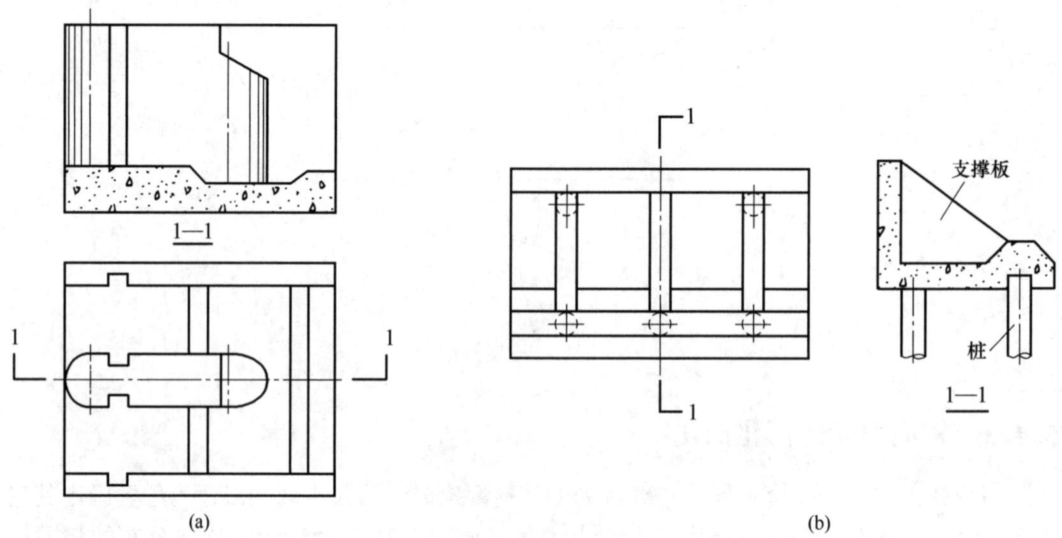


图 5-38 规定画法
(a) 闸墩按不剖处理；(b) 支撑板、桩按不剖处理

# AutoCAD基础知识与应用

## 6.1 AutoCAD 绘图基本知识

### 6.1.1 AutoCAD 的主要功能

**1. 绘图、编辑功能**

AutoCAD 是一种交互式的绘图软件，具有强大的图形绘制与编辑功能，用户可使用键盘、鼠标等向系统发出工作指令，快速、高效地绘制、编辑图形，能够很好地满足工程图样的设计需求。

**2. 三维造型功能**

AutoCAD 可建立空间对象的线框、表面和实体模型，并对所建模型进行渲染、干涉检查及体积等物性计算，还可以生成模型的各种视图。

**3. 打印输出功能**

AutoCAD 可通过绘图仪、打印机等打印输出设备将图形进行打印，打印配置简单，便于设计者出图。

**4. 二次开发功能**

AutoCAD 允许用户和开发者采用 AutoLISP 与 VBA 等高级编程语言对其进行扩充和修改，即二次开发，能够最大限度地满足用户对软件的一些特殊需求。

### 6.1.2 AutoCAD 的工作界面

AutoCAD 工作空间的用户界面包含工具栏、面板及选项板等元素，用户可以根据绘图的需要切换到所需的工作空间，还可以根据需要自定义工作空间，从而定制符合自身特点的工作界面。

启动 AutoCAD 进入工作界面，单击界面右下角“切换工作空间”按钮，如图 6-1 所示。从弹出的菜单中选择“AutoCAD 经典”，进入图 6-2 所示的经典工作界面。

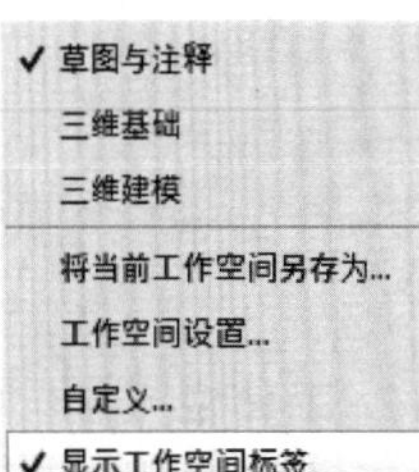


图 6-1 切换工作空间

AutoCAD 的经典工作界面主要由快速访问工具栏、标题栏、菜单栏、工具栏、绘图区、十字光标、坐标系图标、命令窗口、状态栏、工具选项板等组成，如图 6-2 所示。

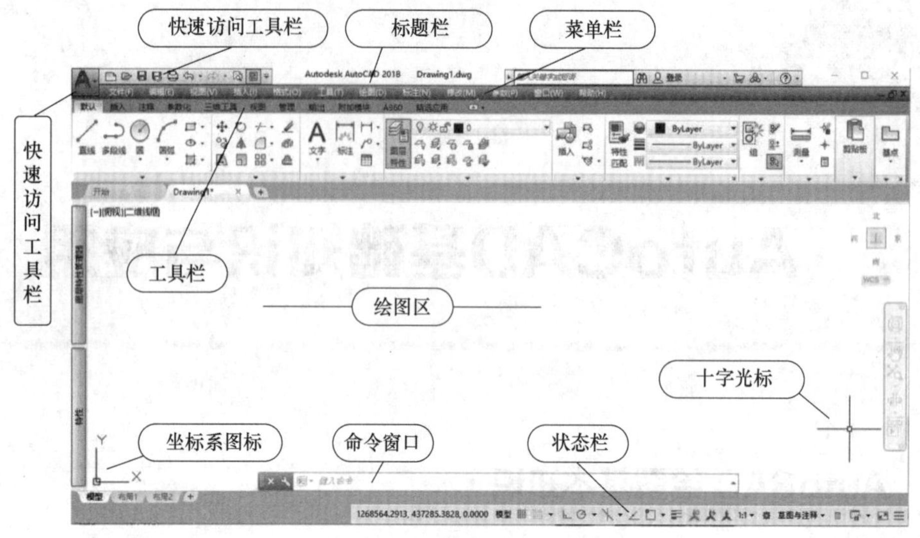


图 6-2　AutoCAD 工作界面

**1. 菜单栏**

同其他软件程序一样，AutoCAD 的菜单栏也是下拉式的。菜单命令后面带有黑色小三角符号，表示还有下一级子菜单，选择子菜单项中的命令，则系统进入命令执行状态；若菜单右边带有“…”，表示单击该项后将弹出一个对话框，与该命令有关的参数的设置将在对话框中进行。直接执行操作的菜单命令没有小黑三角或“…”等符号，如图 6-3 所示。

图 6-3　下拉菜单项

**2. 工具栏**

工具栏是由图标型工具按钮组成，是对菜单栏中重要及常见命令的汇总，单击图标按钮就可以启动相应的命令。在“AutoCAD 经典”工作空间下，可以看到操作界面上常用的各工具栏。用户可以自由调整各工具栏在工作界面的位置，还可以隐藏工具栏使绘图窗口扩大方便绘图。

**3. 命令窗口**

命令窗口是 AutoCAD 输入命令及显示命令提示的区域。用户可以通过输入相应命令的全称或快捷键来执行相应的程序功能，命令输入不区分大小写。

**4. 绘图窗口、十字光标与坐标系图标**

绘图窗口是用户绘制图形的工作区域，是 AutoCAD 最重要的组成部分。当程序不执行用户指令即空闲时十字光标为框靶形式；在输入绘图类命令时，光标响应为十字形式；当输入编辑类命令等需要选择对象时，十字光标变为拾取框。绘图窗口的左下角显示有坐标系图标，给用户提示坐标系的形式及坐标轴的方向，以便于绘图。

**5. 状态栏**

状态栏用于显示当前十字光标所处的三维坐标和 AutoCAD 绘图辅助工具的运行状态（捕捉、栅格、正交、极轴、对象捕捉、对象追踪、DUCS、DYN 动态输入、线宽、QP 快捷特性等）。这些均是开关切换按钮，单击这些按钮，就可切换打开或关闭状态，如图 6-4 所示。

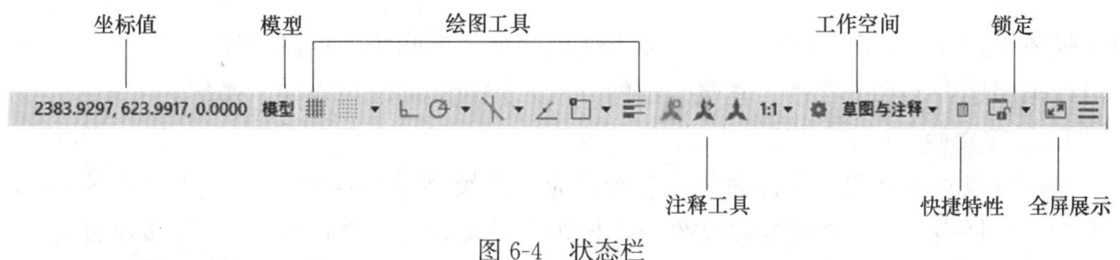


图 6-4　状态栏

另外，通过状态栏可以预览打开的图形和图形中的布局，并在其间进行切换。使用导航工具，可以在打开的图形之间进行切换和查看图形中的模型，也可以用于显示注释缩放的工具。通过工作空间按钮，用户可以切换工作空间。锁定按钮可锁定工具栏和窗口的当前位置。要展开图形显示区域，可单击“全屏显示”按钮。

**6. 工具选项板**

工具选项板一般位于绘图窗口的右侧，它提供了一种用来组织、共享和放置块、图案填充及其他工具的有效方法。工具选项板还可以包含由第三方开发人员提供的自定义工具。

### 6.1.3　图形文件的基本操作

**1. 创建新文件**

打开 AutoCAD 后，系统会自动创建一个名为“Drawing1. dwg”的新的图形文件。用户还可以选择由已有样板来创建文件，如图 6-5 所示的“选择样板”对话框。用户可通过选择在“Template”文件夹中所列“×××. dwt”样板文件的基础上新建图形文件，单击“打开”按钮后，系统将自动进入 AutoCAD 工作界面。若单击“打开”按钮右方箭头，也可选择“英制”或“公制”的无样板方式新建图形文件。

**2. 打开已有图形文件**

用户可以通过菜单、工具栏图标按钮或键盘组合键“Ctrl＋O”打开已有文件。当在

图 6-5 “选择样板”对话框

单个任务中打开多个图形文件时，可以方便地在文件之间传输信息。通过“窗口”菜单用户可以采用层叠、水平平铺、垂直平铺的方式来排列图形窗口以便于操作。

**3. 保存文件**

用户可以对现有图形文件命名并选择相应文件类型进行保存，文件类型有图形文件、标准文件、样板文件和图形交换文件。不同电脑所安装程序软件版本不同，因此必须在此选择相应低版本的保存类型，以便图形文件在低版本软件程序中亦可打开使用。

**4. 加密保护文件数据**

用户可以对非常重要的图形进行加密保护，加密后需要输入密码才能打开文件。在“图形另存为”对话框中单击“工具”按钮，在下拉列表中选择“安全选项”，在其对话框中输入密码后单击“确定”按钮即可。

## 6.2 图形编辑命令

无论什么样的图形，都是由许多基本图形组成，要经常对这些基本图形进行编辑。绘图和编辑命令配合使用，可以灵活、快速地画出图形，一般情况下编辑命令要比绘图命令用得多。

### 6.2.1 构造选择集

要对图形进行编辑和修改，需要选择被编辑修改的图形对象，被选择的对象可以是一个或多个实体。图形编辑是对指定的实体进行编辑。在执行编辑命令时，首先要选择图形实体，这些被选中的图形实体构成了选择集。

在 AutoCAD 中，可首先选择图形对象，再执行相应的命令。也可先执行命令，再选择图形对象。选择的对象会被醒目地显示出来（如用虚线表示）。当输入编辑命令后，用户在“选择对象:”提示下，可将拾取框移到对象上直接选取对象，也可用窗口选取对象或者输入有效的选取选项。常用的选取目标方式有以下几种。

**1. 直接指定方式**

这是默认的方式。此时将光标拾取框移到要选的图形对象上，按下鼠标左键，图形对象变成醒目的显示方式，这意味着该图形已被选中。

**2. 窗口方式**

如果鼠标点取的第一个点没有拾取到图形对象，系统会自动显示“窗口拾取”。若拖动鼠标从左到右输入两点，以这两点为对角线形成矩形窗口，完全落在窗口内的图形可被选中；若拖动鼠标从右到左输入两点，以这两点为对角线形成矩形窗口，只要与窗口有重叠的图形都被选中。

**3. 扣除方式**

如果要从已经被选中的图形对象中排除某些图形，用“R”回答选取目标的提示，然后再用指定拾取点或窗口的方式指明需从选择集中移出的对象，此时这些图形对象又变成原来的状态。也可按住 Shift 键的同时，拾取要排除的图形，同样能实现从选择集中排除某些图形的操作。

**4. 加入方式**

在使用了排除方式后，键入“A”，系统又回到选取目标状态，可以继续选择要编辑的图形对象。

**5. 全选方式**

若要选择所有的图形对象，可在选择对象时键入“A”，系统会将选择除已锁定或已冻结图层上的所有图形对象。

### 6.2.2　图形的编辑命令

编辑命令的操作过程为：输入编辑命令一在“选择对象”提示后选择图形对象→对选中的图形对象集进行编辑。编辑命令主要集中在下拉菜单“修改”及“修改工具栏”中，其图标、命令名、热键及功能见表 6-1。

**常用编辑命令的图标、热键及功能**　　**表 6-1**

| 图标 | 命令 | 热键 | 功能 |
|---|---|---|---|
| | 删除(ERASE) | E | 从图形中删除对象 |
| | 复制(COPY) | CO | 将对象复制到指定方向上的指定距离处 |
| | 镜像(MIRROR) | MI | 创建选择对象的对称(镜像)副本 |
| | 偏移(OFFSET) | O | 复制一个与指定图形对象偏移指定距离的新图形对象 |
| | 阵列(ARRAY) | AR | 对选择对象进行有规律的多重复制 |

续表

| 图标 | 命令 | 热键 | 功能 |
| --- | --- | --- | --- |
| | 移动(MOVE) | M | 选择对象移动到指定方向上的指定距离处 |
| | 旋转(ROTATE) | RO | 将选择对象绕基点旋转一定角度 |
| | 缩放(SCALE) | SC | 将选择对象在 $X$ 和 $Y$ 方向上按相同的比例系数放大或缩小 |
| | 拉伸(STRETCH) | S | 通过窗选或多边形框选将选择对象的某一部分拉伸,其余部分保持不变 |
| | 拉长(LENTHEN) | LEN | 改变图中对象的长度或角度 |
| | 修剪(TRIM) | TR | 以指定的剪切边为界,修剪所选定的对象 |
| | 延伸(EXTEND) | EX | 使所选对象延伸至指定的边界 |
| | 打断(BREAK) | BR | 将直线段、圆、圆弧、多段线等断开一段 |
| | 倒角(CHAMFER) | CHA | 给直线图形倒棱角 |
| | 圆角(FILLET) | F | 给直线、多段线倒圆角 |
| | 分解(EXPLODE) | X | 将块、尺寸及多段线分解为单个实体图形,使多段线失去宽度 |

### 6.2.3 用夹持点功能进行编辑

夹持点是布局在图形对象上的控制点。不输入编辑命令而直接选取图形对象时，在图形上便显示出一些小方块，这些小方块就是夹持点，如图 6-6 所示的圆、直线和五边形上的小方块便是夹持点。在夹持点中选取一个，点击一下，此夹持点便成了红色。借助这些夹持点可以很方便地对实体进行拉伸、移动、复制、旋转、镜像等编辑操作。此时，命令行出现显示：

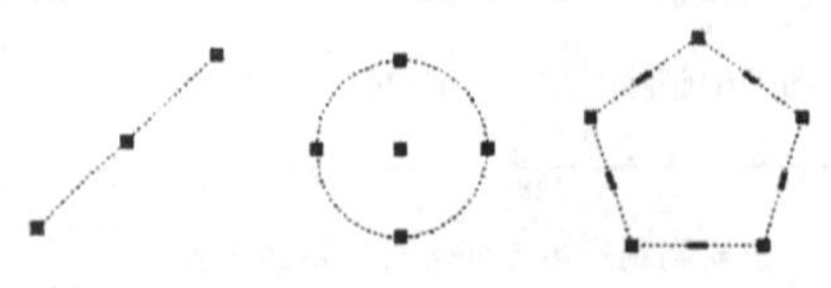

图 6-6 夹持点的位置

＊ ＊拉伸＊ ＊

指定拉伸点或[基点(b)/复制(c)/放弃(U)/退出(X)]：

这个提示告诉用户可以使用夹持点操作。选用的夹持点不同，操作也不同。例如直线，选取中间夹持点，缺省操作是移动。选取两端的夹持点，缺省的操作是拉伸。这时拖动鼠标，光标会相对基点拉伸实体。到达合适位置后单击鼠标左键，拉伸结束。

如果用回车，夹持点操作就转成移动操作；再回车，转成旋转操作；再回车，转成缩放操作；再回车，转成镜像操作。依次循环上述命令的执行。按 Esc 键两次，可撤销夹持点显示。

## 6.3 常用绘图命令

### 6.3.1 点

命令：POINT

下拉菜单：“绘图\点”

功能：在指定的位置画一个点。

命令操作及说明：

POINT ↵

指定点：(指定点的位置)

点在图形中的显示形式可以是个小圆点，也可以是别的样子的标记。选菜单“格式\点样式”可以弹出“点样式”对话框，如图 6-7 所示，在此对话框内用户可以选择点的标记样式和大小。

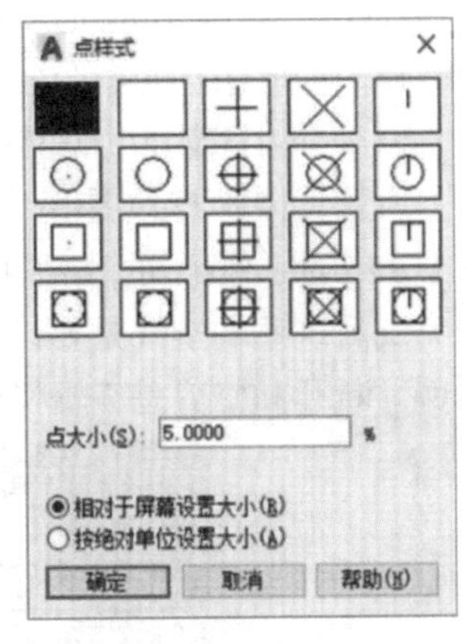


图 6-7　点样式对话框

### 6.3.2 直线

命令：LINE

下拉菜单：“绘图\直线”

功能：按指定的端点画直线或折线。

命令操作及说明：

LINE ↵

指定第一点：　　(指定第一个点)

指定下一点或[放弃(U)]：　　(指定下一个点或取消上一步)

指定下一点或[放弃(U)]：　　(指定下一个点或取消上一步)

指定下一点或[闭合(C)放弃(U)]：　　(指定下一个点或闭合或取消上一步)

…………　　(连续提问，连续回答)

指定下一点或[闭合(C)放弃(U)]：　　↵(空回车结束画线)

对于“指定第一点：”的提示若用空回车回答，表示使用此前最后画的直线或圆弧的末端作为本次画线的起点。对于“指定下一点或［放弃（U）］”提示的回答，可以指定一个点作为直线的端点，也可以回答一个 U。这表示，要取消刚刚画出的一段直线，连续回答 U 就连续倒着向前取消已经画好的线段。对于“指定下一点或［闭合（C）放弃（U）］：”提示的回答，若键入 C，则将已画折线的最后端点与起点闭合起来。用空回车回答提示，将结束画线命令。

### 6.3.3 构造线

命令：XLINE

下拉菜单："绘图\构造线"

功能：通过指定的点画无限长直线，即构造线。

命令操作及说明：

XLINE ↵

指定点或［水平（H）垂直（V）角度（A）二等分（B）偏移（O）］：

对于本行提示可直接键入一点，则继续提示：

指定通过点：

再回答一点，则两点决定了一条无限长直线。用户可以不断指定新点，画出许多交于第一点的构造线。但是，在很多情形下是选用方括号内的选项，各选项的含义如下：

H——过一点画水平无限长直线。

V——过一点画竖直无限长直线。

A——过一点画指定倾角的无限长直线。

B——画指定顶角的无限长分角线。

O——从指定直线偏移一段距离画它的无限长平行线。

所谓无限长直线是说它贯穿整个绘图区域，这样的直线常用作辅助作图线。例如图 6-8 中为了保证两个视图间的投影关系，作图时加画了许多水平构造线作为辅助线。作图完成后这些构造线是要设法删掉或隐去的。构造线虽是无限长直线，但它可以被断开和修剪。断开和修剪是编辑操作，相应的命令将在讲述图形编辑时详述。

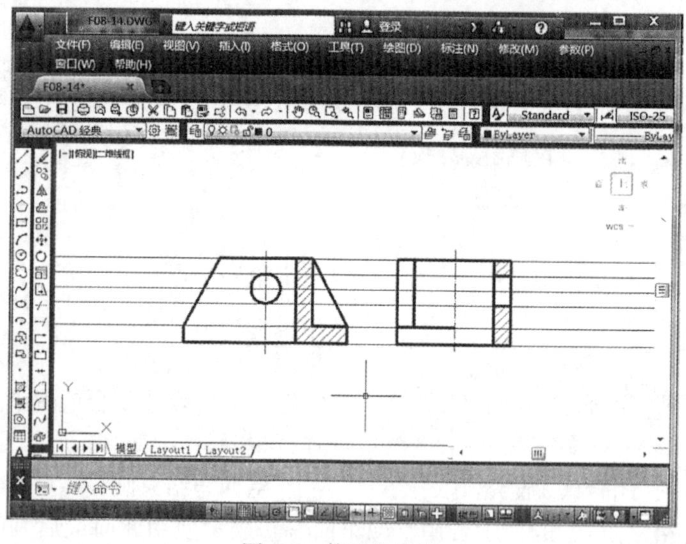


图 6-8 使用构造线

## 6.3.4 圆

命令：CIRCLE

下拉菜单："绘图\圆\…"

功能：用多种方式画圆。

命令操作及说明：

CIRCLE ↵

指定圆的圆心或［三点（3P）两点（2P）切点、切点、半径（T）］：

选项 3P 表示通过 3 点画圆，选项 2P 表示由两点决定直径画圆，选项 T 为按指定的半径作圆使与已知的两直线或圆或圆弧相切。默认的方式是给定一点作为圆心，然后将显示要求指定半径或直径的提示：

指定圆的半径或［直径（D）］：

指定半径是默认方式，此时若移动光标将能看到屏幕上有一动态变化大小的圆。敲入半径值按回车键，或用光标调整动态圆至合适的大小，点击鼠标左键即可将圆确定下来。若拟指定直径画圆，应先回答 D 并回车，然后键入直径的值。

### 6.3.5　圆弧

命令：ARC

下拉菜单："绘图\圆弧\…"

功能：用多种方式画圆弧。

命令操作及说明：

ARC ↵

指定圆弧的起点或［圆心（C）］：

在菜单上选"绘图\圆弧"将显示出如图 6-9 所示的圆弧子菜单。

命令中的"端点"指参考终点，意思是说它本身不一定恰在弧上，但可提供弧的终止角："角度"指圆心角；"长度"指弦长。"继续"意思是持续画弧，使其与刚才所画的直线段或圆弧相切。

三点(P)
起点、圆心、端点(S)
起点、圆心、角度(T)
起点、圆心、长度(A)
起点、端点、角度(N)
起点、端点、方向(D)
起点、端点、半径(R)
圆心、起点、端点(C)
圆心、起点、角度(E)
圆心、起点、长度(L)
继续(O)

图 6-9　圆弧子菜单

### 6.3.6　椭圆

命令：ELLIPSE

下拉菜单："绘图\椭圆\…"

功能：画椭圆或椭圆弧。

命令操作及说明：

ELLIPSE ↵

指定椭圆的轴端点或［圆弧（A）中心点（C）］：

本行提示选项，分别说明如下：

**1. 选项"指定椭圆的轴端点"**

这是默认的选项，即通过指定轴的端点来画一个椭圆。在此提示下直接输入一点，它表示椭圆上一条轴的一个端点，接着出现提示：

指定轴的另一个端点：

再输入该轴的另一端点，又提示：

指定另一条半轴长度或［旋转（R）］：

这时，若以距离值来回答，该值即被作为另一轴的半长使用，由此即确定了椭圆；若以光标点来回答，AutoCAD 将根据它到中心的距离作为另一半轴长，而指定的点并不一定恰在椭圆上。如果选用 R 来回答，则表示采用旋转的方法生成椭圆。此时，第一条轴将被作为主轴，亦即某个圆的直径，AutoCAD将提示：

指定绕长轴旋转的角度：

意思是要求输入绕主轴转动那个圆的旋转角，椭圆就是由那个圆在三维空间旋转了指定角度后投影而成的。例如圆的直径为30，回答的旋转角为60°，则画出的椭圆其短轴长度应为15。

**2. 选项C**

本选项提供按椭圆心和两个半轴长度画椭圆的工作方式，操作如下：

指定椭圆的轴端点或[圆弧(A)中心点(C)]:C ↵

指定椭圆的中心点： (需指定椭圆心)

指定轴的端点： (需指定一条轴的一个端点)

指定另一条半轴长度或[旋转(R)]：

最后这个提示的回答方法与前面所述相同。

**3. 选项A**

本选项用来画椭圆弧。选择了本项后AutoCAD首先要求用户构造椭圆弧的母体椭圆，其方法与画椭圆相同。构造了母体椭圆后AutoCAD提示：

指定起点角度或[参数(P)]： (指定起始角)

指定端点角度或[参数(P)包含角度(I)]： (指定终止角)

按提示回答即可画出椭圆弧。在绘图工具栏上，有一个画椭圆弧的按钮，点击了它相当于在画椭圆的命令中自动选择了画弧的选项A。

### 6.3.7 矩形

命令:RECTANG或RECTANGLE

下拉菜单:"绘图\矩形"

功能:画矩形,矩形可以带有倒角或圆角。

命令操作及说明：

RECTANGLE ↵

指定第一个角点或[倒角(C)标高(E)闭角(F)厚度(T)宽度(W)]：

本行提示的默认选项是键入一个角点,于是出现要求指定另一角点的提示：

指定另一个角点:或[面积(A)尺寸(D)旋转(R)]：

两个角点为一对顶点，确定了一个矩形。方括号内的各选项的含义如下：

C——指定倒角的尺寸画带有倒角的矩形，如图6-10（a）所示。

E——设置矩形的标高，用于三维绘图。

F——指定圆角半径画带有圆角的矩形，如图6-10（b）所示。

T——设置厚度，用于三维绘图。

W——设置矩形边线的线宽，线宽以图形单位为计量单位，当线宽为0时实际的线宽由LWEIGHT命令设置的线宽决定，在公制度量单位中该命令定义的线宽以mm为单位。

A——允许按面积画矩形。

D——允许按长度和宽度画矩形。

R——按指定的旋转角画斜放的矩形。

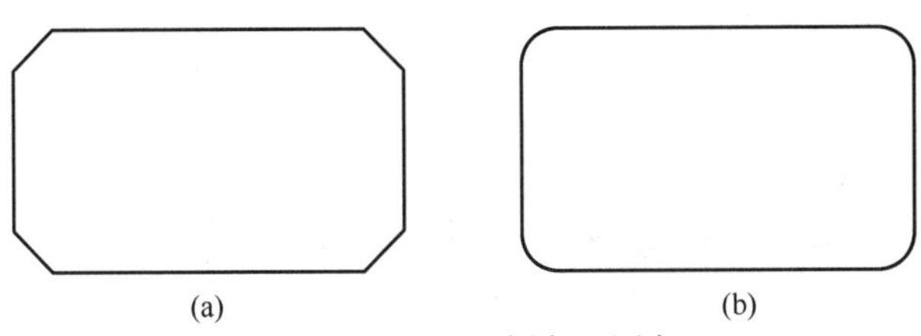

图 6-10　矩形的倒角和圆角
（a）倒角；（b）圆角

### 6.3.8　正多边形

命令：POLYGON

下拉菜单："绘图 \ 正多边形"

功能：画正多边形。

命令操作及说明：

POLYGON ↵

输入侧面数<4>：

指定正多边形的中心点或［边（E）］：

（1）默认的选项是指定多边形的中心，指定后出现提示：

输入选项［内接于圆（I）外切于圆（C）］<I>：

回答 I 或 C 后，会继续询问圆的半径，指定半径后即画出了正多边形，辅助圆并不显示出来。

（2）选项 E 表示用给定边长的办法画正多边形，选此选项后将提示：

指定边的第一个端点：

指定边的第二个端点：

两点决定一条边，AutoCAD 将以此边为第一条边按逆时针走向布设其余各边，画出多边形。

### 6.3.9　多段线

命令：PLINE

下拉菜单："绘图 \ 多段线"

功能：绘制多段线。多段线是由连续的线段和弧段组成的，这些线段和弧段可以有不同的宽度，如图 6-11 所示。

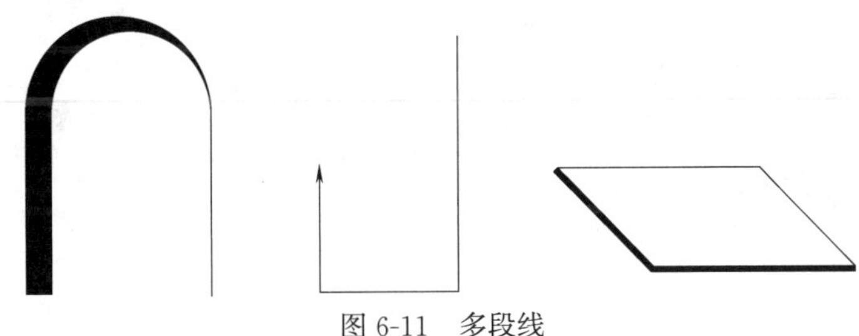

图 6-11　多段线

命令操作及说明：

PLINE ↵

指定起点：

当前线宽为 0.0000

指定下一个点或[圆弧(A)半宽(H)长度(L)放弃(U)宽度(W)]：

这是首先以画直线方式出现的提示，再指定一个点后提示变为：

指定下一点或[圆弧(A)闭合(C)半宽(H)长度(L)放弃(U)宽度(W)]：

提示中,各选项的含义如下：

默认选项——要求指定线段的下一个端点。

A——转入画圆弧方式，选择了此选项后将会变成画弧方式的提示。

C——从当前位置画一直线与起点相连，使多段线成为封闭的图形。

H——指定线宽的一半值。

L——沿前一段直线方向继续画一指定长度的直线段。

U——作废多段线上的最后一段，连续选择此项就连续向前倒退。

W——指定线宽。线宽包括起点线宽和终点线宽，线宽为 0 时表示最细，并且不受图形放大的影响。

当用户选择了 A 转到画弧方式以后，提示信息变为：

指定圆弧的端点或

[角度(A)圆心(CE)闭合(CL)方向(D)半宽(H)直线(L)半径(R)第二个点(S)放弃(U)宽度(W)]：

该提示的默认选项是要求指定弧的终点，此前所画线段或弧段的终点是本段圆弧的起点，并且两者相切。其他选项的含义如下：

A——指定弧的圆心角，正值表示逆时针画弧，负值为顺时针画弧。

CE——指定弧的圆心。

CL——用弧将多段线闭合。该选项从有了第二个点以后才出现。

D——指定弧的起始方向。

H——指定弧线的半宽。

L——转换到画直线方式。

R——指定弧的半径。

S——指定圆弧的第二点，选用此选项后将按三点定弧方式画弧。

U——作废最后所画的一段。

W——指定线宽。

### 6.3.10 样条曲线

命令：SPLINE

下拉菜单："绘图＼样条曲线"

功能：绘制样条曲线。

命令操作及说明：

SPLINE ↵

当前设置：方式＝拟合 节点＝弦

指定第一个点或[方式(M)节点(K)对象(O)]：

本行提示的默认选项是要求用户指定样条曲线的起点，输入第一点后会出现要求指定第二点的提示：

输入下一个点或［起点切向(T)公差(L)]：

指定了第二点，屏幕上的橡皮带呈曲线形，曲线从第一点开始，通过第二点，终止于光标的当前位置。AutoCAD 接着提示：

输入下一个点或［端点相切(T)公差(L)放弃(U)]：

可以再继续指定样条曲线的下一点，于是提示变为：

输入下一个点或［端点相切(T)公差(L)放弃(U)闭合(C)]：

如此继续不断地输入曲线的一系列点，并将重复显示这个提示，直至用空回车回答后本命令结束。也可以回答 C，使曲线自动闭合后结束本命令。选项 L 用于设置拟合公差，即曲线与输入点之间所允许的偏移距离的最大值。

用样条曲线可以绘制不规则曲线，图 6-12 是用样条曲线画的材料图例。

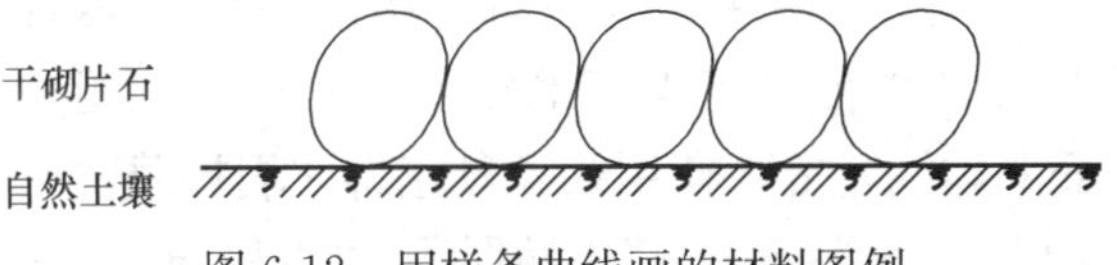


图 6-12　用样条曲线画的材料图例

## 6.4　图层及线性要素

### 6.4.1　概念

图层可以想象成没有厚度的透明图片。通常把一幅图的不同图线、颜色的实体和图的不同内容分画在不同的图片上，而完整的图形则是各透明图片的叠加。所以图层是对图的图线、颜色、内容及状态进行控制的一种技术。

每一图层都有一个层名，0 层是 AutoCAD 自己定义的，系统启动后自动进入的就是 0 层。其余的图层要由用户根据需要去建立，层名也是用户给取的，可以是汉字、字母或数字。建立图层是设置绘图环境的一项必需工作，应在开始画图之前就做。

一个图层可以是可见的，也可以是不可见的。只有可见的图层才能被显示和输出，不可见的图层虽然也是图的一部分，但却不能显示和输出。不能显示也就不能进行编辑。如果需要显示和输出，应先打开它。

一个图层可以被冻结，冻结了的图层除不能显示、编辑和输出外，也不参加重新生成运算。对于某些有大量实体而又暂时不用的图层，在需要多次进行具有重新生成功能的操作时将它们冻结，可以节省运算时间。需要使用冻结了的图层时应先解冻。

一个图层可以被锁定，锁定了的图层仍然可见，但不能对其实体进行编辑。给图层加锁可以保护实体不被选中和修改。要想恢复对实体的编辑操作应先开锁。

一个图层可以是可打印的，也可以是不可打印的。关闭了打印设置的图层即使是可见的，却不能打印输出。

各个图层具有相同的坐标系、绘图界限和显示时的缩放倍数，各图层间是精确地对齐的。

对每个图层可以指定它的线型、线宽（粗细）、颜色和打印样式。图层的线型、线宽、颜色是指在本图层上绘图时所使用的线型、线宽和颜色。不同的图层可以设置成不同的线型、线宽、颜色。当在某个图层上画图时，各个实体一般都使用图层的线型、线宽、颜色（ByLayel——随层），但也可以使用命令或实体特性工具栏为某些实体单独规定线型、线宽、颜色。

颜色可简单地用颜色号表示，颜色号的取值为 1～255。其中，1～7 号颜色有标准的颜色名，具体的对应关系如下：

1——红（Red）；2——黄（Yellow）；3——绿（Green）；4——青（Cyan）；

5——蓝（Blue）；6——洋红（Magenta）；7——黑/白（Black/White）。

颜色号 7 取决于用户使用的绘图区的背景色，背景色为黑时 7 号色为白，背景色为白时 7 号色为黑。

线型是由线型的名字称呼的。一种线型实际上是由一系列连续的点、空格及短线段组成的。AutoCAD 的线型文件中提供了丰富的线型。常用的线型有 Continuous（实线）、Center（点画线）、Dash（虚线）等。使用线型时应将它们加载。

线宽表明图线的粗细，除“ByLayer”（随层）、“ByBlock”（随块）和“默认”（Default）三种设置外，在公制单位情况下 AutoCAD 将线宽定义为 24 种宽度，取值范围为 0.00～2.11mm。用户可在规定的线宽中选用。按照指定的线宽画出的图线将影响到图形输出的效果，但在屏幕上是否显示出粗细可由状态栏上的“显示/隐藏线宽”按钮控制。当按下该按钮时图线显示出粗细，当弹起它时无论线宽是多少一律只用细线显示。

AutoCAD 提供了多种手段进行图层、图线、颜色的控制和操作，有命令、菜单、工具栏等，操作过程可在命令行窗口交互地进行，也可在对话框里进行。

### 6.4.2 图层操作

键入 LAYER 命令或选菜单“格式＼图层”或在图层工具栏上单击“图层特性管理器”按钮，将弹出“图层特性管理器”（Layer Properties Manager）对话框，如图 6-13 所示。有关图层的操作可在该对话框里进行。

对话框左侧是“过滤器”树列表框，右侧是“图层”列表框。“过滤器”树列表框内显示了本图形中的图层分类条目，例如“所有使用的图层”“特性过滤器 1”等。列表框上部有两个过滤器按钮和一个“图层状态管理器”按钮，使用过滤器按钮可按设定的特性条件过滤出有关的图层，或按用户需要人为地将一些图层划分成组。

在“图层”列表框中，显示了图层的详细信息。它上面有“新建图层”“删除图层”“置为当前”及新建并冻结等按钮。单击“新建图层”按钮，可建立新的图层，新图层的名字可以使用系统的安排，也可以由用户修改成自己的命名。默认情形下，新图层的各种特性均与所选图层相同，用户可根据需要修改这些特性，例如将鼠标移到它的线型处击左键，就会弹出“选择线型”对话框，借此可选择别的线型。用鼠标选择未被使用的图层，按“删除图层”按钮，可以删除该图层。“置为当前”按钮是用来指定当前图层的，当前图层在状态项下将自动用“√”作标记。

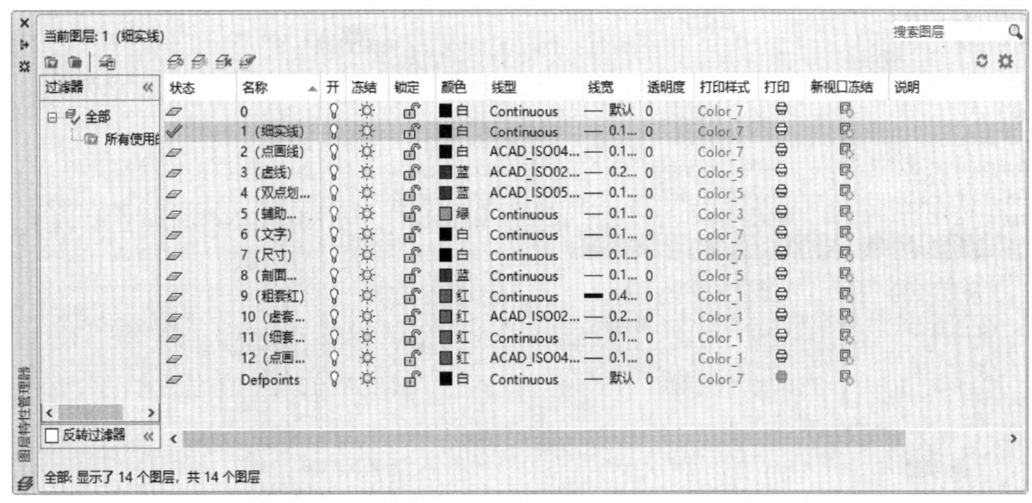


图 6-13　图层特性管理器对话框

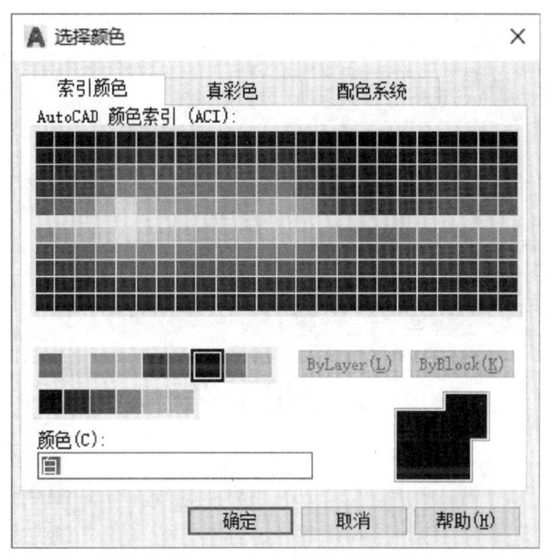


图 6-14　选择颜色对话框

“图层”列表框表头上的各项，依次是状态、名称、开、冻结、锁定、颜色、线型、线宽、打印样式、打印、说明等，框内各图层对应地在这些项目下用图标或特性值显示了各自的工作状态和特性。单击显示图标，图层的工作状态将发生变化，例如单击灯泡．图层由打开变为关闭或由关闭变为打开；单击锁头，图层由开锁变为锁定或由锁定变为开锁；等等。单击特性值，则将弹出相应的对话框，有关特性的设置和调整操作即在这些对话框里进行。例如，单击颜色值，可弹出图 6-14 所示“选择颜色”（Selectolor）对话框，利用它可为图层选择颜色：单击线型名称，可弹出图 6-15 所示的“选择线型”（Select Linetype）对话框。为了选择线型，必须先将有关的线型装入，为此按该对话框下部的“加载”按钮，则进一步弹出图 6-16 所示“加载或重载线型”（Load or Reload Linetypes）对话框。这时，选择需要使用的线型，按“确定”则返回到“选择线型”对话框。在此，可以选择图层所使用的线型：单击线宽值，可弹出图 6-17 所示的“线宽”（Lineweight）对话框，在此对话框内可选择图层的线宽；单击打印样式名称，可弹出图 6-18 所示的“选择打印样式”（Select Plot Style）对话框，在框内可以选择图层的打印样式。所谓打印样式，它是一系列打印参数设置的集合，用以控制打印的效果。

单击图层工具栏右端的下拉标记可以打开它，如图 6-19 所示。利用该列表框，可以选择当前图层或对图层的工作状态进行设置。

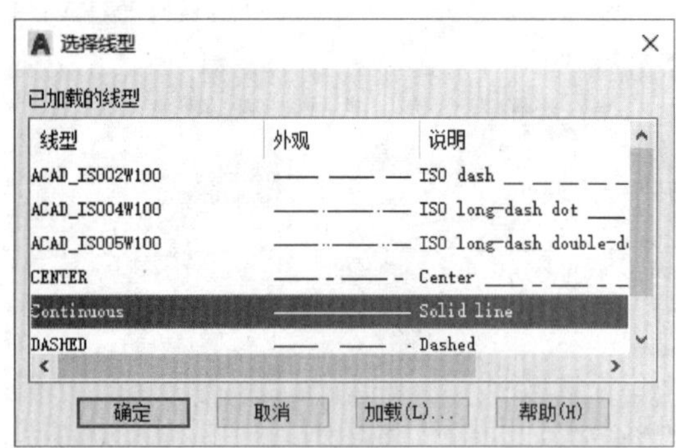


图 6-15　选择线型对话框

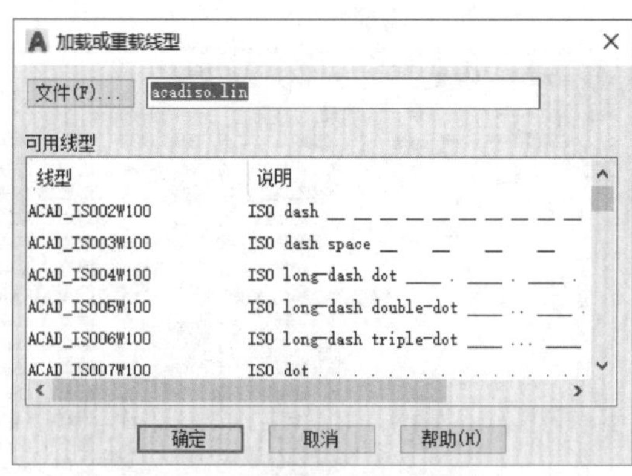


图 6-16　加载或重载线型对话框

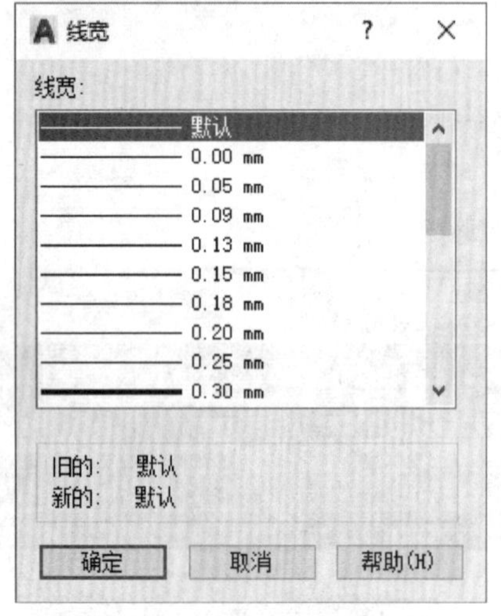


图 6-17　线宽对话框

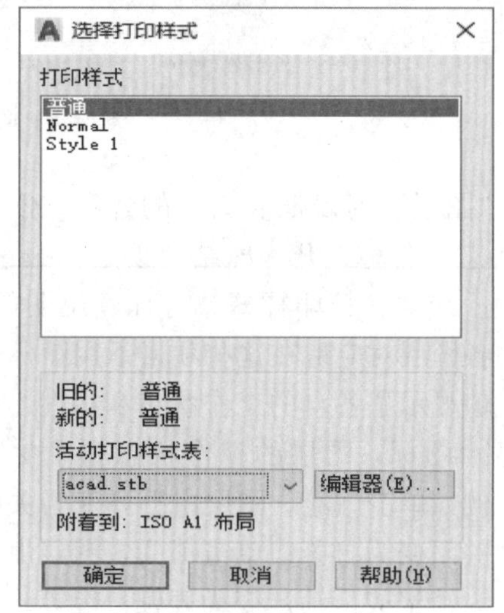


图 6-18　选择打印样式对话框

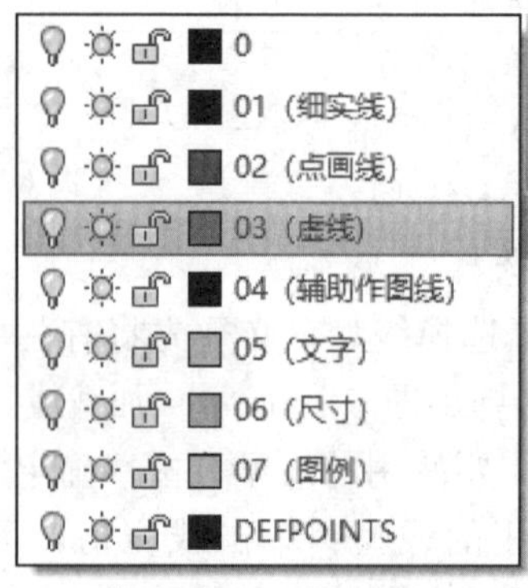


图 6-19　图层控制列表框

### 6.4.3　实体特性操作

实体特性工具栏可为当前作图设置实体的属性，其上各列表框的含义如图 6-20 所示。

单击“颜色控制”列表框，可以将它打开，如图 6-21 所示。在此框内，可以为当前的作图单独选择颜色，即用它定义实体的颜色。工具栏上往右依次是线型控制列表框、线宽控制列表框、打印样式列表框。图 6-22～图 6-24 分别是它们打开后的样子，使用这些列表框可为当前作用单独设置属性。

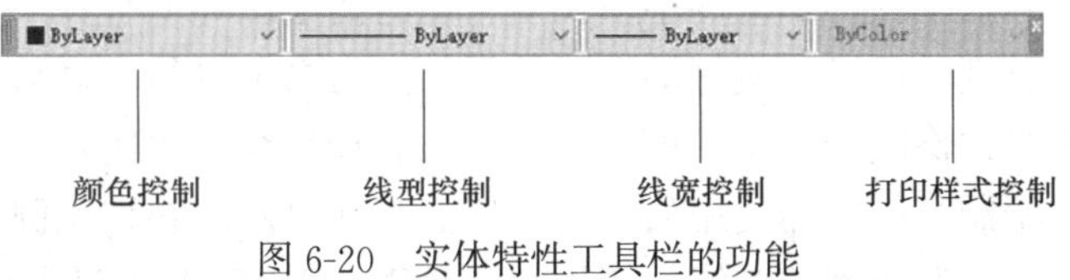


图 6-20　实体特性工具栏的功能

图 6-21　颜色控制列表框

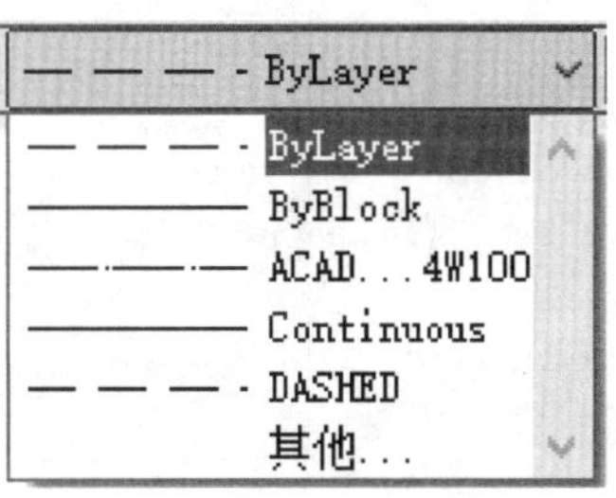


图 6-22　线型控制列表框

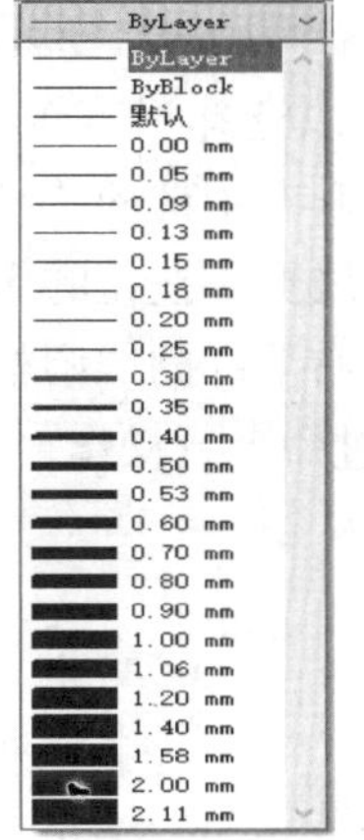


图 6-23　线宽控制列表框

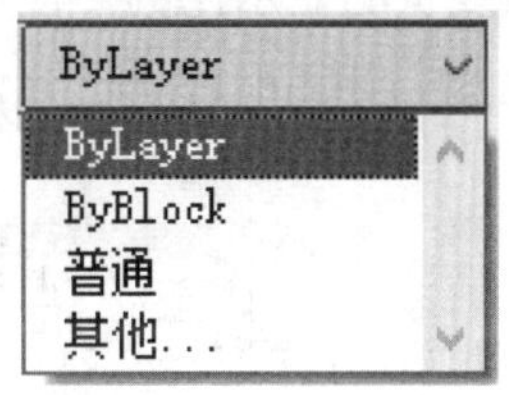


图 6-24　打印样式

## 6.4.4　设置线性特性

除了使用实体特性工具栏外，还可使用命令为当前作图单独设置属性，简述如下：

**1. 设置颜色（COLOR，-COLOR）**

使用命令 COLOR 或选菜单“格式 \ 颜色”将进入“选择颜色”对话框（图 6-14），使用命令-COLOR 则为命令行操作。

**2. 设置线型（LINETYPE，-LINETYPE）**

使用命令 LINETYPE，将弹出图 6-25 所示“线型管理器”（Linetype Manager）对话框。利用它除了可以选定当前作图使用的线型外，还可以定义线型比例。在 AutoCAD 中除实线外，其他的线型都是由点、空白段、短线段组成的。在定义线型时已经定义了这些小段的长度，但实际显示在屏幕上的小段长度与当时的绘图环境有关。线型比例的作用就是调整这些小段的长度，以求有较好的图示效果。点击右上方的“显示细节”按钮，在对话框右下角的“全局比例因子”文本框内可以键入全局性线型比例，“当前对象缩放比例”文本框内可以键入绘制当前实体使用的线型比例。当前绘图的线型比例只影响此后所画的线条，而不改变此前已经画好的图线。使用命令-LINETYPE 则可进入命令行操作。

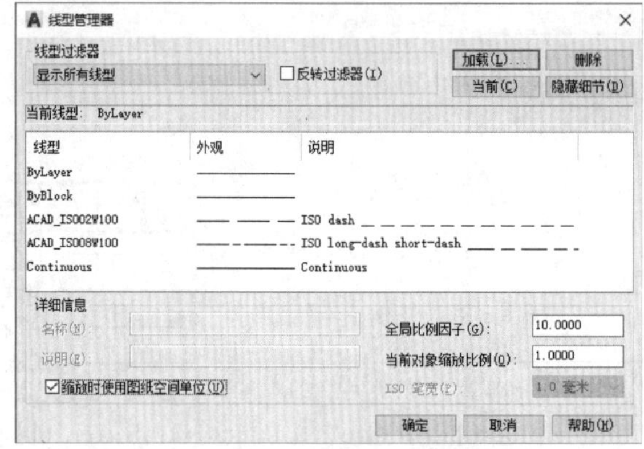


图 6-25　线型管理器对话框

**3. 设置线宽（LWEIGHT，-LWEIGHT）**

使用命令 LWEIGHT 或选菜单“格式 \ 线宽”将弹出图 6-26 所示“线宽设置”（Lineweight Settings）对话框。在其左部的线宽列表框内可以选择当前作图使用的线宽；在其右上部的“列出单位”组合框内可以选择线宽单位；在其右中部的“显示线宽”复选框内可以确定屏幕上是否显示线宽，即相当于状态栏上的“线宽”按钮的作用；在其右中部的“默认”文本框内可以定义或修改默认的线宽值；利用右下部的“调整显示比例”滑块可以调节线宽的显示比例。使用-LWEIGHT 命令则可通过命令行操作。

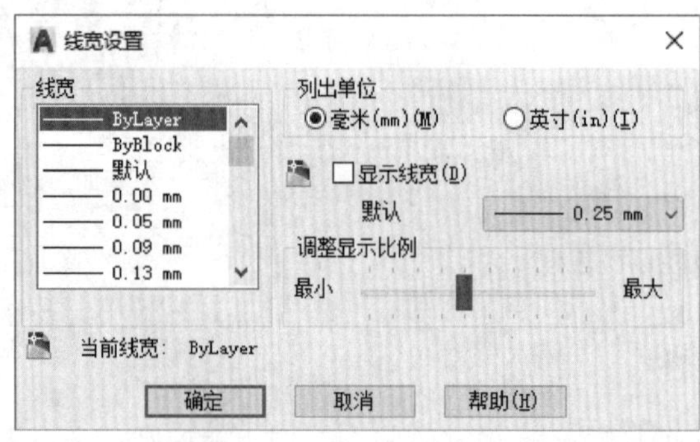


图 6-26　线宽设置对话框

**4. 设置全局线型比例（LTSCALE）**

除使用“线型管理器”对话框外，还可以使用命令 LTSCALE 设置全局线型比例。

全局线型比例因子会影响到所有已经画出的线型和将要绘制的图线。

LTSCALE ↵

输入新线型比例因子＜1.0000＞：

**5. 设置新线型比例（CELTSCALE）**

CELTSCALE 是个系统变量，它只影响此后所画线型，而不改变此前已经画好的图线，作用与在“线型管理器”对话框中使用“当前对象缩放比例”输入比例因子一样。

## 6.5 尺寸标注

尺寸标注是工程制图中一项十分重要的内容，尺寸标注能准确无误地反映物体的形状、大小和相互位置关系。利用 AutoCAD 尺寸标注命令，可以方便快速地标注出图形上的各种尺寸。在执行标注命令时，AutoCAD 可以自动测量出所标注图形的大小，并在尺寸线上标注出测量的尺寸数字。

### 6.5.1 尺寸标注样式

命令：DDIM

菜单：格式→标注样式

图标：

执行命令后，会弹出一个尺寸标注样式管理器，如图 6-27 所示。尺寸标注样式控制着尺寸标注的外观特性，如尺寸起止符号的类型、标注文字的样式等。尺寸标注形式的设置可集中在管理器中进行，在该管理器中，用“置为当前”按钮可以将已有的尺寸格式设置为当前样式；“新建（N）...”按钮是建立新的尺寸样式；“修改（N）...”按钮可以打开“修改标注样式”管理器，在如图 6-28～图 6-32 所示的管理器中进行尺寸样式的编辑。在缺省时，管理器中只有 ISO-25 一种样式，现以设置斜线样式为例，说明常用参数的设置。

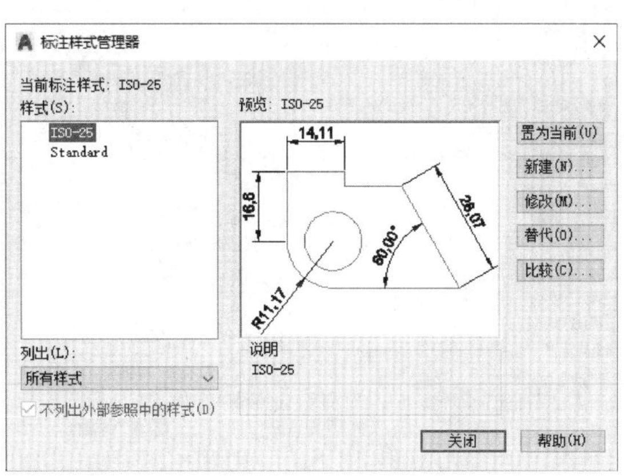


图 6-27　尺寸标注样式管理器

**1. 尺寸线和尺寸界线的设置**

在“修改标注样式”管理器中，单击“线”标签后，出现如图 6-28 所示管理器，其中有两个参数设置区和实时显示区。

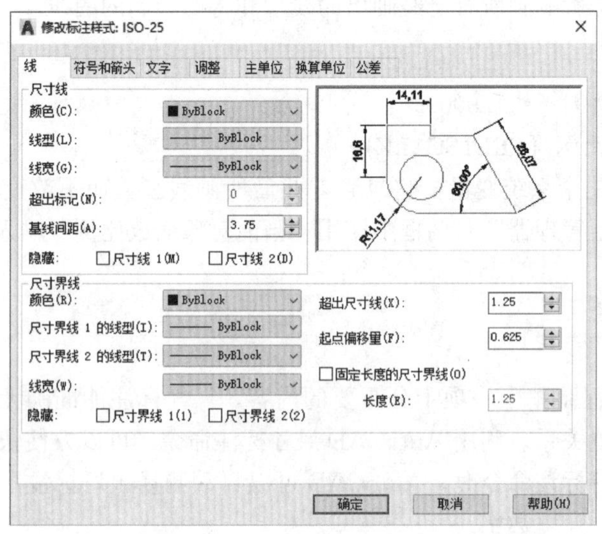


图 6-28 “修改标注样式”管理器中“线”页

（1）在“尺寸线”设置区中，“颜色”和“线宽”分别用于设置尺寸线的颜色和线宽；“基线间距”用于设置基线方式标注尺寸时，控制平行尺寸线之间的距离。

（2）在“尺寸界线”设置区中，“超出尺寸线”用于设置尺寸界线超出尺寸线的长度。“起点偏移量”用于设置尺寸界线起始点距标注点的距离。土建制图中尺寸界线起始点距标注点的距离应大于或等于 2。

**2. 符号和尺寸起止符的设置**

在“修改标注样式”管理器中，单击“符号和箭头”标签后，出现如图 6-29 所示管理器，其中有 4 个参数设置区和实时显示区。

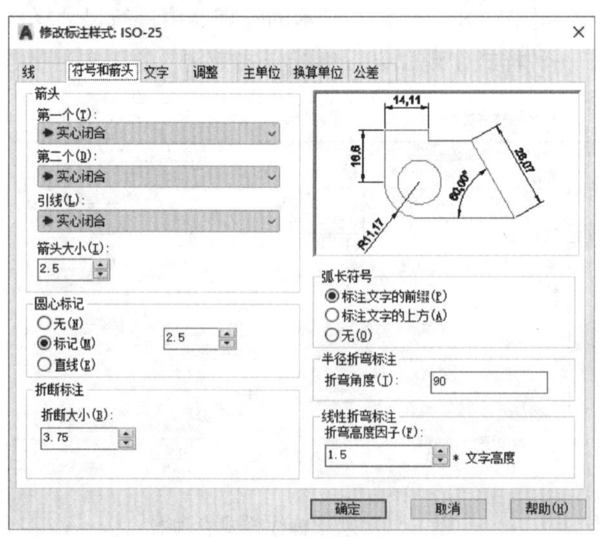


图 6-29 “修改标注样式”管理器中“符号和箭头”页

（1）在“箭头”设置区，可用于选择箭头的形状和大小。这里选土建制图常用的建筑标记。

（2）在“圆心标记”设置区，可用于设置是否对圆心进行标记及标记的大小。

（3）在“弧长符号”设置区，可用于设置标注弧长时，弧长符号的有无及放置位置。

（4）在“半径标注折弯”区，可设置标注大圆弧时尺寸线的折弯角度。

**3. 尺寸文字的设置**

在“修改标注样式”管理器中，单击“文字”标签后，出现如图 6-30 所示管理器，其中有 3 个参数设置区和实时显示区。

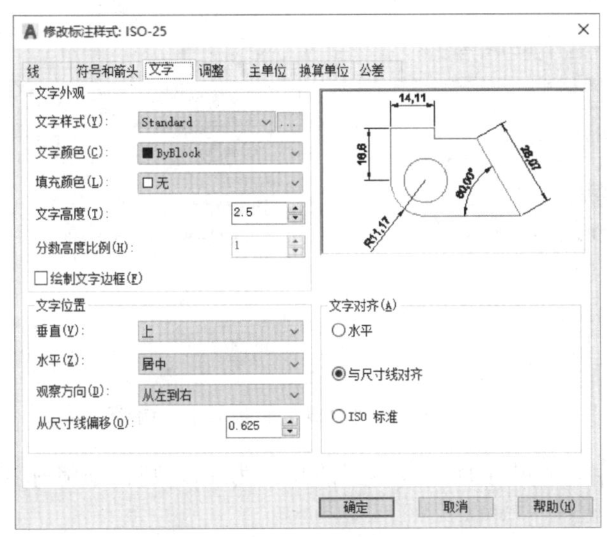


图 6-30　“修改标注样式”管理器中“文字”页

（1）在“文字外观”设置区，可以选择文字样式、文字颜色、文字高度以及是否绘制文字边框。

（2）在“文字位置”设置区，可以选择文字的垂直、水平位置，设置文字距尺寸线的距离。

（3）在“文字对齐”设置区，选择“水平”，则文字总是水平排列；选择“与尺寸线对齐”，则文字平行于尺寸线排列。

**4. 尺寸间各要素关系的设置**

在“修改标注样式”管理器中，单击“调整”标签，出现如图 6-31 所示管理器，在“调整选项”中可控制标注文字、箭头、引出线和尺寸线的位置。在“标注特征比例”中，有两个单选框。若选中“使用全局比例”框，就激活旁边的比例系数框，在框中可输入要调整的比例，图纸中所有尺寸标注的样式，如箭头、尺寸线长度、文字等，都将按比例缩放。但尺寸标注的测量值是不变的。若选中“将标注缩放到布局”，则自动设置比例系数为 1。

**5. 尺寸单位及精度的设置**

在“修改标注样式”管理器中，单击“主单位”标签后，出现如图 6-32 所示管理器，其中可以设置尺寸数字的表达形式、精度、标注比例等。在“测量单位比例”中，用户可根据图形的比例相对应输入一个系数，作为测量尺寸时的缩放系数。例如，设置比例因子

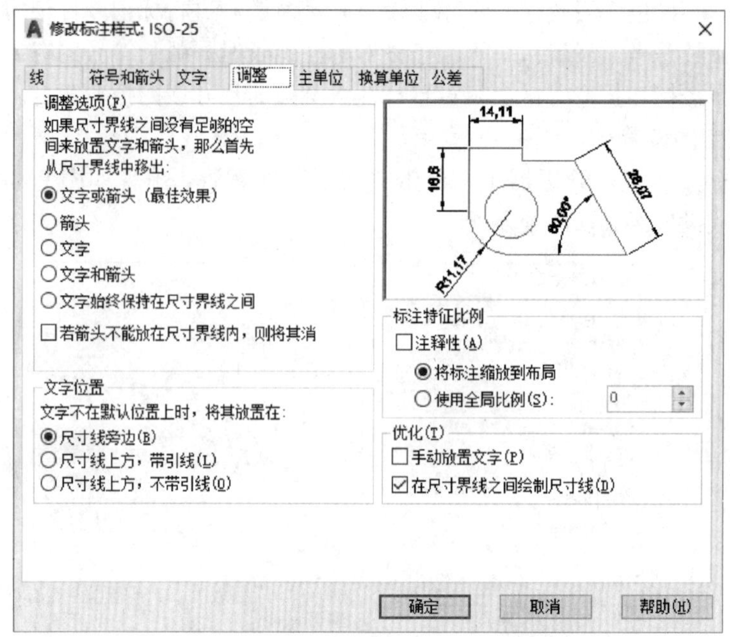


图 6-31 “修改标注样式”管理器中“调整”页

为 100 时，如果标注某个尺寸时测量得到的长度为 10，则自动将标注的尺寸值放大 100 倍为 1000。

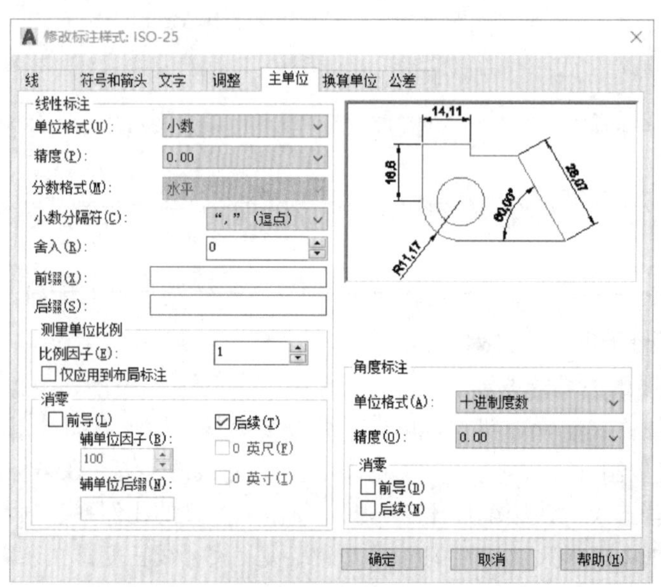


图 6-32 “修改标注样式”管理器中“主单位”页

### 6.5.2 尺寸标注命令类型

AutoCAD 有多种尺寸标注命令及一些与尺寸相关的命令，其工具栏如图 6-33 所示，其常用尺寸命令功能见表 6-2。

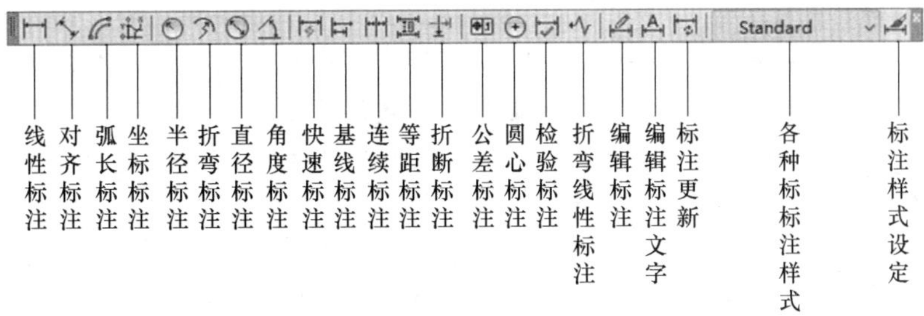


图 6-33　标注工具栏

**常用尺寸标注命令功能**　　**表 6-2**

| 命令 | 图标 | 功能 |
|---|---|---|
| 线性标注(dimlinear) | | 对选定两点进行水平、垂直标注 |
| 对齐标注(dimaligned) | | 对选定两点进行平行于两点连线的标注 |
| 坐标标注(dimordinate) | | 对选定点引出标注其坐标数值 |
| 半径标注(dimraclius) | | 对圆或圆弧进行半径标注 |
| 直径标注(dimdiameter) | | 对圆或圆弧进行直径标注 |
| 角度标注(dimangular) | | 对两直线间、圆、圆弧进行角度标注 |
| 快速标注(qdim) | | 对选定的图形进行一组基线标注或连续标注等 |
| 基线标注(dimbaseline) | | 标注具有共同基线的多个尺寸 |
| 连续标注(dimcontinue) | | 创建从上一次或选定所建标注的延伸线处开始的标注 |

### 1. 线性尺寸标注

单击线性标注图标，命令行会显示：

指定第一条尺寸界线原点或＜选择对象＞：(捕捉第一条尺寸界线的起点)

指定第二条尺寸界线原点：(捕捉第二条尺寸界线的起点)

指定尺寸线位置或“多行文字(M)/文字(T)/角度(a)/水平(h)/垂直(V)/旋转(R)”：(确定尺寸线的位置)

标注文字＝60（显示尺寸数字如图 6-34 所示）

执行中的“多行文字（M)”表示利用多行文字编辑器输入尺寸文字；“文字（T)”表示在命令行输入尺寸文字，而不用系统的测量值。这时，如果需要输入代表直径的符号

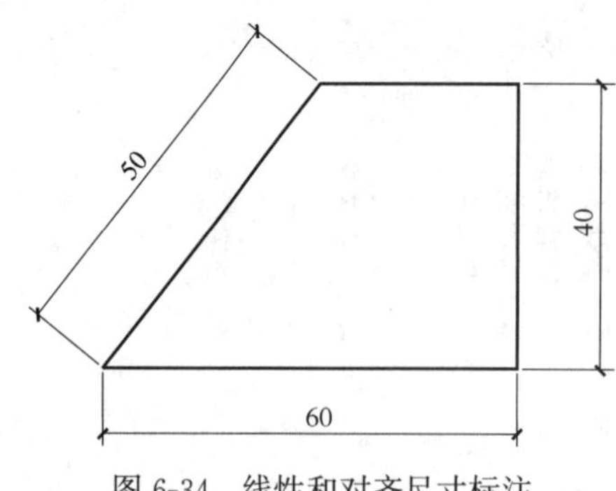

图 6-34　线性和对齐尺寸标注

“$\phi$”应键入“%%C”控制码、代表角度的符号“°”应键入“%%D”控制码。“角度（A）”表示改变尺寸文字的角度；“水平（H）”表示尺寸只能水平标注；“垂直（V）”表示尺寸只能垂直标注；“旋转（R）”表示尺寸沿某一角度标注。如果不准备对文本进行修改，就像上面一样直接选定标注位置完成标注。如图 6-34 所示。

**2. 对齐尺寸标注**

单击对齐标注图标，命令行会显示：

指定第一条尺寸界线原点或＜选择对象＞：（捕捉第一条尺寸界线的起点）

指定第二条尺寸界线原点：（捕捉第二条尺寸界线的起点）

指定尺寸线位置或“多行文字（M）/文字(T)/角度($a$)”：（确定尺寸线的位置）

标注文字＝55（如图 6-34 所示）

**3. 半径和直径尺寸标注**

单击半径（或直径）标注图标（或），命令行会显示：

选择圆弧或圆：（选择图形中的圆或圆弧）

标注文字＝10（显示系统测量的尺寸数字）

指定尺寸线位置或“多行文字（M）/文字(T)/角度($a$)”：（确定尺寸线的位置）

若要修改圆弧的半径或直径，输入时在尺寸数字前加前缀“R”代表半径（或“%%c”代表直径），标出的尺寸才会带有半径（或直径符号），如图 6-35 所示，2$\phi$20 在修改时就应写成“2%%c20”，标注的结果才是 2$\phi$20。

**4. 角度尺寸标注**

单击角度标注图标，命令行会显示：

选择圆弧、圆、直线或＜指定顶点＞：

各选项的含义是：

（1）若拾取到一条线段上，后面的提示会要用户拾取第二条线段，并以两线段的交点为顶点，标注两条不平行线段之间的夹角，如图 6-36（a）所示。

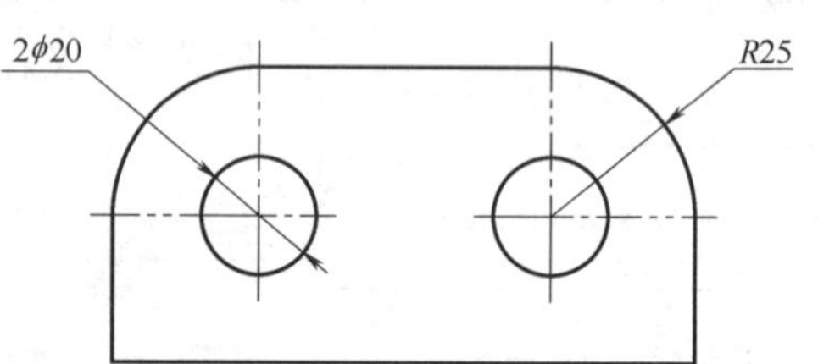

图 6-35　半径和直径的标注

（2）若拾取圆弧，则直接标注圆弧的包含角，如图 6-36（b）所示。

（3）若拾取圆，则标注圆上某段圆弧的包含角。该圆圆心被置为所注角度的顶点，拾取点为第一个端点，后面的提示会要用户拾取第二个端点，该点可在圆上，也可不在圆上，尺寸界线会通过选取的两个点，如图 6-36（c）所示。

（4）若直接回车，则提示输入角的顶点，角的两个端点 AutoCAD 根据给定的三个点标注角度，如图 6-36（d）所示。

**5. 基线标注**

单击基线标注图标，命令行会重复显示：

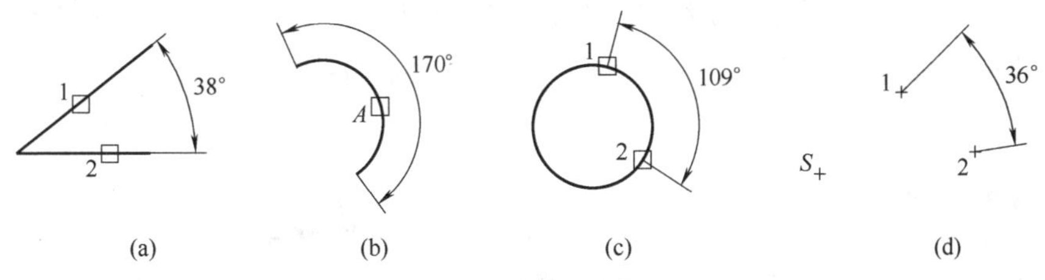


图 6-36　角度的标注

指定第二条尺寸界线原点或“放弃(U)/选择(S)”<选择>：(捕捉第二条尺寸界线的起点，第一条尺寸界线为基线)

如图 6-37 所示，尺寸 100 和 125 为 55 的基线尺寸。

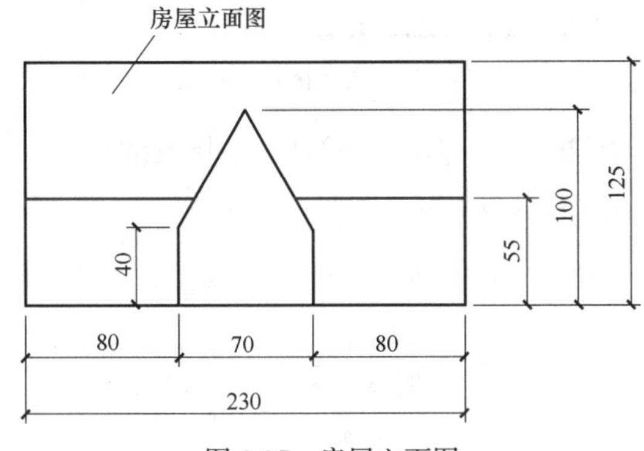


图 6-37　房屋立面图

**6. 连续标注**

单击连续标注图标，命令行会重复显示：

指定第二条尺寸界线原点或“放弃 (U)/选择 (S)” <选择>：(捕捉第二条尺寸界线的起点，第一条尺寸界线为已经标注的尺寸)

如图 6-37 所示，尺寸 70 和 80 是前一个 80 的连续标注。

**7. 引出线标注**

单击引线标注图标，命令行会显示：

指定第一个引线点或“设置 (S)” <设置>：(确定引线的起点)

指定下一点：(确定引线的第二点)

指定下一点：(确定引线的第三点)

指定文字宽度<0>：2.5 ↙

输入注释文字的第一行<多行文字 (M)>：房屋立面图↙

输入注释文字的下一行：↙

## 6.5.3　尺寸标注的编辑

对于已经标注好的尺寸一般是编辑修改尺寸数字，最便捷的方法是使用夹持点编辑模式改变尺寸数字的位置。编辑尺寸数字数值可使用编辑文字的方法，单击文字编辑命令图标，选择要编辑的尺寸，系统进入多行编辑窗口，如图 6-38 所示。窗口内系统测量值，要修改可将测量值删除，注写改变后的尺寸数字后确定，尺寸数值将变成改变后的值。

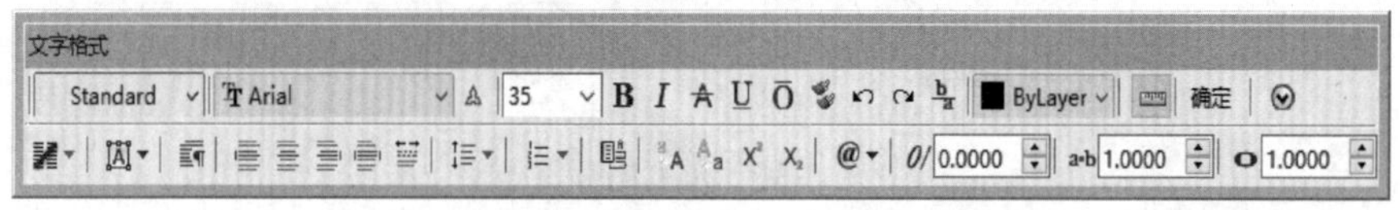


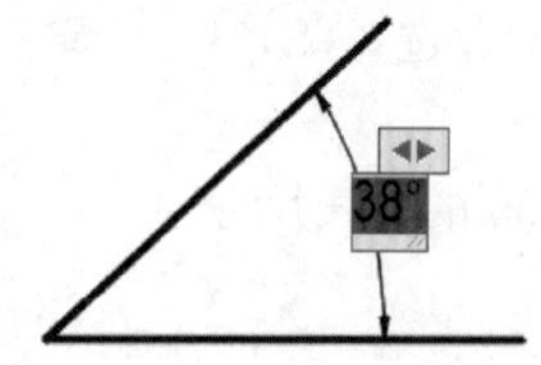


图 6-38　文字格式管理器

值得注意的是，修改后的尺寸数字，无论所标注图形的尺寸大小如何改变，其尺寸数值是不变的。而用系统自动测量的数值，随所标注图形尺寸大小的改变，尺寸数值也相应改变。

## 6.6　图块

### 6.6.1　块的概念

图块是由赋予图块名的多个图形对象组成的一个集合。组成图块的各个对象可以有自己的图层、线型和颜色。AutoCAD 把图块当成一个单一的对象来处理，可以随时将它插入到当前图形或其他图形指定的位置；同时，可以缩放和旋转，充分利用块的作用可大大提高绘图效率。

### 6.6.2　块的命令

**1. 块生成命令（Block）**

命令：B

菜单：绘图→块→创建

绘图工具栏图标：

执行命令后，系统随之弹出“块定义”管理器，如图 6-39 所示。在这个管理器中，需要输入块的名称、设置拾取块的基点，这个基点就是该块插入时的插入点。确定构成块的图形对象。若选中“保留”项时，块使用的图形对象仍被保留；若选中“转换为块”，则用块替换原有的图形对象；若选中“删除”，则指定块定义后，组成块的图形对象被删除。

**2. 块插入命令（Insert）**

命令：I

菜单：插入→块

图 6-39　块生成管理器

绘图工具栏图标：

与块生成命令相对应，插入命令可以将已建立的图块或图形文件，按指定位置插入到当前图形中，并可以改变插入图形的比例和角度。

执行命令后，系统随之弹出“插入”管理器。在这个管理器“名称”中，选择要插入的图块名。确定插入点，块插入时的缩放比例以及插入时旋转的角度，这三项可以在绘图区中指定，也可以在文本框中输入数值。若选中“分解”，则块在插入后即被分解成一些单个的图形对象，可以分别对其进行编辑修改。块分解后，其颜色、线型有可能发生变化，但形状不会改变。

**3. 多重插入块命令（Minsert）**

命令：Minsert

该命令是以矩形阵列的形式插入块，例如在立面图中窗户就可以用这个命令插入。但与矩形阵列不同的是，多重插入块命令插入后阵列的全部图形是个整体的块，不能分开对个别单体图形进行编辑，也不能分解。

执行命令后，系统会提示输入插入块的名称、插入点以及插入块的行数、列数和行间距、列间距。

**4. 块存盘命令（Wblock）**

命令：W

以上的块操作命令都是在一个图形文件中进行。若想将块插入到其他图形文件中，就必须用块存盘命令，才能将块插入到其他图形文件中。

执行该命令后，系统随之弹出“写块”管理器。在这个管理器中，需要选择保存的图形对象，确定插入点，给块存盘文件命名等操作。

用块存盘命令生成的图形文件，在插入时与一般块插入完全一样。

### 6.6.3　块与图层的关系

画在不同图层上的图形对象可以组合成一个块。在生成和插入块时，AutoCAD 有以下规定：

（1）块中原来位于 0 层上的图形对象在块插入后被绘在当前层上，其颜色和线型随当前层绘出。而位于其他层上的图形对象，插入后仍保留在原来层上，以原来所在层的颜色、线型绘出。

（2）若在画块的图形之前，把特性工具栏中的颜色和线型定义为“Byblock”；然后，再画出块的各个图形实体，将它们组合成块；再将颜色和线型定义为“Bylayer”，则插入时整个块的颜色和线型都随当前层。

## 6.7 注写文字

文字或称文本，是工程图的必要成分。注写文字之前，先要定义使用的字体和字样，在具体注写时有单行文字和多行文字（段落文字）两种书写方式，下面对有关问题分别予以说明。

### 6.7.1 字体和字样

使用 STYLE 命令或选菜单“格式 \ 文字样式”选项，将进入“文字样式”（Text Style）对话框，如图 6-40 所示。利用该对话框可以选用写字使用的字体并设置字样。具体用法如下。

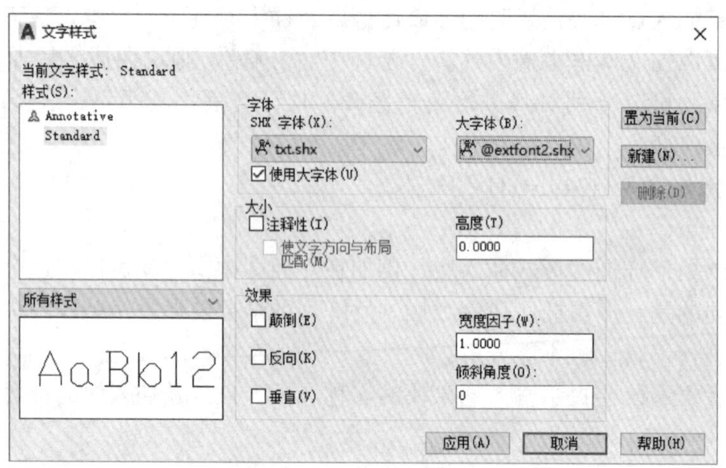


图 6-40 文字样式对话框

（1）要新建一种字样，须按下对话框右侧的“新建”按钮。在弹出的“新建文字样式”对话框中，回答字样名字后，该名字即出现在“文字样式”对话框左上部的“样式”列表框内。接着，在“字体”组框内为该字样选择字体，在“大小”组框内为它设置高度（可以取值为 0，这时字的书写高度将在发出写字命令时再回答），在“效果”组框内为它设置书写效果，例如字的宽度系数（宽高比）、斜体字的向右倾斜度等。设置完成后按对话框下方的“应用”按钮，字样生效。

（2）“样式”列表框内可以列出已经创建的所有字样的名称，从中选取一种字样，按对话框右侧的“置为当前”按钮，即可将其选作当前使用的字样。对话框左下角的矩形框是所选字样的预览窗口。

（3）不再使用的字样，可用对话框右侧的“删除”按钮将它删除。

### 6.7.2　单行文字的书写及编辑

单行文字并非只能写一行，而是说每一行文字都是一个实体，有多行时它是多个实体的组合。使用 TEXT 命令，可书写单行文字。

TEXT ↵

当前文字样式：＜当前值＞　当前文字高度＜当前值＞　注释性＜当前值＞

指定文字的起点或［对正（J）/样式（S）］：

各选项的功能如下：

（1）默认项是直接指定一点作为文字起点，接下来会出现提示：

指定高度＜当前值＞：　　　　　（设置字样时，文字高度若取 0，则需在此时指明高度）

指定文字的旋转角度＜当前值＞：（指定文字底线的方向）

然后，就可键入文字。每键入一个字符当即显示在图中指定的位置，敲错了可退格删去，空格为有效字符，回车则换行，连续回车可退出本命令。输入汉字时，可使用流行的各种输入法。

绘图中使用的一些特殊字符，例如表示度的小圆圈，不能由键盘直接产生，为此 AutoCAD 提供了使用控制码实现特殊字符书写的方法。控制码以％％开头，下面是几个例子：

％％d——书写度的符号小圆圈；

％％c——书写直径符号 $\phi$；

％％p——书写正负号±；

％％％——书写百分号％。

（2）选项 J：

本选项用于确定文字的对齐方式，即怎样定位。选取本选项后，AutoCAD 提示：

输入选项［左（L）居中（C）右（R）对齐（A）中间（M）布满（F）左上（TL）中上（TC）右上（TR）左中（ML）正中（MC）右中（MR）左下（BL）中下（BC）右下（BR）］：

这些选项表明，是文字的哪个部位与上项选定的“起点”对准、定位。

（3）选项 S：

本选项用于选择已定义过的某一字样作为当前写字使用的字样。

点击标准工具栏上的“对象特性”按钮，则可通过“特性”对话框修改文字的内容和几何参数及各种属性。

### 6.7.3　多行文字的书写及编辑

使用 MTEXT 命令或点击绘图工具栏的“A”图标按钮，命令行将提示用户创建一个用来写字的矩形区域，然后即弹出“文字格式”工具栏，如图 6-41 所示。利用这个工具栏可以选择字样，选择或改变字体、字高、宽度系数、倾斜角，还可以像在 Word 中那样插入特殊符号、产生特殊效果（如加粗、斜体、带下画线等）。书写多行文字时可以边写边进行编辑修改，各项属性也可以及时调整，直至最后完成了文字的书写。按“确定”按钮即结束操作，“文字格式”工具栏消失。

图 6-41　文字格式工具栏

前已述及，单行文字不一定就只有一行，多行文字也不一定就有多行。多行文字不管有多少行，整个是一整体。多行文字可以被分解，分解后可按单行文字编辑修改。

## 6.8　图形输出

在屏幕上画好的图，最终要用绘图机或打印机将图输出到图纸上，才能在工程实践中使用。进行图形输出操作之前需要先为系统配置好输出设备。AutoCAD 允许同时配置多台输出设备，具体的配置方法此处不作叙述。

输出前，应首先进行页面设置。选择菜单“文件 \ 页面设置管理器”，将弹出“页面设置管理器”对话框，如图 6-42 所示。点击“新建”按钮，则弹出图 6-43 所示“新建页面设置”对话框，在此对话框内给页面设置取名，按“确定”后弹出图 6-44 所示“页面设置”对话框。使用该对话框所进行的输出设置，将随着图形文件的存贮而被同时保存下来。

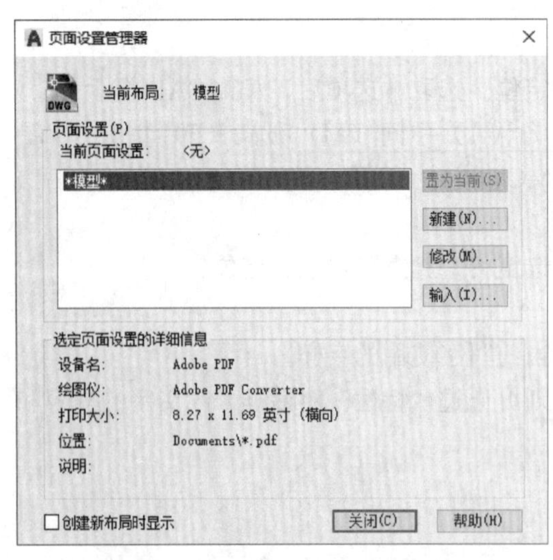


图 6-42　页面设置管理器对话框

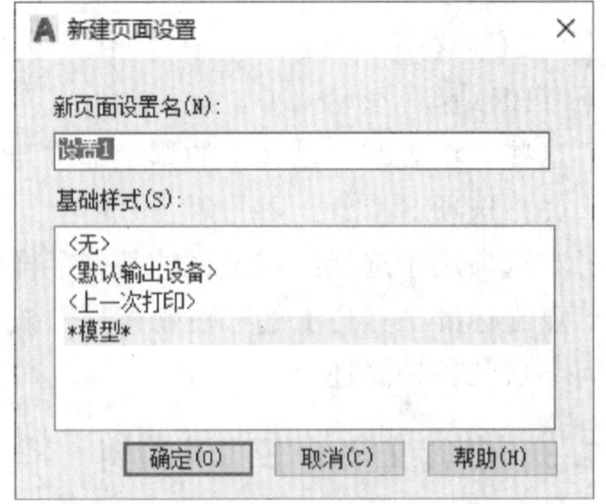


图 6-43　新建页面设置对话框

“打印机/绘图仪”选项区用来选择输出设备；“图纸尺寸”列表框用于指定图幅大小；“打印范围”列表框用于指定输出的图形范围，从“窗口”“范围”“图形界限”和“显示”

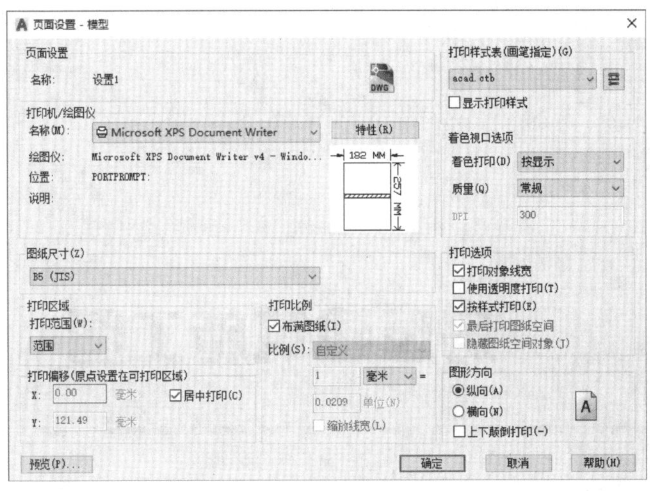


图 6-44　页面设置对话框

四项中选择一项；“打印偏移”用来调节图形在图纸上的位置；“打印比例”控制输出图形的大小，可选“布满图纸”，也可选择具体的比例，这个比例表示的是图纸上的毫米长度与图形单位间的对应关系，例如 1∶2 代表 1mm 对应于 2 个图形单位；“着色视口选项”主要用于三维图形的打印，用来控制着色和渲染视口的打印方式及质量；“打印选项”提供了可供选择的打印项目；“图纸方向”用来指定图形在图纸上的放法。使用对话框左下角的“预览”按钮，可以预览各项设置的输出效果。按“确定”，“关闭”页面设置管理器，即结束页面设置。最后，要根据自己的页面设置，把图再保存一次。

键入 PLOT 命令或选菜单“文件 \ 打印”或单击标准工具栏上的“打印”按钮，都将进入图 6-45 所示“打印”对话框。该对话框内显示了页面设置的各项内容，直接按“确定”即可打印输出。

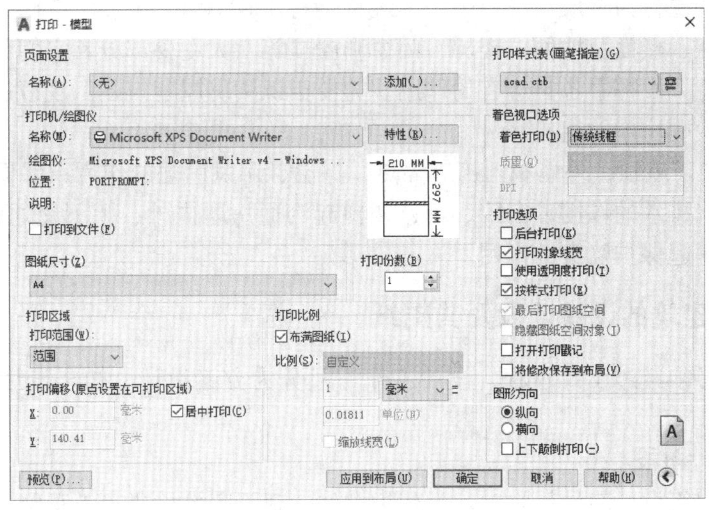


图 6-45　打印对话框

# 房屋建筑施工图

## 7.1 概述

房屋建筑施工时，需要建筑施工图。设计人员通过建筑施工图，表达其设计要求；施工人员通过建筑施工图，按图进行施工。不同建筑尽管功能、外观各不相同，但其设计、施工的建筑施工图以及组成建筑的内涵基本是一致的。

### 7.1.1 房屋的组成及分类

房屋建筑是提供人们生活、生产、工作、学习和娱乐的活动场所。按照房屋建筑的使用功能不同，一般可将建筑分为民用建筑和工业建筑两大类。

一幢房屋建筑，自下而上第一层称为底层或首层，最上一层称为顶层。底层和顶层之间的若干层可依次称为二层、三层……或统称为标准层（还可称为中间层）。其组成通常包括基础、墙柱、楼面及地面、楼梯、门窗和屋顶等六大主要部分，它们分别处在同一建筑中不同的部位，发挥着各自应有的作用。为便于识读房屋建筑图，现以图 7-1 所示房屋轴测图为例，说明房屋的组成。

在图 7-1 中，屋顶、外墙和雨篷起隔热、保温、避风遮雨的作用；屋面、天沟、雨水管、散水等起着排水的作用；台阶、门、楼梯起沟通房屋内外、上下交通的作用；墙裙、勒脚、踢脚板等起保护墙身的作用。

### 7.1.2 房屋建筑的设计阶段及其图纸

建造房屋必须经过设计过程，设计工作一般分为方案设计、初步设计和施工图设计阶段。

**1. 方案设计阶段**

该阶段是建筑设计的最初阶段，为初步设计、施工图设计奠定了基础，是具有创造性的最关键的环节。

**2. 初步设计阶段**

一般需经过收集资料、调查研究等一系列设计前的准备工作，然后提出一个或多个设

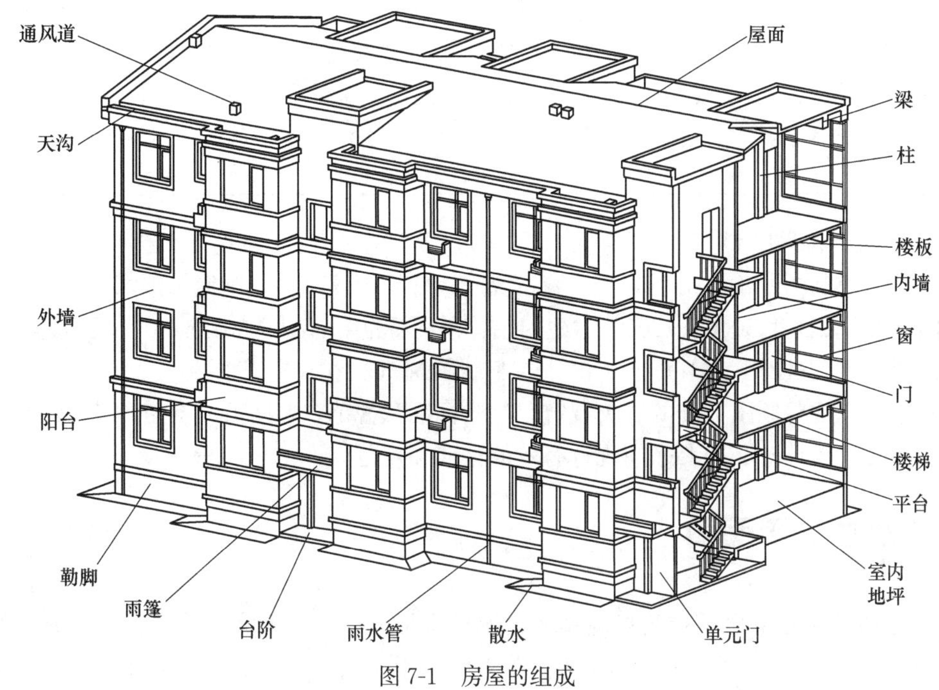


图 7-1　房屋的组成

计方案，经比较后确定设计方案，绘制初步设计图纸。本书主要介绍这一阶段的工程图。

**3. 施工图设计阶段**

施工图设计阶段承接了初步设计和方案设计阶段之后的工作，主要是关于施工图的设计及制作，以及通过设计好的图纸，把设计者的意图和全部设计结果表达出来。

## 7.1.3　施工图的分类

一套完整的房屋建筑施工图依其内容和作用的不同，通常可分为：建筑施工图（简称建施）、结构施工图（简称结施）和设备施工图（简称设施）。设备施工图主要表示室内给水排水（简称水施）、采暖通风（简称暖施）、电气照明（简称电施）和信息传送等设备施工图。

一套完整的房屋建筑施工图的编排顺序是：图纸目录、建筑设计总说明、总平面图、建施、结施、水施、暖施、电施。各专业施工图的编排顺序是全局性的在前，局部性的在后；先施工的在前，后施工的在后；重要的在前，次要的在后。

## 7.1.4　建筑施工图的特点

**1. 采用正投影法绘制**

施工图是用正投影法绘制的，一般在 $H$ 面的投影称为平面图，在 $V$ 面的投影称为正立面图（或背立面图），在 $W$ 面的投影称为左侧立面图（或简称为侧立面图）。

**2. 用缩小比例绘制**

建筑庞大而复杂，相比图纸的尺寸很小，所以施工图一般采用较小的比例。其选用标准要根据建筑物的大小，参照表 7-1 选取。

比例 表 7-1

| 图名 | 比例 |
| --- | --- |
| 总平面图 | 1∶500、1∶1000、1∶2000 |
| 建筑物、构筑物的平面图、立面图、剖面图 | 1∶50、1∶100、1∶150、1∶200、1∶300 |
| 建筑物、构筑物的局部放大图 | 1∶10、1∶20、1∶25、1∶30、1∶50 |
| 配件及构造详图 | 1∶1、1∶2、1∶5、1∶10、1∶15、1∶20、1∶25、1∶30、1∶50 |

**3. 用图例符号绘制**

为了保证制图质量，提高效率，表达统一和便于识读，我国制定了国家标准，如《建筑制图标准》GB/T 50104—2010、《建筑结构制图标准》GB/T 50105—2010、《建筑给水排水制图标准》GB/T 50106—2010 等专业制图标准。在绘制房屋施工图中的各类图样时，必须遵守这些制图标准的有关规定。这些标准和规范，要随着社会工程建设现状的发展进行修改，设计时必须要采用现行有效的标准和规范。

## 7.2 房屋总平面图

房屋总平面图是表示建筑场地总体情况的平面图。总平面图通常采用较小的比例画出，如 1∶500、1∶1000、1∶2000 等。总平面图中包括的内容较多，除了房屋本身的平面形状和总体尺寸外，还包括拟建房屋的位置、与原有建筑物及道路的关系等。此外，还应包括绿化布置、远景规划等。

在总平面图中应标注拟建房屋的具体定位尺寸，通常可根据原有建筑物或主要道路边线来定位，尺寸的单位规定为 m。图 7-2 是某学校的总平面图，图中已建的教学楼是用细

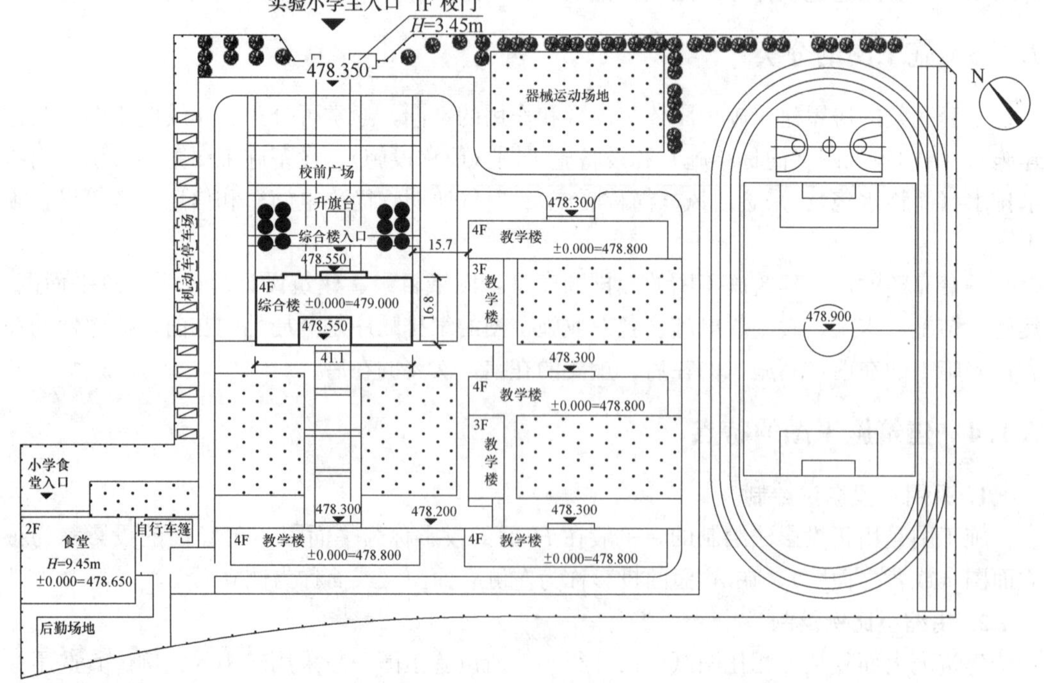


图 7-2 总平面图

实线画出的，拟建的综合楼是用粗实线画出的。拟建综合楼可用原有的教学楼来定位。拟建综合楼正对校门，右端距教学楼 15.7m。综合楼长为 41.1m，宽为 16.8m。在每个教学楼的左角上注有 4F 或 3F，它表示本教学楼的层数，由此可知，拟建综合楼是 4 层楼房。此外，图中还画出了指北针，用以表明房屋的朝向。总平面图中的各种地物是用图例表示的，表 7-2 中列举了制图标准中规定的几种图例。

**总平面图常用的图例　　表 7-2**

| 名称 | 图例 | 说明 |
|---|---|---|
| 新建建筑物 | X=<br>Y=<br>3F/1D<br>$H$=12.00m | 新建建筑物以粗实线表示与室外地坪相接处±0.00 外墙定位轮廓线<br>建筑物一般以±0.00 高度处的外墙定位轴线交叉点坐标定位，轴线用细实线表示，并标明轴线号<br>根据不同设计阶段标注建筑编号，地上、地下层数，建筑高度，建筑出入口位置(两种表示方法均可，但同一图纸采用一种表示方法)<br>地下建筑物以粗虚线表示其轮廓<br>建筑上部(±0.000 以上)外挑建筑用细实线表示 |
| 原有建筑物 | | 用细实线表示 |
| 拆除建筑物 | | 用细实线表示 |
| 坐标 | 1. $X$=105.00 $Y$=425.00<br>2. $A$=105.00 $B$=425.00 | 1. 表示地形测量坐标系<br>2. 表示自设坐标系<br>坐标数字平行建筑标注 |
| 指北针 | N | 1. 用细实线表示<br>2. 圆的直径为 24mm<br>3. 指针尾部宽宜为 3mm |
| 围墙及大门 | | |
| 台阶及无障碍坡道 | 1.<br>2. | 1. 表示台阶(级数仅为示意)<br>2. 表示无障碍坡道 |
| 计划扩建的预留地或建筑物 | | 用中粗虚线表示 |
| 原有道路 | | |
| 人行道 | | |

续表

| 名称 | 图例 | 说明 |
| --- | --- | --- |
| 草坪 | 1.<br>2.<br>3. | 1. 草坪<br>2. 表示自然草坪<br>3. 表示人工草坪 |
| 花卉 | | |

# 7.3 建筑平面图

## 7.3.1 建筑平面图的形成、作用及分类

**1. 建筑平面图的形成和作用**

建筑平面图（除屋顶平面图外）是假想用一水平剖切平面，沿窗台以上部位剖开整栋房屋，移去剖切平面以上部分，将余下部分向水平面作正投影所得到的水平剖视图，简称平面图。

建筑平面图主要用来表达建筑物的平面形状，房间的尺寸和布置，门窗的类型和位置，设备、设施等的平面布置，是施工放线、砌墙、门窗安装、预留孔洞和施工预算的主要依据，是建筑施工图中最基本的图样。

**2. 建筑平面图的分类**

房屋有几层，通常就应画出几个平面图，在图的下方注写相应的图名，如底层平面图、二层平面图等。当有些楼层的平面布置完全相同或仅有局部不同时，这些不同的楼层可以合用一个共同的平面图，该平面图称为标准层平面图；对于局部不同的部分，则另画局部平面图。多层建筑的平面图一般包括底层平面图、中间标准层平面图、顶层平面图、局部平面图。此外还有屋顶平面图，屋顶平面图是从房屋的上方向下所作的水平投影图，主要表达屋顶的形状、出屋面的构配件（如电梯机房、水箱、烟囱、通气孔等)、女儿墙、屋面分水线、屋面排水方向和坡度、天沟、落水管等的平面位置。

## 7.3.2 建筑平面图的图例

在平面图中，各建筑配件，如门窗、楼梯、坐便器、通风道、烟道等一般都用图例表示。表 7-3 列出了部分常用建筑构造及配件图例。

**常用建筑构造及配件图例　　表 7-3**

| 名称 | 图例 | 名称 | 图例 |
| --- | --- | --- | --- |
| 单扇门 | | 空门洞 | |

续表

| 名称 | 图例 | 名称 | 图例 |
|---|---|---|---|
| 双扇门 | | 固定窗 | |
| 推拉门 | | 推拉窗 | |
| 双面单扇门 | | 烟道 | |
| 双面双扇门 | | 通风道 | |
| 坡道 | 下 | 电梯 | |
| 孔洞 | | 坑槽 | |
| 坐式大便器 | | 蹲式大便器 | |
| 洗脸盆 | | 污水池 | |

| 名称 | 图例 |
|---|---|
| 楼梯 | 上　底层　上　下　中间层　下　顶层 |
| 墙预留槽和洞 | 宽×高×深或 $\phi$ 底(顶或中心)标高 ××,×××　宽×高或 $\phi$ 底(顶或中心)标高 ××,××× |

### 7.3.3 建筑平面图的图示内容

（1）图名及比例。

（2）定位轴线及编号。

（3）墙、柱的断面，门窗的位置、类型及编号，各房间的名称或编号。

国标规定，比例为1∶100～1∶200的平（剖）面图，可画简化的材料图例（如砌体墙涂红，钢筋混凝土涂黑等），剖面图中宜画出楼地面、屋面的面层线；比例大于1∶50的平（剖）面图，应画出抹灰层的面层线，并宜画出材料图例；比例小于1∶50的平（剖）面图，可不画抹灰层，剖面图中宜画出楼地面的面层线；比例等于1∶50的平（剖）面图，抹灰层的面层线应根据需要而定。

门的代号为M，窗的代号为C，代号后面是编号。同一编号表示同一类型的门窗，其构造和尺寸完全相同。

房间的编号应注写在直径为6mm细实线绘制的圆圈内，并应列出房间名称表。

（4）其他构配件和固定设施的图例或轮廓形状。在平面图上应绘出楼（电）梯间、卫生器具、水池、橱柜、配电箱等。底层平面图还会有入口（台阶或坡道）、散水、明沟、雨水管、花坛等，楼层平面图则会有本层阳台、下一层的雨篷顶面和局部屋面等。

（5）各种有关的符号。在底层平面图上应画出指北针和剖切符号。在需要另画详图的局部或构件处，画出详图索引符号。

（6）平面尺寸和标高。建筑平面图上的尺寸分为外部尺寸和内部尺寸。

① 外部尺寸。为了便于读图和施工，外部通常标注三道尺寸：最外面一道是总尺寸，表示房屋外墙轮廓的总长、总宽；中间一道是定位轴线间的尺寸，一般表明房间的开间、进深（相邻横向定位轴线间的距离称为开间，相邻纵向定位轴线间的距离称为进深）；最靠近图形的一道是细部尺寸，表示房屋外墙上门窗洞口等构配件的大小和位置。

室外台阶或坡道、花池、散水等附属部分的尺寸，应在其附近单独标注。

② 内部尺寸。标注房间的净空尺寸，室内门窗洞口及固定设施的大小与位置尺寸、墙厚、柱断面的大小等。在建筑平面图中，宜注出室内外地面、楼地面、阳台、平台、台阶等处的完成面标高；若有坡度，应注出坡比和坡向。

### 7.3.4 建筑平面图的线型

凡是被剖切到的主要建筑构造，如墙、柱断面的轮廓线用粗实线$b$绘制；被剖切到的次要建筑构造，如玻璃隔墙、门扇的开启线、窗的图例线以及为剖切到的建筑配件的可见轮廓线，如楼梯、地面高低变化的分界线、台阶、散水、花池等用中实线$0.5b$或细实线$0.25b$绘制；图例线、尺寸线、尺寸界线、标高、索引符号等用细实线$0.25b$绘制。如需表示高窗、洞口、通气孔、槽、地沟等不可见部分，则用虚线绘制。

### 7.3.5 建筑平面图的识读

平面图的读图按"先底层、后上层，先外墙、后内墙"的顺序进行。

图7-3为住宅楼一层平面图，图7-4和图7-5分别为其二、三层平面图和四、五层平面图。这些图按制图标准用1∶100的比例绘制。从一层平面图可以看出，该住宅平面形状

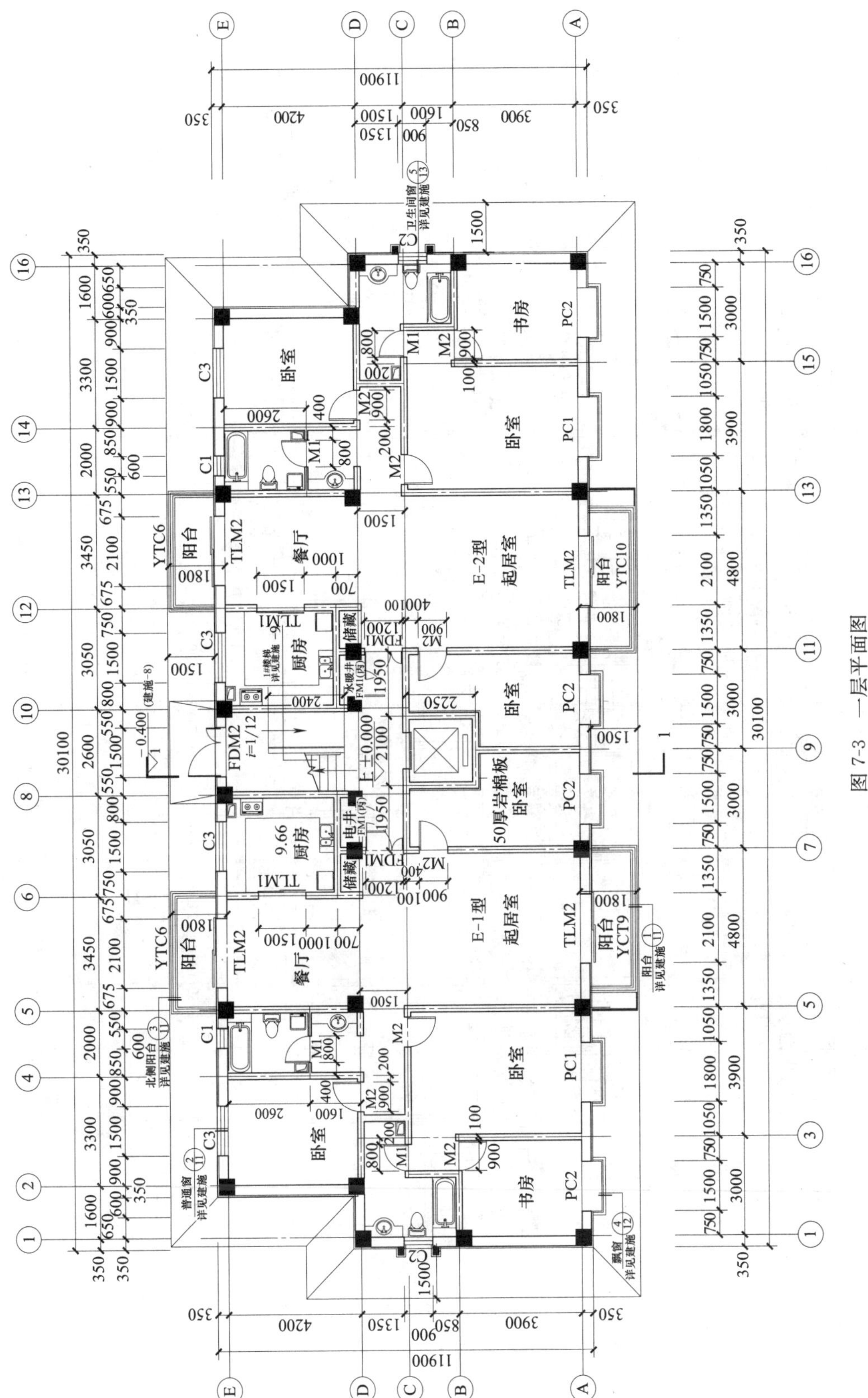

图 7-3　一层平面图

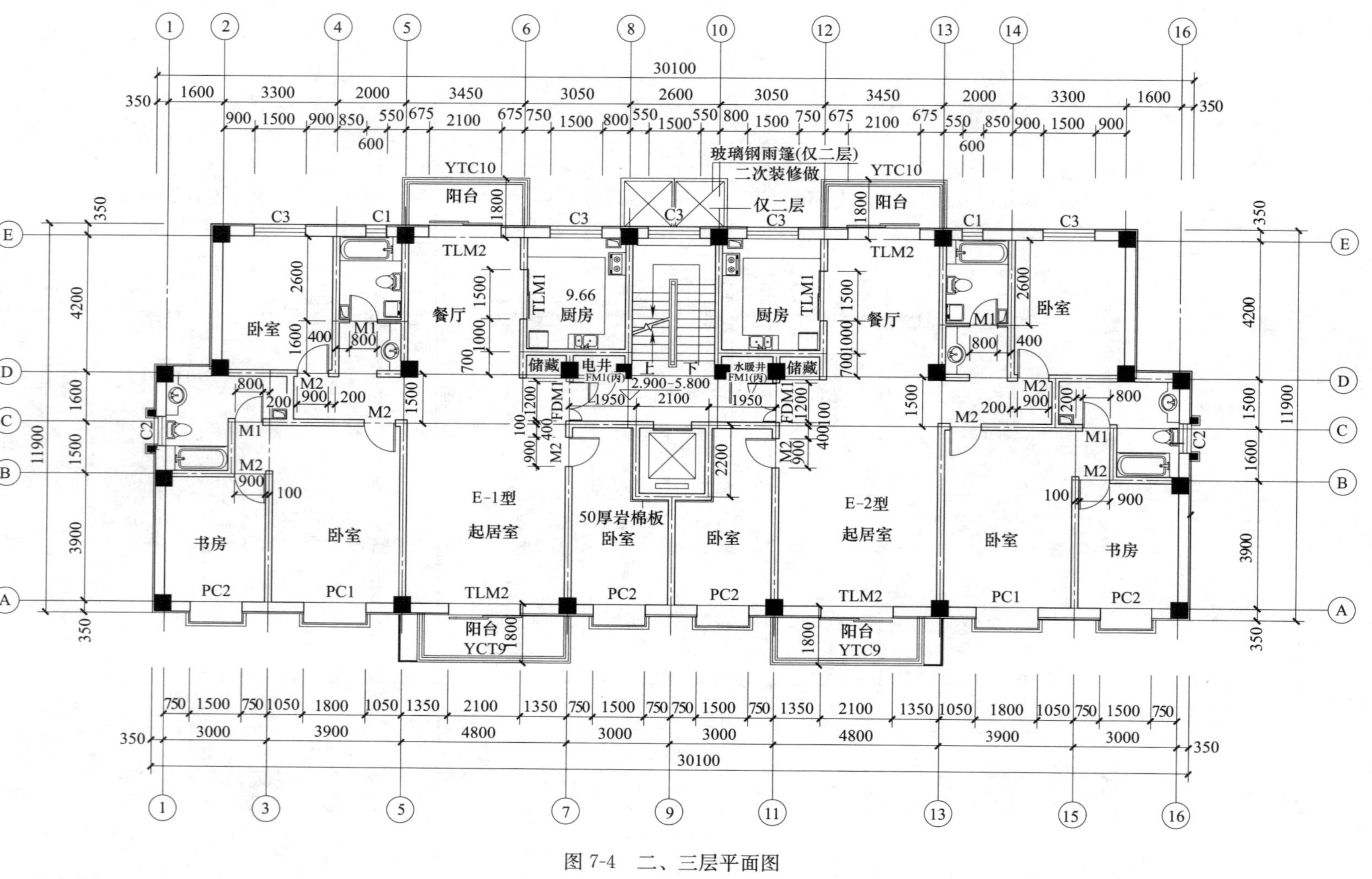
玻璃钢雨篷(仅二层)
二次装修做
仅二层
YTC10
阳台
YTC9
E-1型
起居室
E-2型
起居室
50厚岩棉板
卧室
书房
厨房
9.66
餐厅
储藏
电井
水暖井
2.900~5.800
30100
11900

图 7-4 二、三层平面图

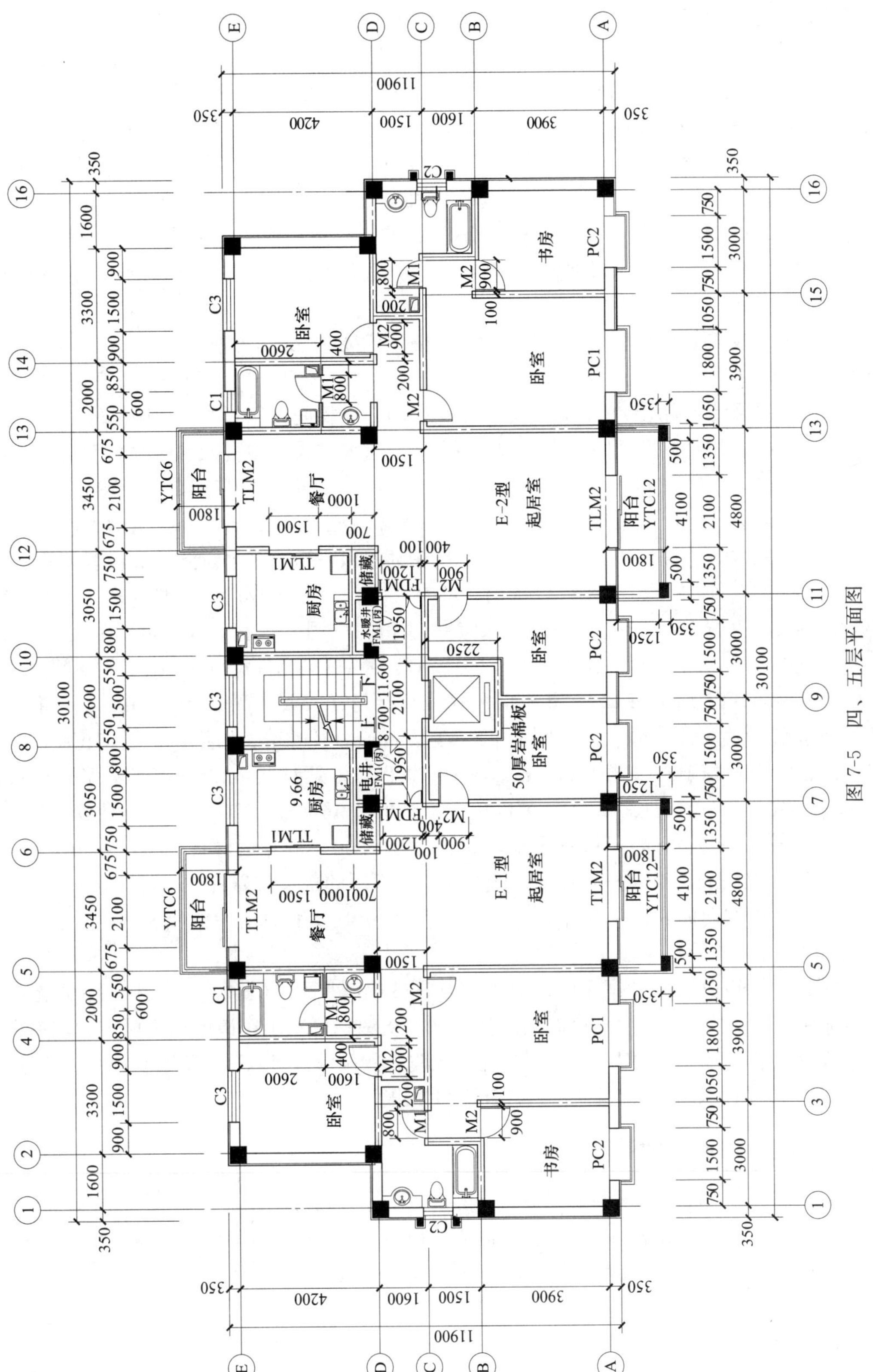

11900
4200
1500
1600
3900
350
30100
卧室
书房
餐厅
厨房
储藏
电井
水暖井
阳台
E-1型
起居室
E-2型
50厚岩棉板
9.66
8.700-11.600
TLM1
TLM2
YTC6
YTC12
PC1
PC2
C1
C2
C3
M1
M2
FDM1
FM1(丙)


图 7-5　四、五层平面图

接近矩形，是一栋两户公寓型住宅，两户对称布置，总长 30.10m，总宽 11.90m。住宅的入口在Ⓔ轴线的⑧轴线墙和⑩轴线墙之间。两户的入口分别设在⑦轴线墙和⑪轴线墙的Ⓓ～Ⓒ轴线之间。每户一层均为两厅、三卧、一厨、两卫、一书房。进入一层有一 1/12 坡度的斜坡。四周设有 1500mm 宽散水。起居室的开间尺寸为 4800mm，餐厅的开间尺寸为 3450mm，两厅的进深尺寸总计为 11200mm。餐厅旁边配有厨房，开间尺寸为 3050mm。紧靠客厅有一间卧室。客厅与餐厅间有一走廊，走廊一侧为卧室和卫生间，另一侧为主卧，主卧配备有一卫生间和一书房。两户起居室和餐厅分别配有阳台，餐厅阳台开间尺寸为 3450mm，进深尺寸为 1500mm；起居室阳台开间尺寸为 4800mm，进深尺寸为 1500mm。

通过垂直交通设施楼梯可上二层，楼梯间的开间 2600mm，进深 5700mm，形式为双跑楼梯，第二层标高为 2.90m，第三层标高为 5.80m。两户之间的过道开间尺寸为 6000mm，进深尺寸为 1200mm，并配有一电梯间，电梯间开间尺寸为 2100mm，进深尺寸为 2250mm。楼梯间两侧除入户门和电梯间外，还有储藏和电井及水暖井它们的进深尺寸均为 700mm，储藏的开间尺寸为 1350mm，电井和水暖井的开间尺寸为 1950mm。由二-三层平面图可以看出，二层Ⓔ轴线的⑧轴线墙和⑩轴线墙之间设有玻璃钢雨篷，开间尺寸为 2600mm，进深尺寸为 1500mm。从图中还可以看出，多个窗洞口都设有窗套，以丰富立面。从各个平面图中还可以看出，共有九种门，即入户门 FDM1（宽 1200mm）、住宅门 FDM2（宽 1500mm）、电井及水暖井门 FM1（丙）（宽 800mm）、屋顶门 FM2（甲）（宽 1200mm）、卫生间门 M1（宽 800mm）、卧室门 M2（宽 900mm）、楼梯间门 M3（宽 1200mm）、厨房门 TLM1（宽 1500mm）、阳台门 TLM2（宽 2100mm）；七种窗，即卫生间窗 C1（宽 600mm）、卫生间窗 C2（宽 900mm）、卧室、厨房窗、楼梯窗 C3（宽 1500mm）、卧室窗 PC1（宽 1800mm）、书房窗 PC2（宽 1500mm）、阳台窗 YTC6（宽 1500＋4650＋1500mm）、阳台窗 YTC9（宽 1500＋4400＋1500mm）、阳台窗 YTC12（宽 4400mm）。该住宅的一层室内地坪标高为±0.00，室外地坪标高为－0.40，即室内外高差为 400mm。由 1—1 剖切符号可知，剖面图的剖切位置在⑧～⑩（⑦～⑨）轴线之间，投射方向向右。从图中注意到，一层和其他层平面图中的楼梯表达方式是不同的。

图 7-6 为该住宅的屋顶平面图。屋顶平面图的比例常用 1：100，也可用 1：200 绘制，只需标注出主要的轴线尺寸和必要的定位尺寸。从图中可看出，该屋顶为两坡同坡屋面，雨水从屋脊沿两边坡屋面排下，经檐口排水天沟上的雨水口排入落水管后排出室外，坡度为 2%，窗、阳台处标有索引符号，另有详图画出。

### 7.3.6 建筑平面图的绘图步骤

现以本节的一层平面图为例，说明一般绘制平面图的步骤：

（1）确定绘图比例和图幅。首先根据建筑物的长度、宽度和复杂程度选择比例，再结合尺寸标注和必要的文字说明所占的位置确定图纸的幅面。

（2）画底稿：

1）画图框线和标题栏。

2）布置图面确定画图位置，画定位轴线，如图 7-7 所示。

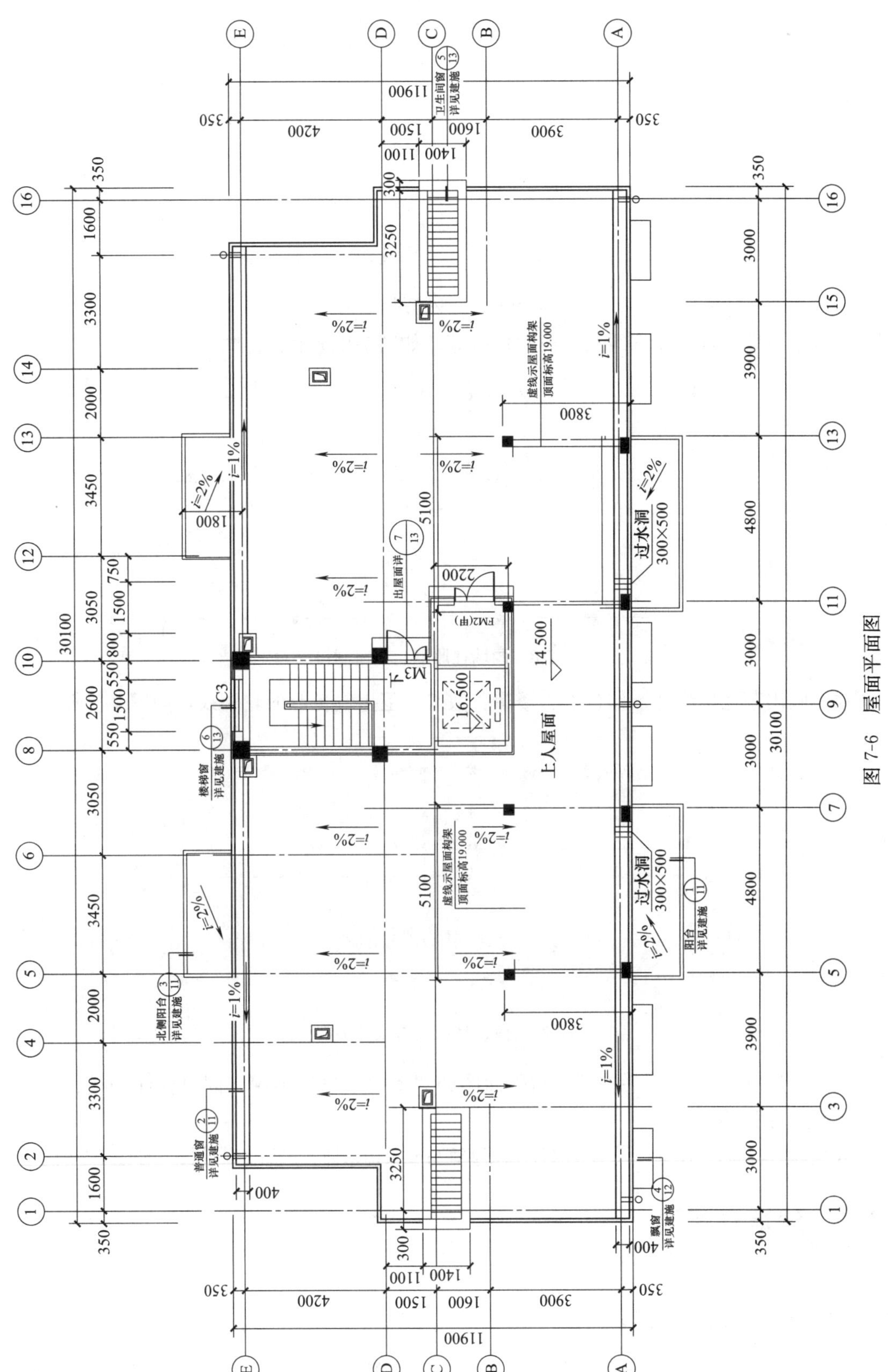

图 7-6　屋面平面图

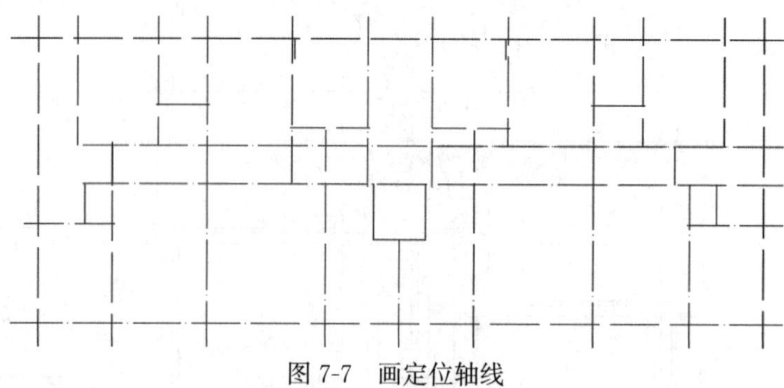

图 7-7 画定位轴线

3）绘制墙（柱）轮廓线及门窗洞口线等，如图 7-8 所示。

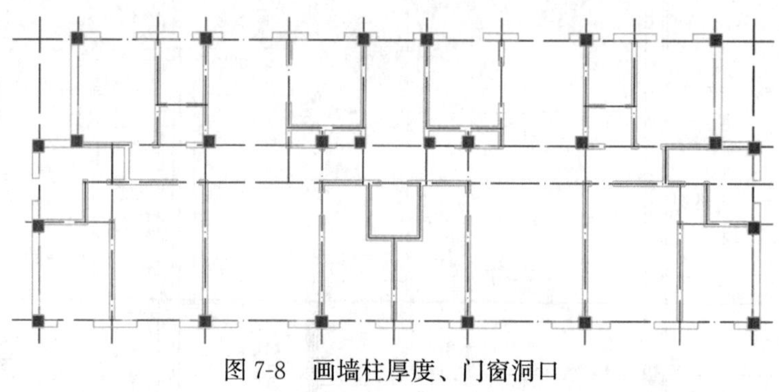

图 7-8 画墙柱厚度、门窗洞口

4）画出其他构配件，如台阶、楼梯、散水、卫生设备等的轮廓线，如图 7-9 所示。

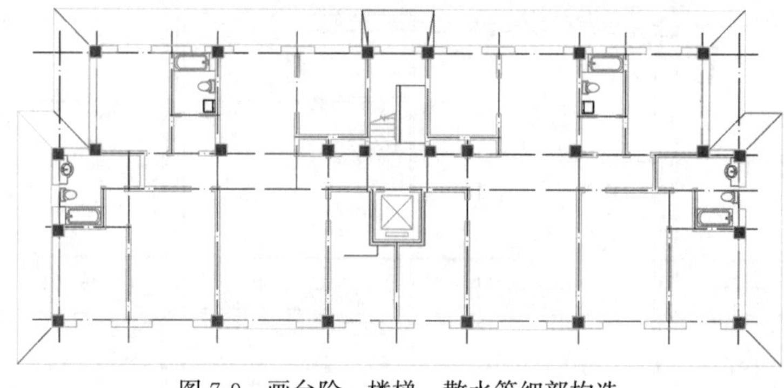

图 7-9 画台阶、楼梯、散水等细部构造

（3）仔细检查，无误后按照建筑平面图的线型要求进行加深，同时标注轴线、尺寸、门窗编号、剖切符号等。

（4）注写图名、比例、说明等内容。汉字宜写成长仿宋体，最后完成全图，如图 7-3 所示。

## 7.4 建筑立面图

### 7.4.1 立面图的形成与作用

立面图是用正投影法将房屋各个外墙面进行投射所得到的正投影图。图 7-10 所给出的立面图就是该住宅的主视图。立面图主要用来表达房屋的外部造型、门窗位置及形式、外墙面装修、阳台、雨篷等部分的材料和做法等。

### 7.4.2　立面图的图示内容

立面图应根据正投影原理绘出建筑物外轮廓和墙面线脚、构配件、墙面做法及必要的尺寸和标高等。由于比例较小，立面图上的门、窗等构件也用图例表示。相同的门窗、阳台、外檐装修、构造做法等可在局部重点表示，绘出其完整图形，其余部分只画轮廓线。外墙表面分格线在立面图上应表示清楚。并用文字说明各部位所用面材及色彩。

### 7.4.3　立面图的有关规定和要求

**1. 比例**

立面图的比例一般应与平面图相同。

**2. 线型**

为使立面图轮廓清晰、层次分明，通常用粗实线表示立面图的最外轮廓线。外形轮廓线以内的体部轮廓，如凸出墙面的雨篷、阳台、柱子、窗台、屋檐的下檐线以及窗洞、门洞等用中粗实线画出。地坪线用标准粗线宽的 1.2～1.4 倍的加粗线画出，并且两端都要伸出外墙轮廓线之外 15～20mm。其余如立面图中的腰线、粉刷线、窗棂线等细部，均采用细实线画出。

**3. 尺寸标注**

立面图中的尺寸不宜过多，否则会影响立面的建筑美感。为确保施工，必须给出一些其他图中没有反映出的尺寸和进行外墙粉刷时所需的尺寸。

为便于与平面图对照，还需将立面两侧外墙的轴线及编号绘出。

**4. 立面图的图名及数量**

（1）立面图的图名。立面图图名常用以下三种方式命名。

1）以建筑各墙面的朝向命名：如东立面图、西立面图、南立面图、北立面图。

2）以建筑主要出入口的位置命名：主要出入口所在的面称为正立面图（或主立面图）；与其对应的一侧称为背立面图；两侧则为左、右立面图。

3）以建筑两端定位轴线编号命名：如①～⑯立面图、Ⓐ～Ⓔ立面图等。国家标准规定：有定位轴线的建筑物，宜根据两端轴线号编注立面图的名称。

（2）立面图的数量。立面图数量应视建筑本身复杂程度而定。如果建筑物的各个表面的形式或粉刷做法均不相同时，需一一画出各自立面图，否则可以省去某些立面图。

对于较简单的对称式建筑物或对称的构配件等，在不影响构造处理和施工的情况下，立面图可绘制一半，并在对称轴线处画对称符号。

图 7-10～图 7-13 为住宅的四个立面图。从⑯～①立面图中可看出，该五层住宅总高为 14.50m。整个立面装修顶面两层为白色外墙乳胶漆，下部为土黄色外墙乳胶漆，并夹有浅灰色色带。一层装有褐色仿石面砖。该住宅入口位于⑯～①立面图底层Ⓔ的轴线上。

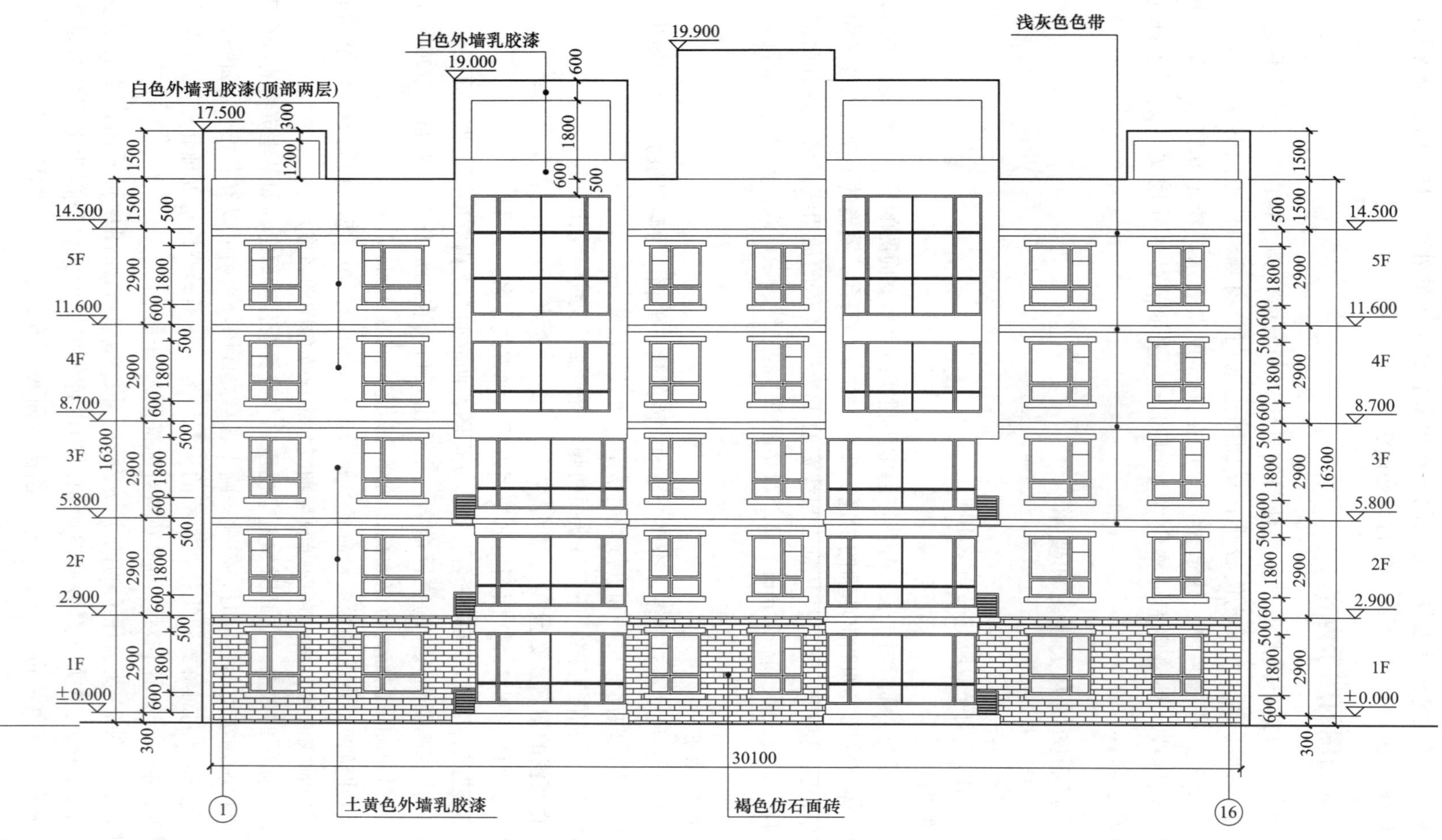
白色外墙乳胶漆(顶部两层)
白色外墙乳胶漆
浅灰色色带
土黄色外墙乳胶漆
褐色仿石面砖
19.900
19.000
17.500
14.500
11.600
8.700
5.800
2.900
±0.000
5F
4F
3F
2F
1F
16300
30100
①
⑯

图 7-10 ①～⑯立面图

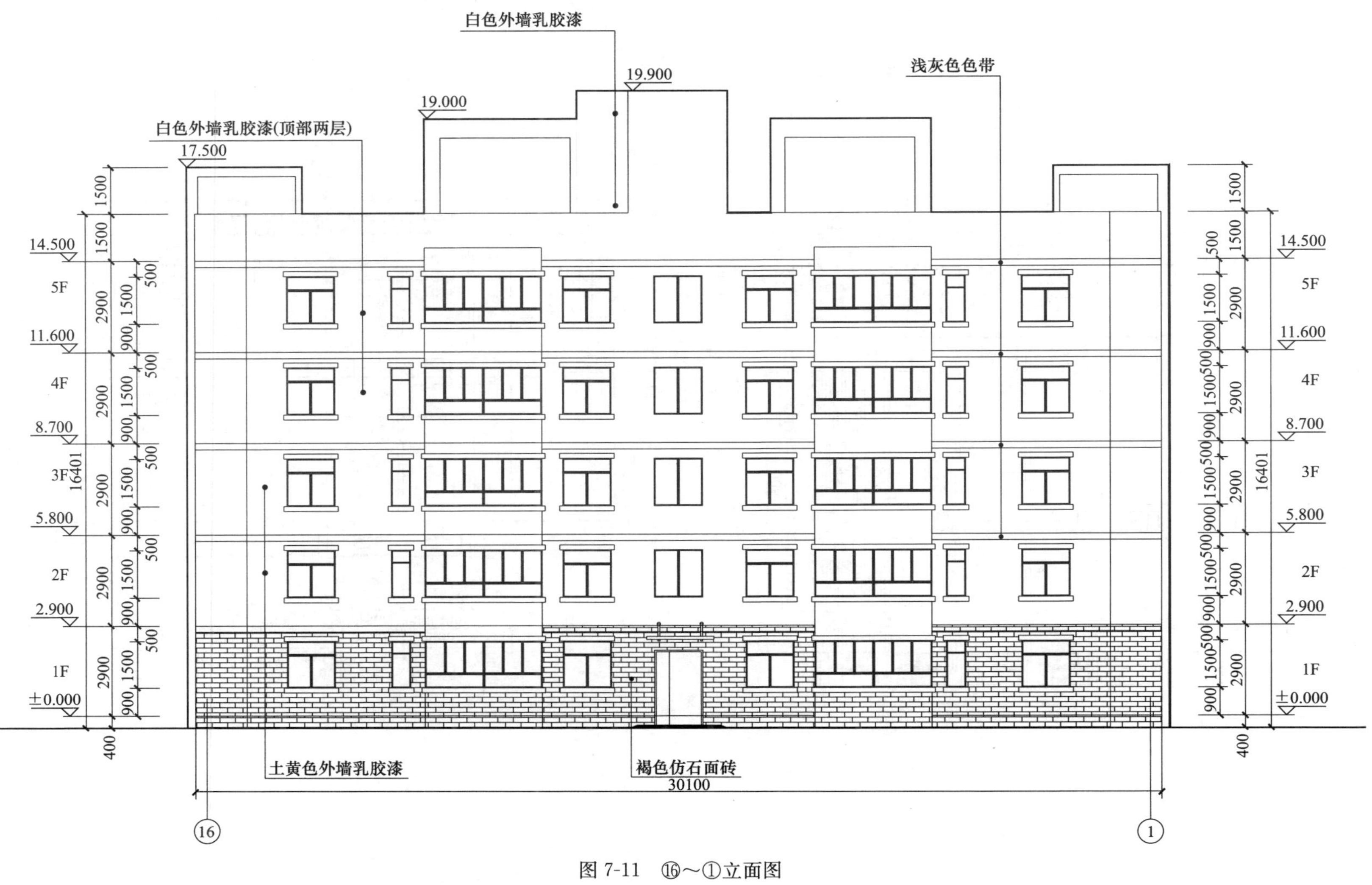
白色外墙乳胶漆
19.900
浅灰色色带
19.000
白色外墙乳胶漆(顶部两层)
17.500
14.500
5F
11.600
4F
8.700
3F
16401
5.800
2F
2.900
1F
±0.000
土黄色外墙乳胶漆
褐色仿石面砖
30100
⑯
①

图 7-11　⑯～①立面图

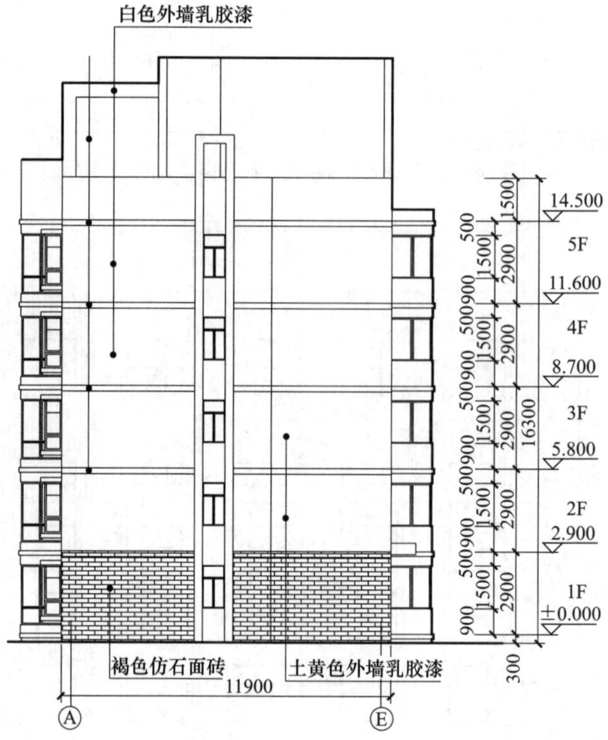
白色外墙乳胶漆
14.500
5F
11.600
4F
8.700
3F
5.800
2F
2.900
1F
±0.000
16300
褐色仿石面砖
土黄色外墙乳胶漆
11900
Ⓐ
Ⓔ

图 7-12 Ⓐ～Ⓔ立面图

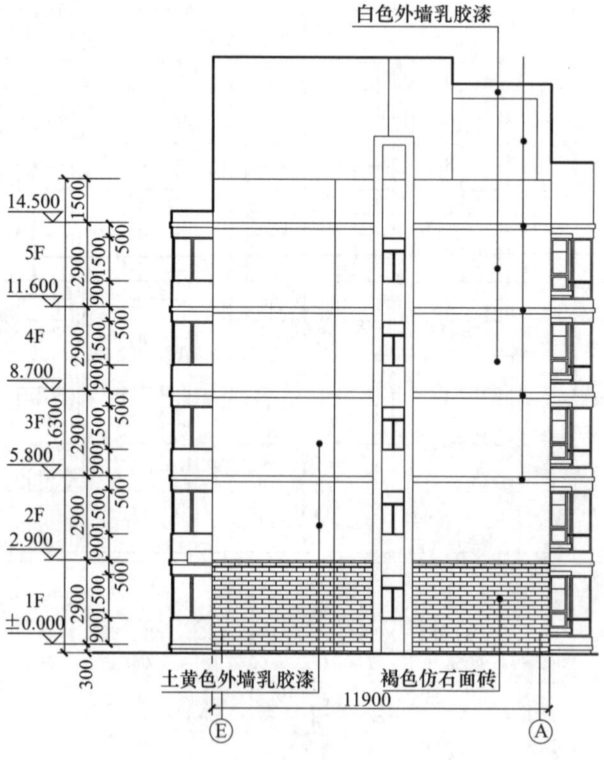
白色外墙乳胶漆
14.500
5F
11.600
4F
8.700
3F
5.800
2F
2.900
1F
±0.000
16300
土黄色外墙乳胶漆
褐色仿石面砖
11900
Ⓔ
Ⓐ

图 7-13 Ⓔ～Ⓐ立面图

# 7.5 建筑剖面图

剖面图是假想用平行于某一墙面的平面（一般平行于横墙）剖切房屋所得到的垂直剖面图。虽然是剖面图，但照例仍不画剖面线或材料图例。剖面图主要用于表达房屋内部的构造、分层情况、各部分之间的联系及高度等。剖切位置通常选在内部构造比较复杂和典型的部位，例如应通过门、窗洞、楼梯等。必要时，还要采用几个平行的平面进行剖切。

## 7.5.1 剖面图表示的内容和图线

图 7-14 是该住宅的 1—1 剖面图。1—1 剖面是用两个平行的平面进行剖切的，剖切平面通过了楼梯间和卧室的窗，剖切后向右作投影。

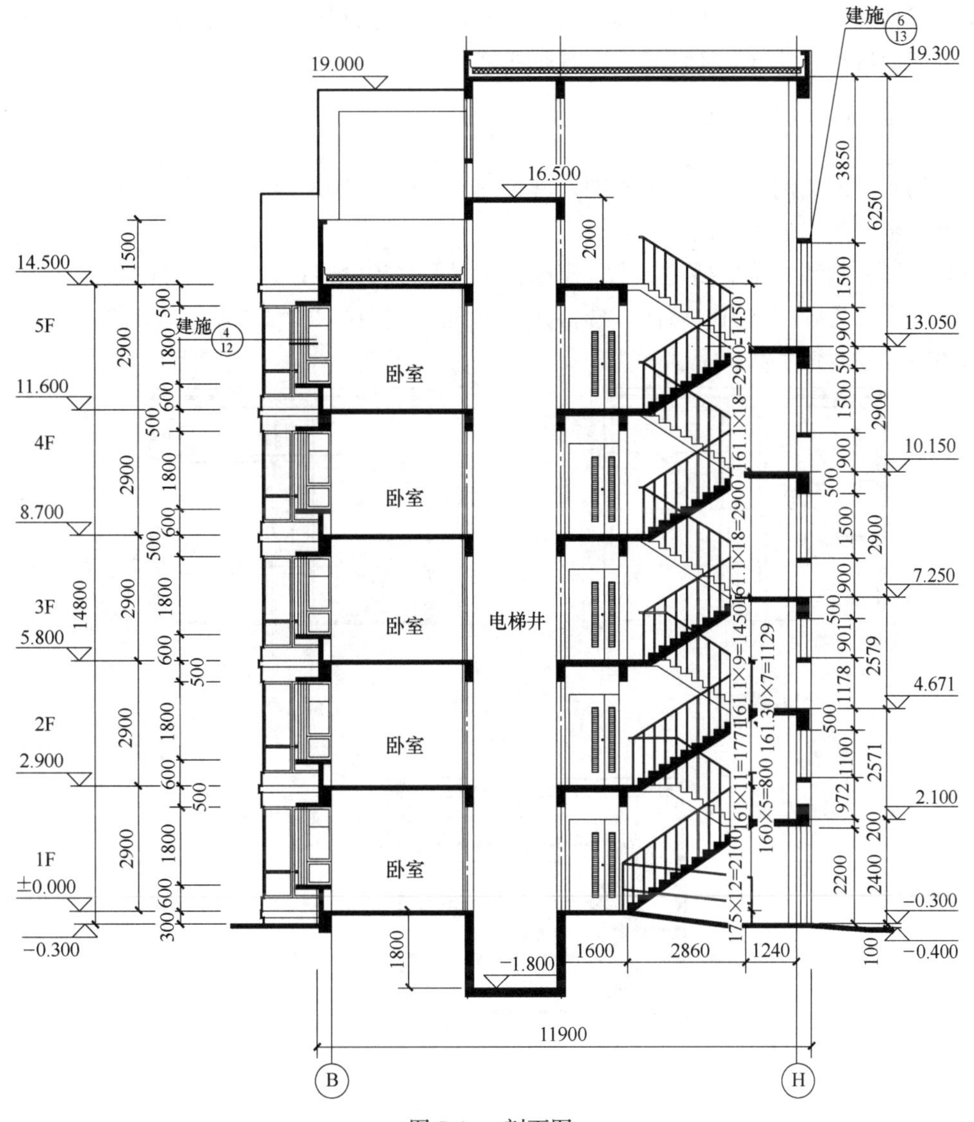


图 7-14　剖面图

剖面图中被剖切到的墙、楼梯、各层楼板、休息平台等，均使用粗实线画出；没剖切到但投射时看到的部分，用中实线画出。从图 7-14 中可知：Ⓑ、Ⓗ轴线的墙是切到了的，各层楼板、休息平台、屋顶板、女儿墙均为切到了的。楼梯段是第 1、3、5、7、9 五个梯段为剖切到的，画成粗实线。梯段第 2、4、6、8、10 五个梯段是看到的，应画成中实线。此外还有屋顶最外一条中实线，是女儿墙边线，也是看到的。门窗仍用图例表示，画成细实线，室外地面线仍画成加粗实线。此外，还有散水和电梯井也剖切到了。

### 7.5.2 剖面图中的尺寸

剖面图中主要标注高度尺寸。应标注出各层楼面的标高，休息平台的标高，屋顶的标高，以及外墙的窗洞口的高度尺寸。例如图 7-14 中右侧标注出了窗间墙高度以及楼梯间门窗的高度。图的左侧有三道尺寸，靠里一道是卧室外的窗洞高、窗间墙高，中间一道是楼层的层高尺寸，外面一道是总高尺寸。另外，图中还标注出了楼梯间的进深、走廊的宽度和卧室的进深。此外，还注有Ⓑ、Ⓗ轴线之间的宽度尺寸。

### 7.5.3 画剖面图的步骤

画剖面图的比例常与平面图相同，其绘图步骤如图 7-15 所示。

第一步：画出轴线和控制高度线；

第二步：画墙和楼地板的厚度，定门窗位置及楼梯踏步；

第三步：先画门、窗、台阶、楼梯扶手等细部，再画尺寸线、标高及其他符号，最后加深图线，注写数字和文字。

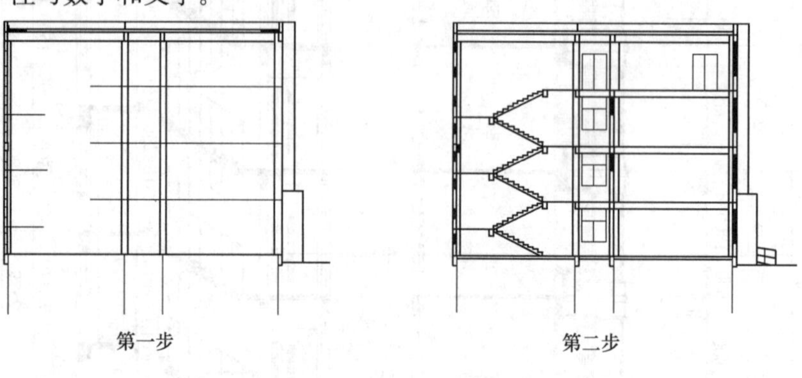

第一步　　第二步

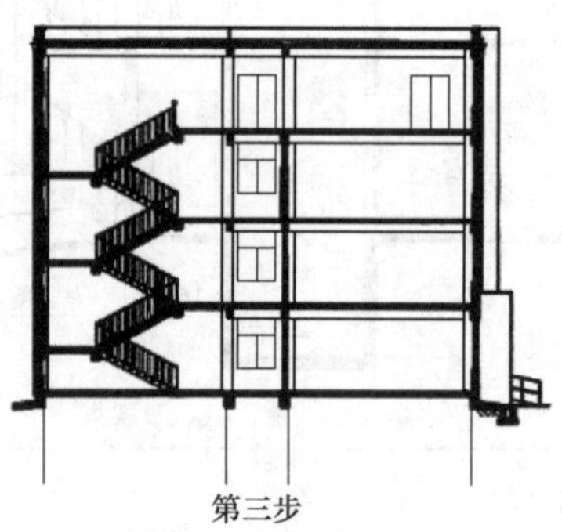

第三步

图 7-15　画剖面图的步骤

# 7.6　建筑详图

## 7.6.1　详图及其作用

建筑平面图、立面图和剖面图一般以小比例绘制，许多细部难以表达清楚。因此在建筑施工图中，常用较大比例绘制若干局部图样，以满足施工的要求。这种图样称为建筑详图或大样图。详图的特点是比例大、图示清楚、尺寸标注齐全、文字说明详尽。

详图所用比例视图形本身复杂程度而定，常用的比例有 1∶2、1∶5、1∶10、1∶20、1∶50 等。

详图的数量视需要而定，如外墙身详图只需要一个剖面图；楼梯详图则需要平面图、剖面图、踏步、栏杆（栏板）、节点等详图。详图的剖面区域上，应画出材料图例。

建筑详图是平面图、立面图和剖面图的深入与补充，也是指导施工的依据。没有足够数量的详图，便达不到施工要求。

## 7.6.2　索引符号和详图符号

为了便于查阅表明节点处的详图，在平面图、立面图和剖面图中某些需要绘制详图的位置应注明详图的编号和详图所在图纸的编号，这种符号称为索引符号。索引符号的引出线以细实线绘制，宜采用水平方向的直线或与水平方向成 30°、45°、60°、90°角的直线，再转成水平方向的直线。文字说明宜写在水平直线的上方或端部，引出线应对准索引符号的圆心。

在详图中应注明详图的编号和被索引的详图所在图纸的编号，这种符号称为详图符号。将索引符号和详图符号联系起来，就能准确地查阅详图，了解详细的构造情况。

索引符号和详图符号的具体画法和适用范围见表 7-4。

索引符号与详图符号　表 7-4

| | 符号画法 | 符号标法 | 说明 |
|---|---|---|---|
| 局部放大索引符号 | 1. 圆直径为 8～10mm<br>2. 引出线及圆均用细实线绘制 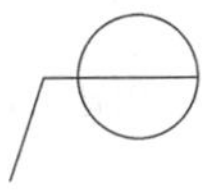 | 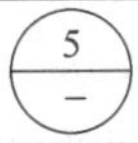 5 / – | 索引出的详图与被索引的详图在同一张图纸内 |
| | | 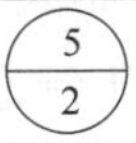 5 / 2 | 分母表示被索引详图所在图纸编号，分子表示被索引的详图编号 |
| | | 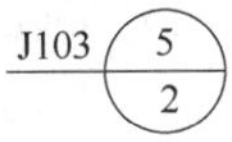 J103 5 / 2 | 采用标准图集第 103 册第 2 页第 5 个详图 |
| 局部剖视索引符号 | 1. 圆直径为 8～10mm<br>2. 引出线及圆均用细实线绘制<br>3. 引出线一侧为剖视方向<br>4. 剖切位置用粗实线绘制 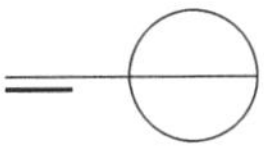 | 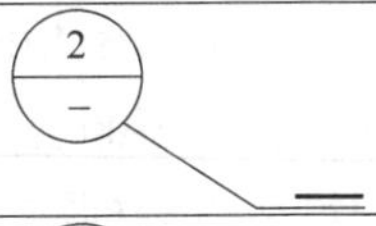 2 / – | 被索引详图与被索引的图样在同一张图纸内 |
| | | 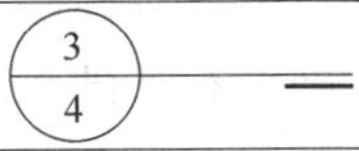 3 / 4 | 分母表示被索引详图所在图纸编号，分子表示被索引的详图编号 |
| | | 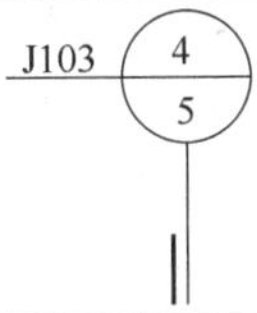 J103 4 / 5 | 采用标准图集第 103 册第 5 页第 4 个详图 |

续表

| | 符号画法 | 符号标法 | 说明 |
|---|---|---|---|
| 详图符号 | 1. 圆直径为 14mm<br>2. 圆用粗实线绘制 | 5 | 详图与被索引的图样在同一张图纸内 |
| | | 5/3 | 分母表示被索引图纸的图纸编号，分子表示详图编号 |

## 7.6.3 外墙身详图

墙体是建筑物的重要组成部分。在民用建筑中，外墙具有两个作用。首先，它承受屋面、楼面（包括楼层上的人、物）等荷载，并通过墙（或柱）传递给基础，因此它具有承重作用；其次，墙体能阻挡自然界风、雨、雪的侵蚀，防止太阳辐射、噪声干扰而达到保温、隔热、隔声、防水等目的，因此具有围护作用。

外墙身详图即建筑物某一外墙从基础以上一直到屋顶的铅垂剖面图。外墙身详图详尽地表示出外墙身从基础以上到屋顶各节点，如防潮层、勒脚、散水、窗台、门窗过梁、楼（地）面、檐口、外墙室内外墙面装修等的尺寸、材料和构造做法，是施工的重要依据。

外墙身详图常用比例为 1∶20，线型与剖面图相同（剖到的粉刷层用细实线表示）。

图 7-16 为一典型的混合结构建筑的外墙身详图。以该图为例，从下往上说明详图的内容及其阅读方法。

在Ⓐ轴线外墙靠近室外地面处，设置有宽 1000mm、坡度为 3%混凝土散水。

在外墙上距底层室内地面±0.000 以下－0.060m 处，设置防潮层，以防止地下水对墙身的侵蚀。

从图中可以看出，中间层窗下墙高 1300mm，窗洞高 1500mm，窗上口凸出墙面 210mm，高 210mm；窗的过梁用钢筋混凝土制作。

地面、楼面、屋面为多层次构造，采用分层说明的方法表示。说明的顺序与被说明的层次一致。楼面、地面各构造层次的做法如图 7-16 所示。

外墙身详图中标高和尺寸的标注方法与剖面图相同。图中标有室外地面、防潮层、室内地面、各层楼面、屋面、女儿墙顶部、各层窗洞上下口的标高及相应的竖向尺寸。墙厚和散水的宽度尺寸、窗上口凸出墙面的尺寸就近标注。

外墙身详图中基础省略不画（因基础另有基础图）。如某些中间楼层的窗下墙、窗洞、窗过梁、窗台等形状、尺寸做法相一致，则可省略一些楼层不画。如本建筑实为五层，但由于三、四、五楼的窗下墙等形状、尺寸做法与二楼相一致，故省略不画，只画了两层，从图中窗洞上下口标高、楼面标高可以看出。如二楼标高为 2.800m，其上带括号的 5.600m、8.400m、11.200m 则表示三、四、五楼的楼面标高。

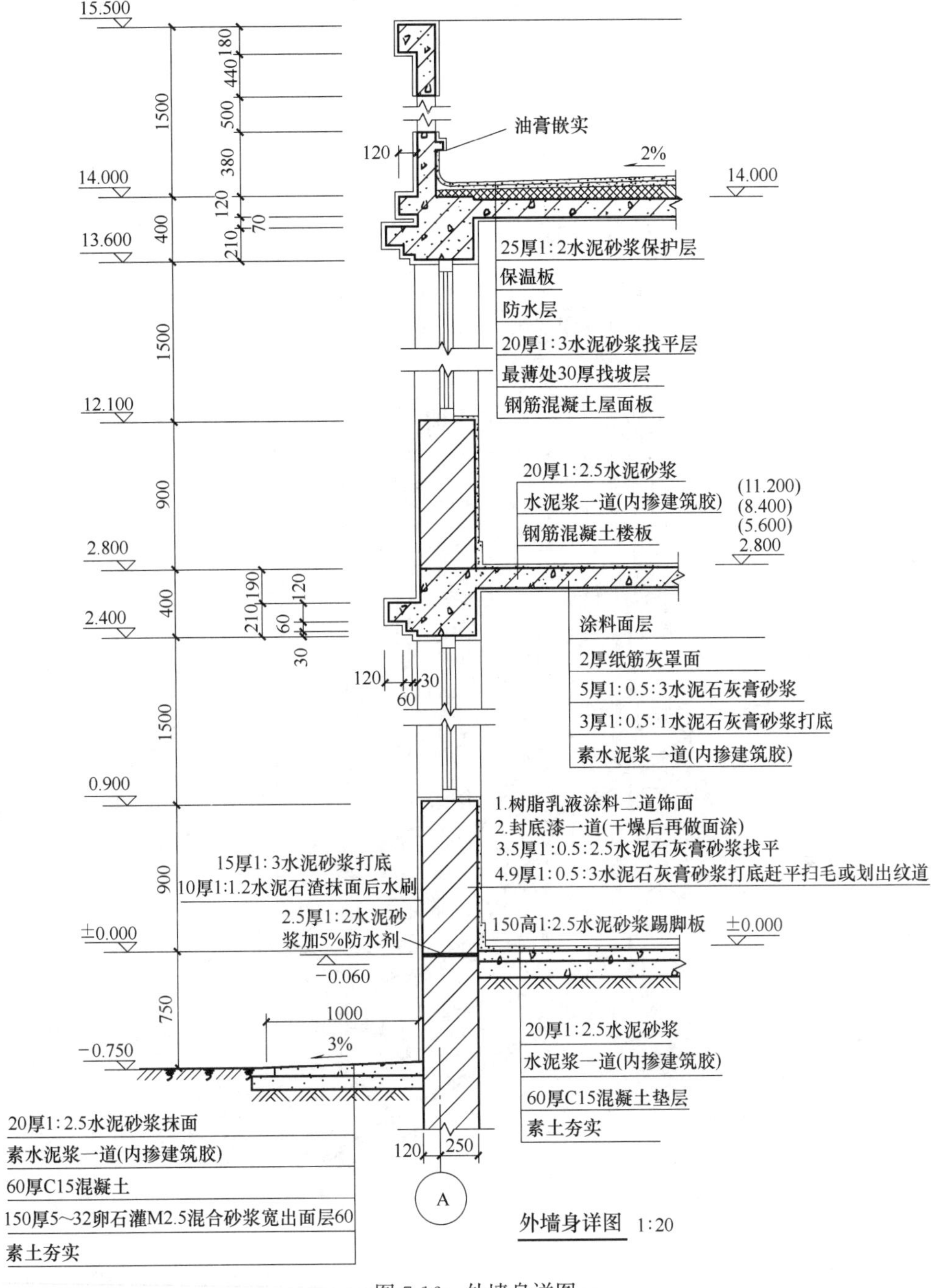


图 7-16　外墙身详图

## 7.6.4 楼梯详图

### 1. 楼梯的组成

楼梯是多层房屋垂直交通的重要设施，其类型较多。图 7-17 所示为常见的双跑楼梯。楼梯由楼梯段、休息平台和栏板（栏杆）组成。楼梯段简称梯段，包括梯横梁、梯斜梁和踏步。踏步的水平面称为踏面；垂直面称为踢面。梯段的“级数”一般指踏步数，更准确地则应是指梯段中“踢面”的总数，它是楼梯平面图中一个梯段的投影中实际存在的平行线条的总数。

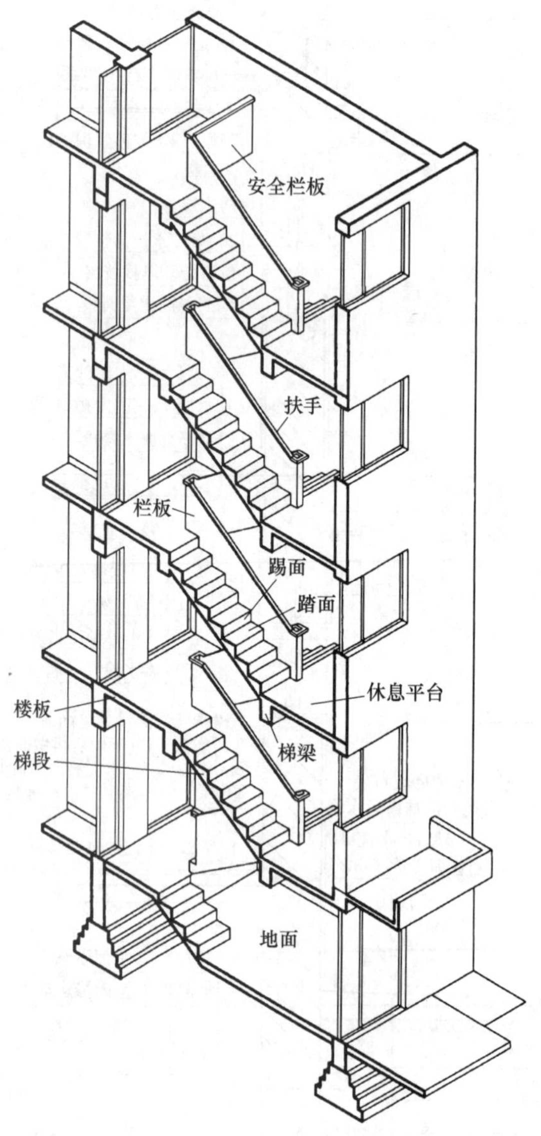


图 7-17　楼梯的组成

楼梯详图包括平面图、剖面图、踏步和栏板（栏杆）节点等详图。各详图应尽可能画在同一张图纸上，平面图、剖面图比例应一致，一般为 1∶50；踏步、栏板（栏杆）节点详图比例要大一些，可采用 1∶10、1∶20 等。

楼梯详图的线型与相应的平面图和剖面图相同。

**2. 楼梯详图的内容和表达形式**

现以住宅楼双跑楼梯为例，说明楼梯详图的内容和表达形式。

（1）楼梯平面图：

楼梯平面图实际就是建筑平面图中单个房间的放大图，它包括底层、二层、……顶层平面图。而三层以上的房屋，若中间层各层的楼梯形式、构造完全相同，往往只需画出底层、一个中间层（标准层）和顶层三个平面图。但应在标准层的休息平台面、楼面以括号形式加注中间省略的各层相应部位的标高。

如图7-18所示，假想水平剖切平面从上行的第3梯段的中部剖切，然后将剖切平面以上的楼梯部分移去，对剩余部分进行投射画出其水平剖面图，即是中间层（标准层）楼梯平面图。并在上行梯段中部画出60°两条折断线，以区分剖到的上行梯段和看到的下一层梯段的投影。还应在折断线两侧，梯段水平投影中部画两条方向相对的长箭头，并以所画楼层为基准在箭尾注写“上”“下”字，如图7-19所示。

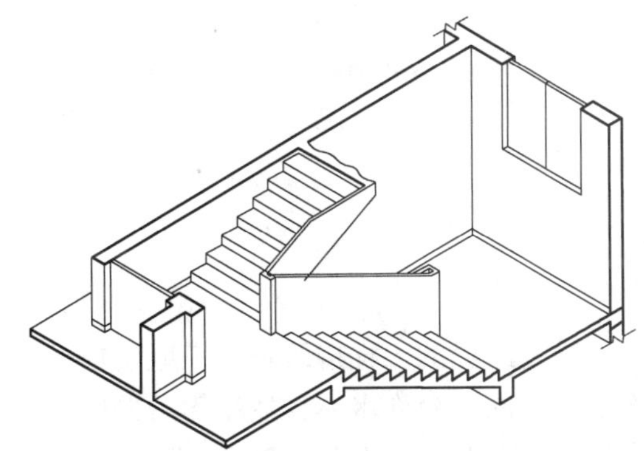

图7-18　标准层楼梯平面图的形成

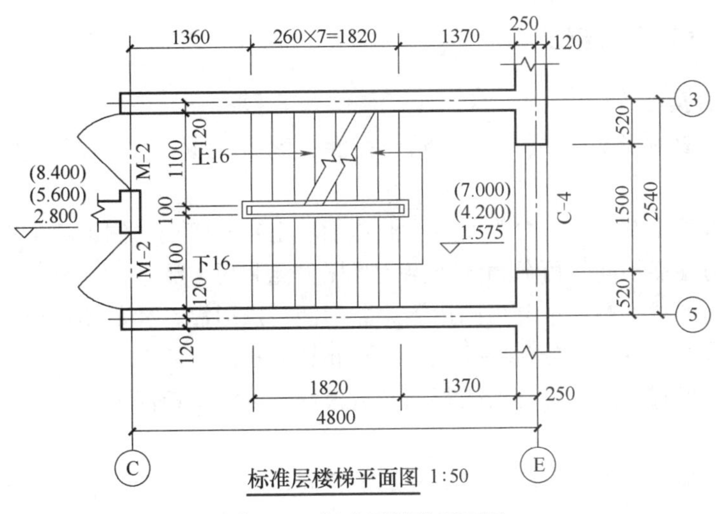


图7-19　标准层楼梯平面图

（2）标准层平面图：

需要标注梯井宽度尺寸（如100mm）、楼层、休息平台面的标高。

楼梯详图的绘制过程是一个由粗到细、由总体到局部的逐步深化过程。画完后一定要细心审查，无误后再出图。

# 涵洞与隧道工程图

## 8.1 涵洞工程图

涵洞是宣泄小量水流、横穿路堤的工程构筑物。一般设置于道路、铁路或其他障碍物下，可保持地面交通的连续性，同时允许水体自然流动。根据《公路工程技术标准》JTG B01—2014 的规定，凡单孔跨径小于 5m 以及圆管涵、箱涵不论管径或跨径大小、孔径多少，均称为涵洞。

### 8.1.1 涵洞的分类与组成

**1. 涵洞的分类**

(1) 按建筑材料不同，可分为砖涵、石涵、混凝土涵、木涵、陶瓷管涵、缸瓦管涵等。

(2) 按洞顶填土情况，可分为明涵（洞顶无填土）和暗涵（洞顶填土大于 50cm）。

(3) 按水力性能不同，可分为无压涵、半压力涵和压力涵。

(4) 按断面形状不同，可分为圆形涵、卵形涵、拱形涵、梯形涵、矩形涵等。

(5) 按孔数的多少，可分为单孔涵、双孔涵和多孔涵。

(6) 按构造形式不同，可分为圆管涵、盖板涵、拱涵、箱涵等。

**2. 涵洞的组成**

涵洞虽然有很多类型，但其组成部分基本相同，都是由基础、洞身和洞口组成，洞口包括端墙、翼墙或护坡、截水墙和缘石等部分。

(1) 基础：在地面以下，起防止沉陷和冲刷的作用。

(2) 洞身：建筑在基础之上，挡住路基填土，形成流水孔道的部分。洞身是涵洞的主要组成部分，其截面形式有圆形、矩形（箱形）和拱形三大类，如图 8-1 所示。

(3) 洞口。洞口是设在洞身两端，用以保护涵洞基础和两侧路基免受冲刷，使水流顺畅的构造，包括端墙、翼墙、护坡等。通常，进水口、出水口均采用同一形式，常用的洞口形式有端墙式和翼墙式（又名八字墙式）两种，如图 8-2 所示。

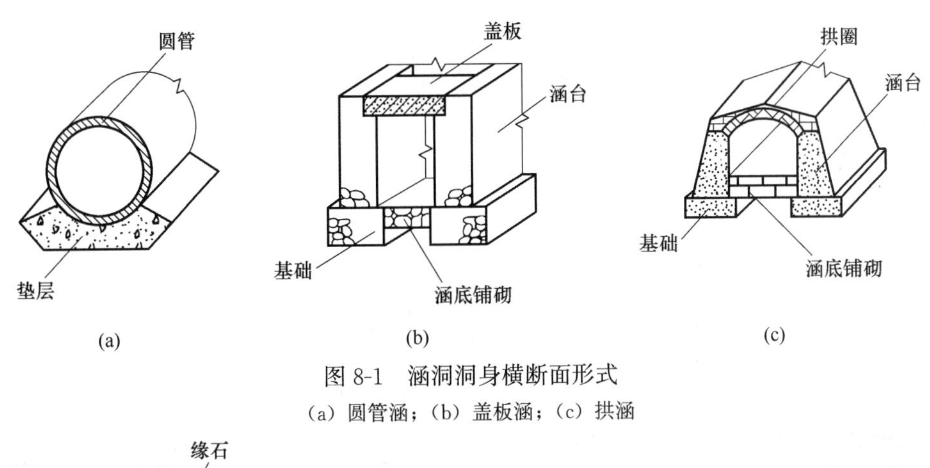


图 8-1　涵洞洞身横断面形式

（a）圆管涵；（b）盖板涵；（c）拱涵

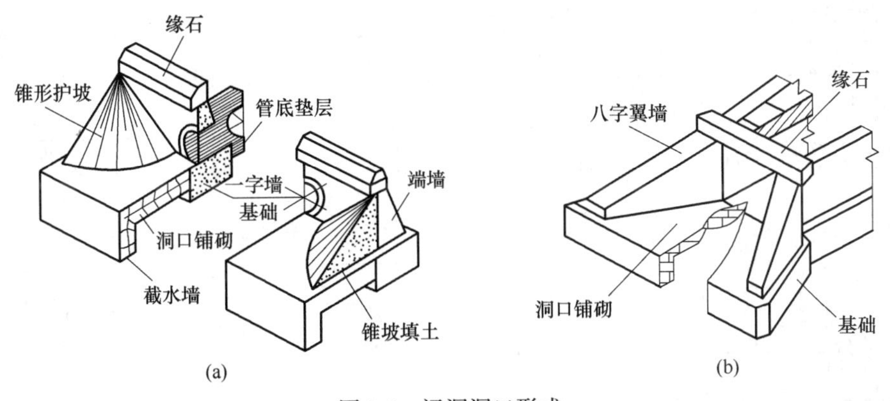


图 8-2　涵洞洞口形式

（a）端墙式；（b）八字翼墙式

## 8.1.2　涵洞工程图的表示方法

### 1. 涵洞工程图的图示特点

涵洞工程图通常具有以下图示特点：

（1）涵洞一般采用一张总图表示，必要时可单独画出某些部分的构造详图。

（2）配筋情况和出入口河床的铺砌加固要另用图纸表示。

（3）由于涵洞是窄而长的工程构造物，故以水流方向为纵向，从左向右，以纵剖视图代替立面图。

（4）为了使平面图表达清楚，画图时不考虑洞顶的覆土，常用掀土画法。需要时可画成半剖视图，水平剖切面通常设在基础顶面处。

（5）侧面图也就是洞口立面图，若进、出口形状不同，则两个洞口的侧面图都要画出，也可以用点画线分界，采用各画一半合成的进出口立面图，需要时也可增加横剖视图，或将侧面图画成半剖视图，横剖视图应垂直于纵向剖视。

### 2. 涵洞工程图示例

图 8-3、图 8-4 所示为一孔径为 400cm 的钢筋混凝土盖板明涵洞，比例为 1：100。接下来以图 8-3、图 8-4 所示盖板涵为例，对该涵洞的各个部分进行说明。

（1）洞身：

由明板涵立面、明板涵平面、洞身断面等视图可知，洞身管节为矩形断面，由边墙和盖板组成，盖板厚 35cm，宽 460cm，边墙宽 100cm，孔径 400cm，管节节长 100cm。洞身每隔 4～6m 设置一道沉降缝，缝内填以沥青麻絮等不透水材料，管节上部铺有 8cm 的 C40 混凝土和 10cm 的沥青混凝土形成隔水层。洞身基础的厚度为 120cm，基础距洞口两侧为 100cm 外，每 200cm 一节。涵管长为 1200cm，再加上两边洞口铺砌长度，得出涵洞的总长为 2543cm。

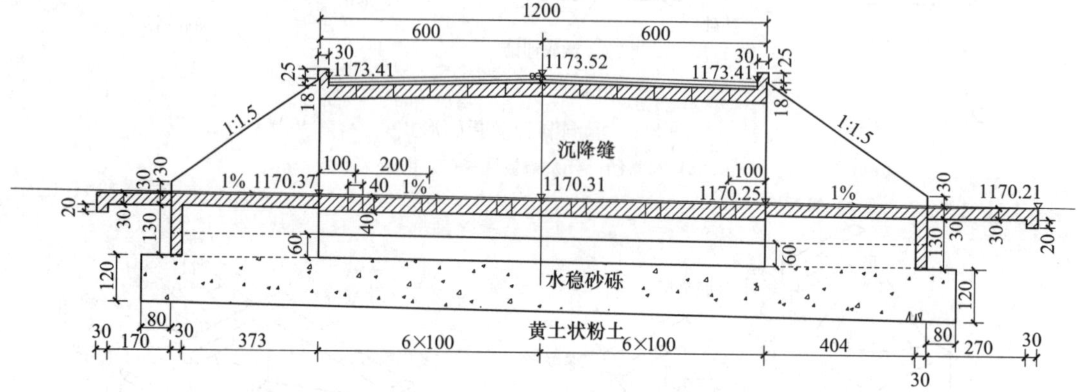


明板涵立面图 (1:100)

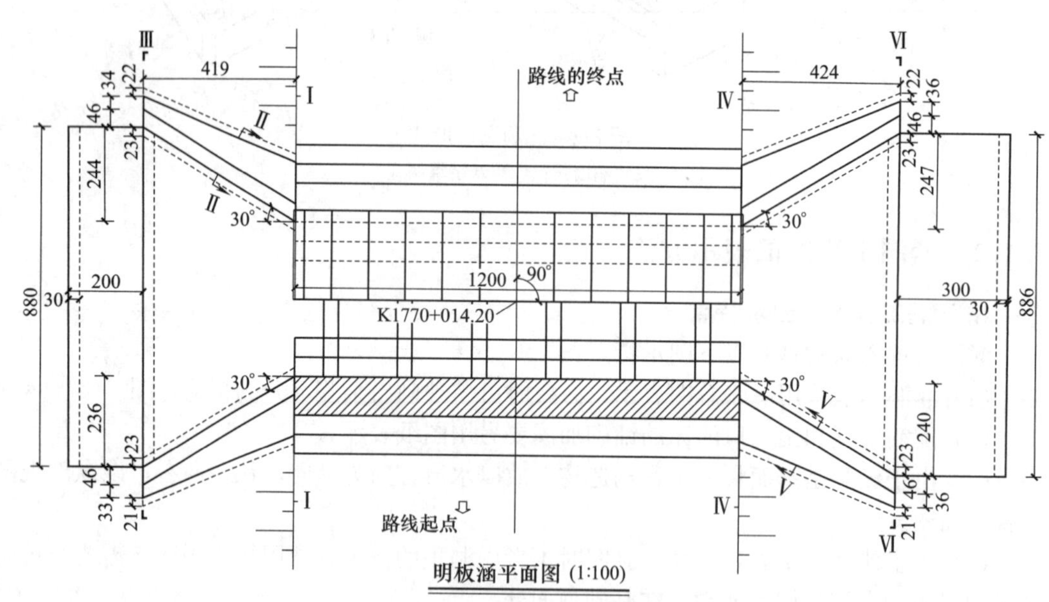


明板涵平面图 (1:100)

图 8-3 盖板涵洞工程图（一）

(2) 洞口：

本图所示盖板涵洞口为八字翼墙式洞口，洞口两侧形状基本相同，尺寸略有差别。以左侧洞口为例，它由端墙、基础、翼墙、雉墙组成。由图 8-4 可知，基础的平面形状为梯形，厚为 60cm。翼墙位于洞口的两侧，和雉墙连接组成一个八字形。翼墙的坡度为 1：1.5，背面有倾斜平面，在洞口侧面图中显示为两条 3.75：1 的虚线。盖板从洞身中部到两侧洞口有 0.01：1 的坡度。

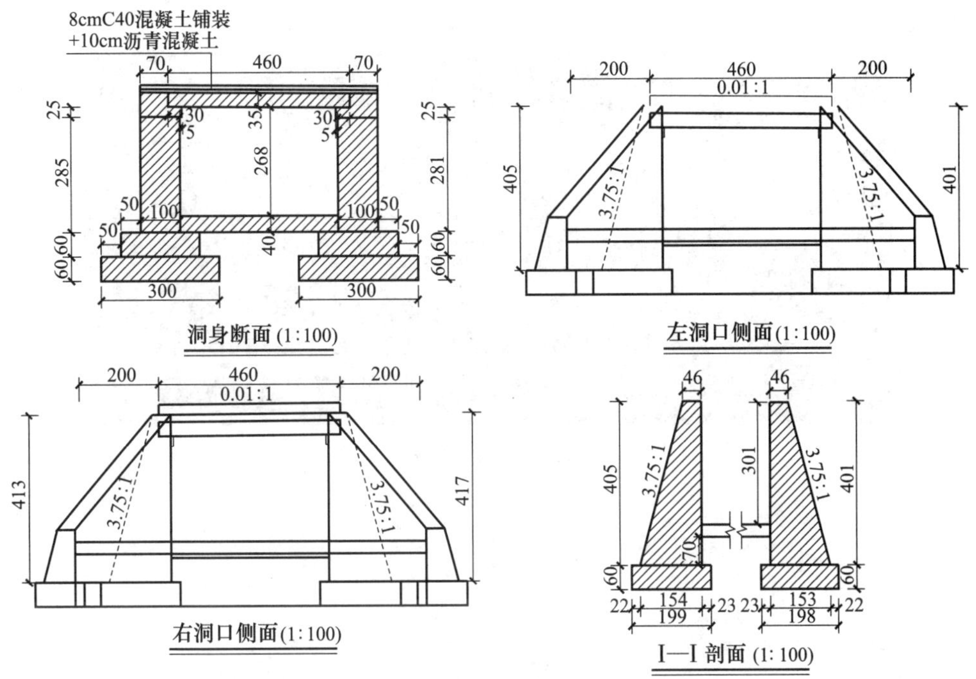


图 8-4　盖板涵洞工程图（二）

## 8.1.3　涵洞工程图的绘制

现以本节图 8-3 的明板涵立面图为例，说明一般绘制涵洞工程图的步骤：

(1) 确定绘图比例：确定涵洞的实际尺寸和所需绘制尺寸，然后选择合适的比例尺，如 1∶100，确保绘图内容清晰可见且符合绘制要求。

(2) 确定图幅：根据绘图比例和绘图内容的大小，选择合适的图幅大小，如 A2、A3 等，确保所有绘图内容都能在图幅内完整展示。

(3) 绘图：

1) 画图框线和标题栏，如图 8-5 所示。

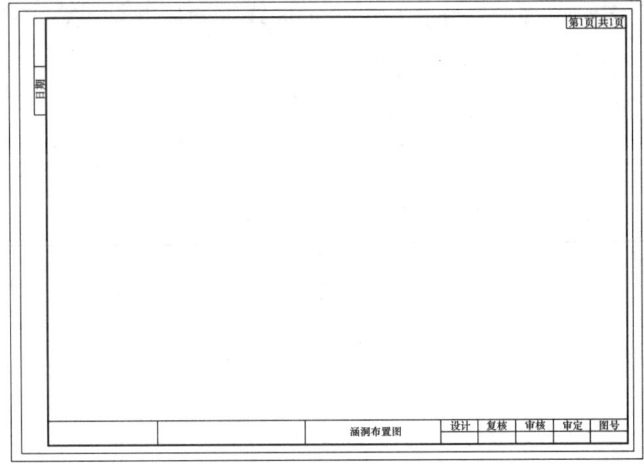


图 8-5　画图框线和标题栏

2）设置图层及字体字样和尺寸标注样式，如图 8-6、图 8-7 所示。

图 8-6　设置图层

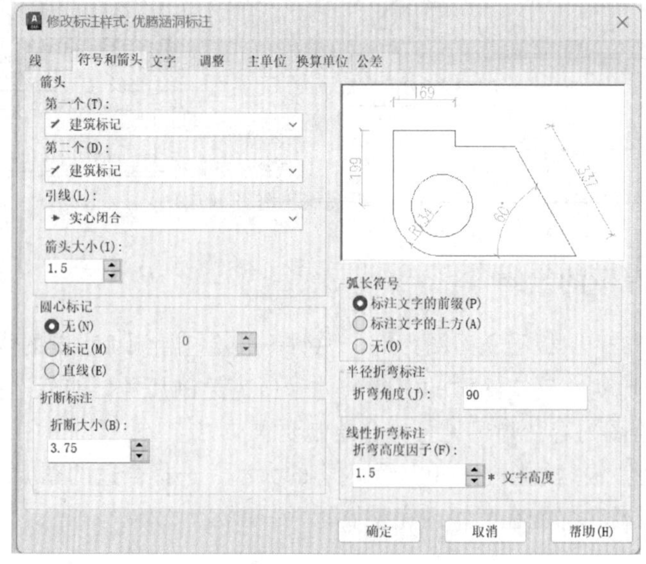


图 8-7　设置标注样式

3）根据需要制作干砌片石、碎石垫层、示坡线等图块并存盘，如图 8-8 所示。

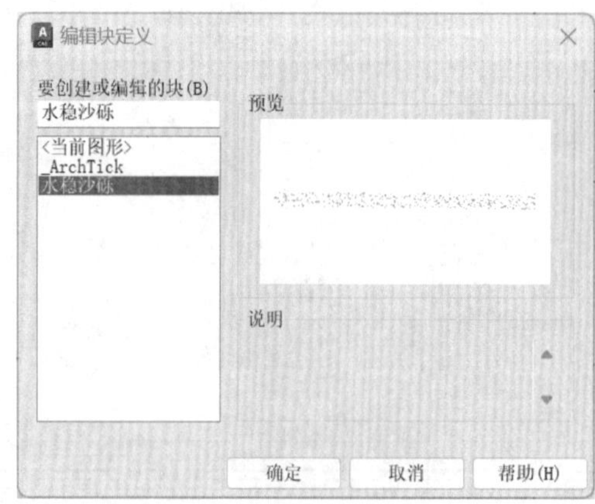


图 8-8　设置图块

4）画出涵洞图的基本轮廓，如边墙、洞身、盖板和基础等轮廓，如图 8-9 所示。

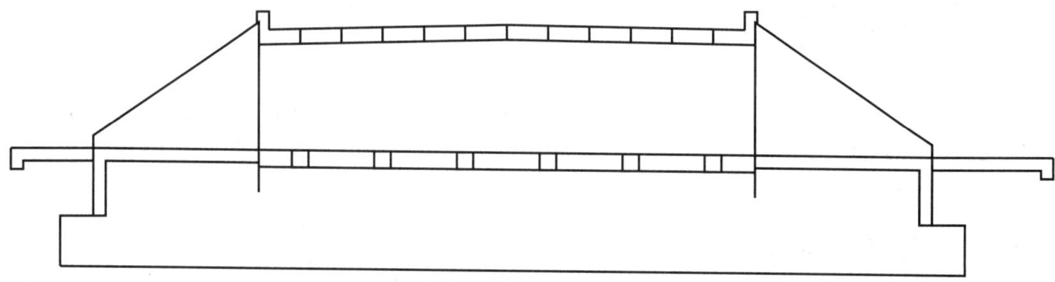

图 8-9　画基本轮廓

5）画出涵洞图的隔水层、沉降缝等构造，如图 8-10 所示。

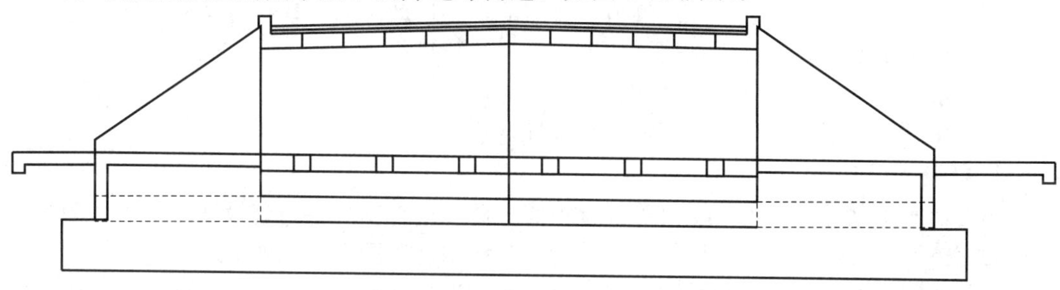

图 8-10　画隔水层、沉降缝

6）进行图案填充、尺寸标注，书写各处的文字，完成全图，如图 8-11 所示。

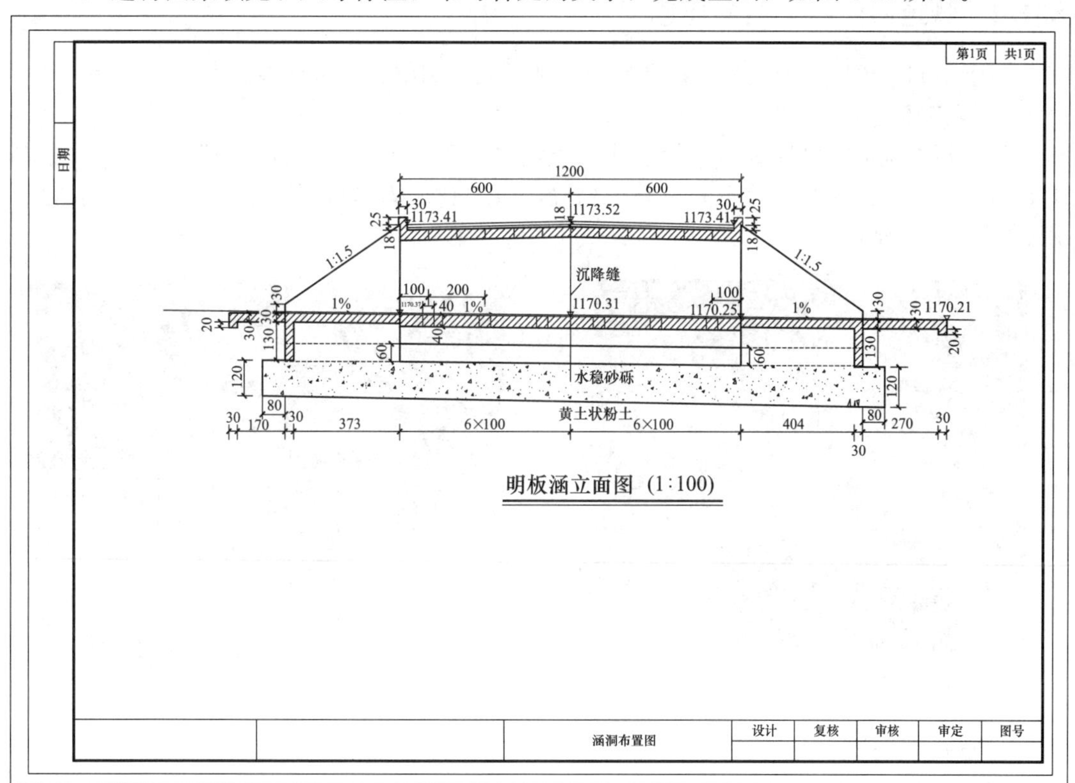


图 8-11　尺寸、文字等内容的填写

# 8.2 隧道工程图

隧道是修建在地壳表层下，穿过山体或水下，供车辆和人员通行的构筑物。隧道的主要功能是使车辆和行人在通过各种障碍（如海底、大山等）时，能够缩短行驶里程，提高行驶速度，并改善行驶环境。

## 8.2.1 隧道的分类与组成

**1. 隧道的分类**

（1）按地理位置，可分为山岭隧道、水下隧道、城市隧道等。

（2）按使用功能，可分为交通隧道、排水隧道、市政隧道、矿山隧道和人防隧道等。

（3）按施工方法，可分为钻爆法隧道、盾构法隧道等。

（4）按地质条件，可分为土质隧道和石质隧道。

（5）按埋置深度：可分为浅埋隧道和深埋隧道。

**2. 隧道的组成**

隧道通常由洞身、衬砌、洞口等部分组成，此外还包括一些附属设施。其中，洞身是隧道的主体部分，衬砌则用于保护洞身并增强其稳定性，洞身衬砌的形状较为单一，通常只需要断面图来表示。洞口则是隧道与地表之间的连接部分，也是隧道的标志，洞口的形状和构造较为复杂，因此在隧道工程图中主要研究的是隧道洞门图。

## 8.2.2 隧道洞门的类型和构造

由于不同隧道所处地段的地形和地质条件不同，洞门有许多结构形式。

**1. 洞口环框**

洞口环框是最简单的洞门结构形式。当洞口石质坚硬、稳定且地形陡峻无排水要求时，可仅修建洞口环框，而不修筑支护挡墙，以起到加固洞口和减少洞口雨后滴水的作用。如图 8-12 所示。

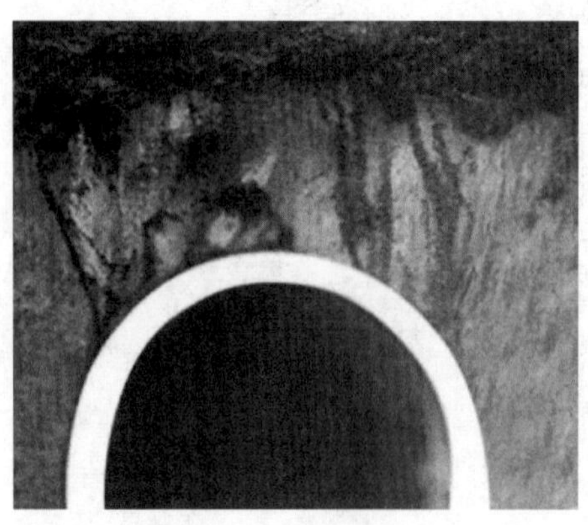

图 8-12　洞口环框

图 8-13　端墙式洞门

**2. 端墙式洞门**

端墙式洞门一般用于地形开阔、石质较为稳定的地区。在洞口处修建端墙来抵抗山体纵向推力及支持洞口正面上的仰坡，保持其稳定。在洞门顶部还会设有排水沟，用来将仰坡流下来的地表水汇集后排走，如图 8-13 所示。

**3. 翼墙式洞门**

翼墙式洞门又称八字式洞门，用于洞口地质情况较差、岩石破碎及山体纵向推力较大的情况。由于山体存在纵向推力，需要在洞门端墙前面线路的一侧或两侧设置翼墙，从而在正面抵抗山体纵向推力，增加洞门的抗滑及抗倾覆能力。两侧面保护路堑边坡起挡土墙作用，如图 8-14 所示。

图 8-14　翼墙式洞门

图 8-15　柱式洞门

**4. 柱式洞门**

在地形较陡，仰坡有下滑的可能性，又受地形或地质条件限制，不能设置翼墙时，可在端墙中部设置 2 个（或 4 个）断面较大的柱墩，以增加端墙的稳定性，这种形式的洞门称为柱式洞门，如图 8-15 所示。柱式洞门外形比较美观，适用于城市附近、风景区或长大隧道的洞口。

**5. 台阶式洞门**

当洞门位于傍山侧坡地区，洞门一侧边仰坡较高时，为了提高靠山侧仰坡起坡点，减少仰坡高度，将端墙顶部改变为逐级升高的台阶形式，以适应地形特点，这种形式的洞门称为台阶式洞门。如图 8-16 所示。台阶式洞门可以减少洞门圬工及仰坡开挖数量，也能起到一定的美化作用。

图 8-16　台阶式洞门

图 8-17　突出式洞门

**6. 突出式洞门**

突出式洞门适用于各种地质条件。在高速铁路隧道，为减缓高速列车的空气动力学效应，在单线隧道洞一般设喇叭口洞口缓冲段，同时兼作隧道洞门，如图 8-17 所示。在公路隧道中，其主要目的是减少洞口工程量和装饰洞口。

## 8.2.3 隧道工程图的表达方式

为了清楚地表示隧道洞门，要画出隧道洞门的平面图、立面图、剖面图等视图。若有排水系统，还需另外画出洞外侧沟及其与洞内侧沟连接的详图。

以图 8-18 所示的台阶式隧道洞门为例，说明洞口的表达方式。

**1. 平面图**

平面图是洞门的水平投影，主要用来表达端墙、翼墙、洞顶排水沟等的平面布局以及尺寸和排水系统等信息。

**2. 立面图**

洞门立面图也称为正面图，是面对着洞门端墙投射得到的视图，主要表示洞口的形状和尺寸，端墙的形状和尺寸；同时，也表达了端墙、台阶及衬砌的相对位置及洞门边挡墙的坡度等情况。

**3. 剖面图**

隧道洞口剖面图是沿着衬砌中线剖切所得的纵剖面图，也称纵断面图，可以表示端墙、台阶、顶帽、洞顶水沟、山体仰坡、衬砌拱圈的构造和尺寸。

在洞口存在翼墙或挡墙时，还应对翼墙或挡墙作出适当的剖面图或断面图，以表达对应的信息。

洞门的结构通常比较复杂，若要清楚地表达相对应的信息，所需的图纸和视图数量往往比较多。图 8-18 为洞门总图，其部分结构部位以及洞内外的连接等并未表示完整，还需要另外专门的图样来表示。

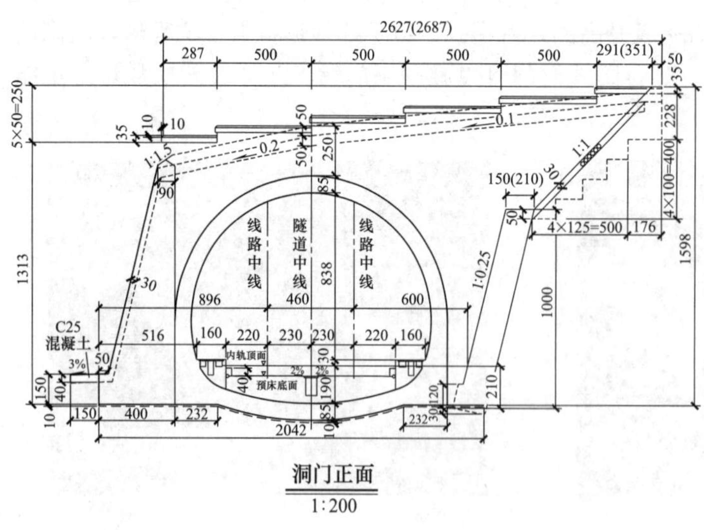


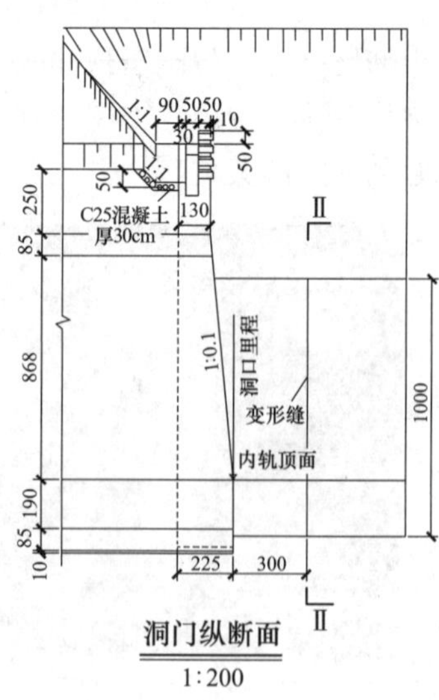


图 8-18 台阶式洞门

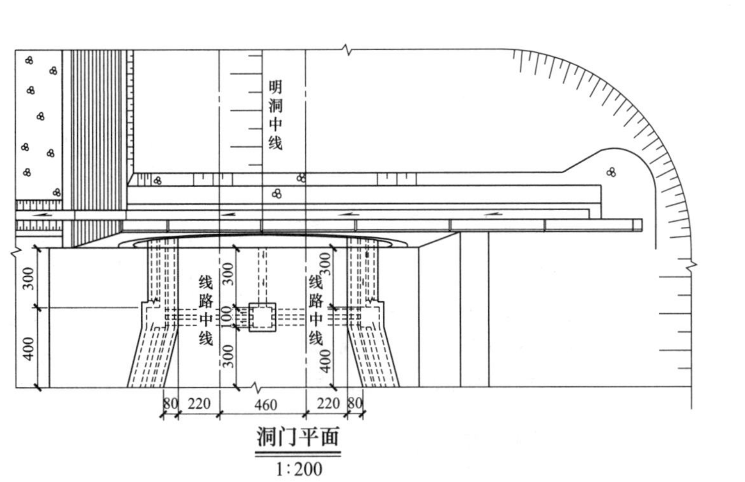


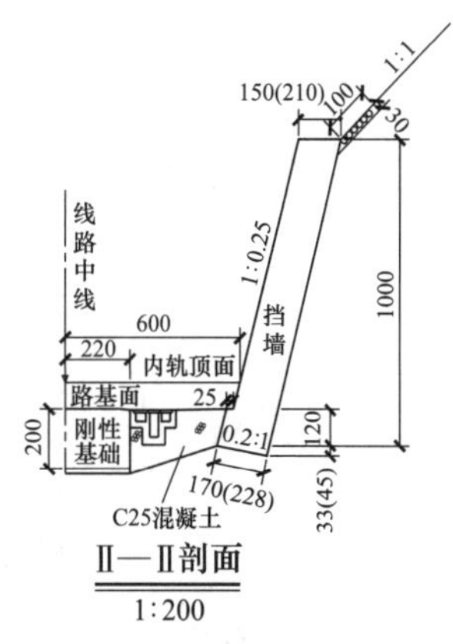


图 8-18　台阶式洞门（续）

## 8.2.4　隧道工程图的阅读

读图时，应按照整体到局部的原则进行。首先，了解隧道的名称、类型、材料以及施工技术要求等的全局性材料；接着，阅读各个视图并理清各个视图之间的关系；最后，细读其形状、尺寸等详细信息。现以图 8-18 所示台阶式洞门为例，说明隧道工程图的阅读。

从图 8-18 中，可以看出该洞门为台阶式洞门，该洞体为 C25 钢筋混凝土的拱形结构，底部设有仰拱，拱厚 85cm。自洞门底部算起，左侧到台阶底部高 1313cm，右侧到台阶顶部高 1598cm，有五级台阶，每级台阶高 50cm，台阶总长 2627cm（在黄土地层为 2687cm）。内轨顶面到衬砌内边缘高 868cm，并有 1∶0.1 的坡度，线路总宽 900cm。在端墙后设有一高为 50cm，宽为 50cm（纵断面图中有标出）的排水沟，其坡度从台阶顶部到洞门中线为 0.1，从洞门中线到端墙左部为 0.2。端墙距洞口 300cm 处设有一变形缝，端墙高度为 1000cm，有 1∶0.25 的坡度，长度为 700cm，岩石地层挡墙宽度为 150cm，黄土地层挡墙宽度为 210cm。

## 8.2.5　隧道工程图的绘制

以图 8-18 的洞门正面图为例，说明绘制隧道工程图的一般步骤：

（1）确定绘图比例：确定隧道洞门的实际尺寸和所需绘制尺寸，然后选择合适的比例尺，如 1∶200，确保绘图的内容清晰可见且符合绘制要求。

（2）确定图幅：根据绘图比例和绘图内容的大小，选择合适的图幅大小，如 A2、A3 等，确保所有绘图内容都能在图幅内完整展示。

（3）绘图：

1）画图框线和标题栏，如图 8-19 所示。

2）设置图层及字体字样和尺寸标注样式，如图 8-20、图 8-21 所示。

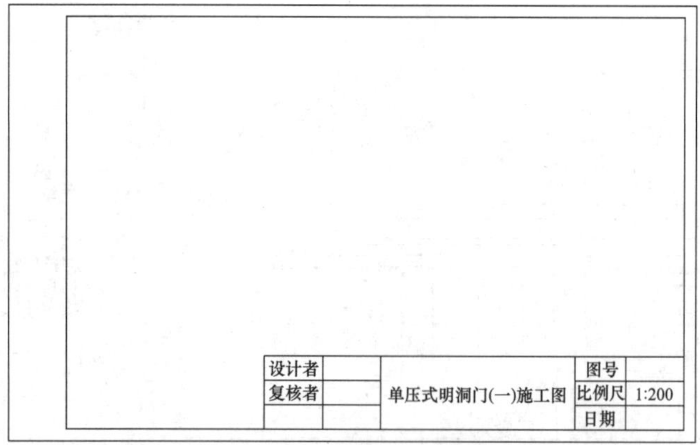


图 8-19 画图框线和标题栏

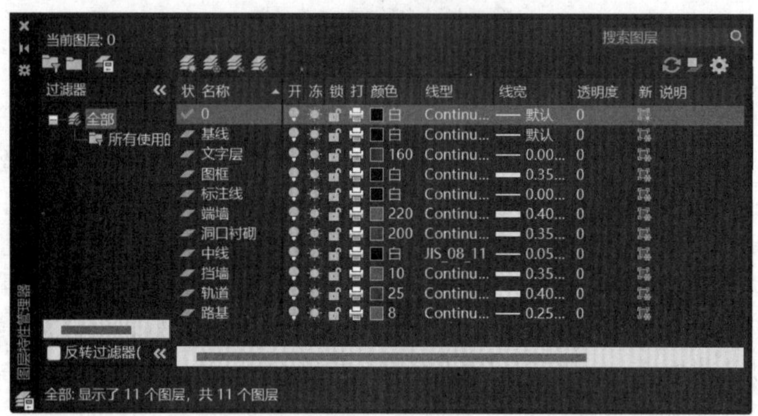


图 8-20 设置图层

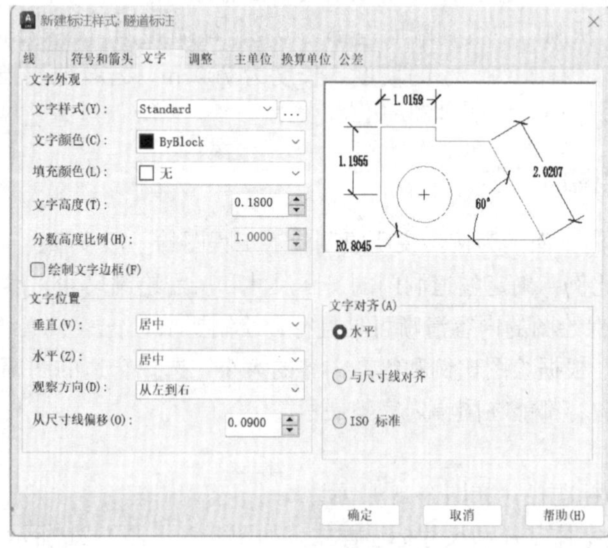


图 8-21 设置标注样式

3）画出隧道图的基本轮廓，如洞口衬砌、端墙和挡墙等轮廓，如图 8-22 所示。

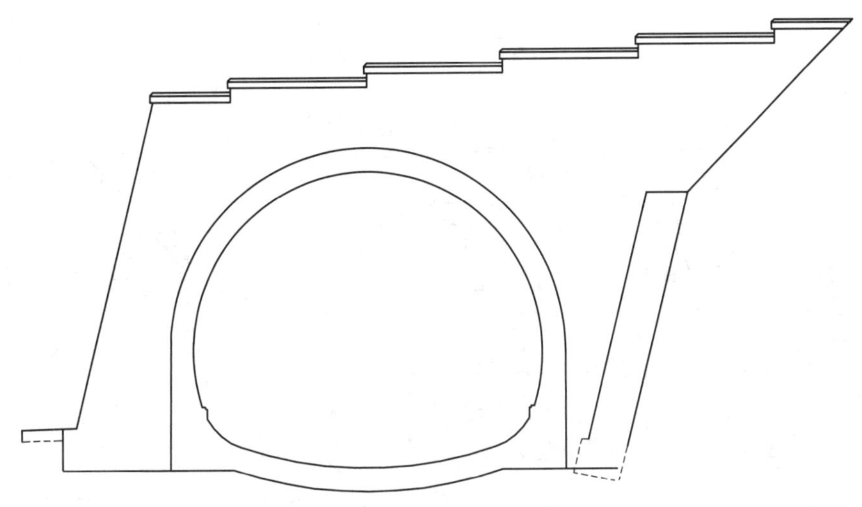

图 8-22　画隧道基本轮廓

4）画出隧道图的排水沟、轨道等构造，如图 8-23 所示。

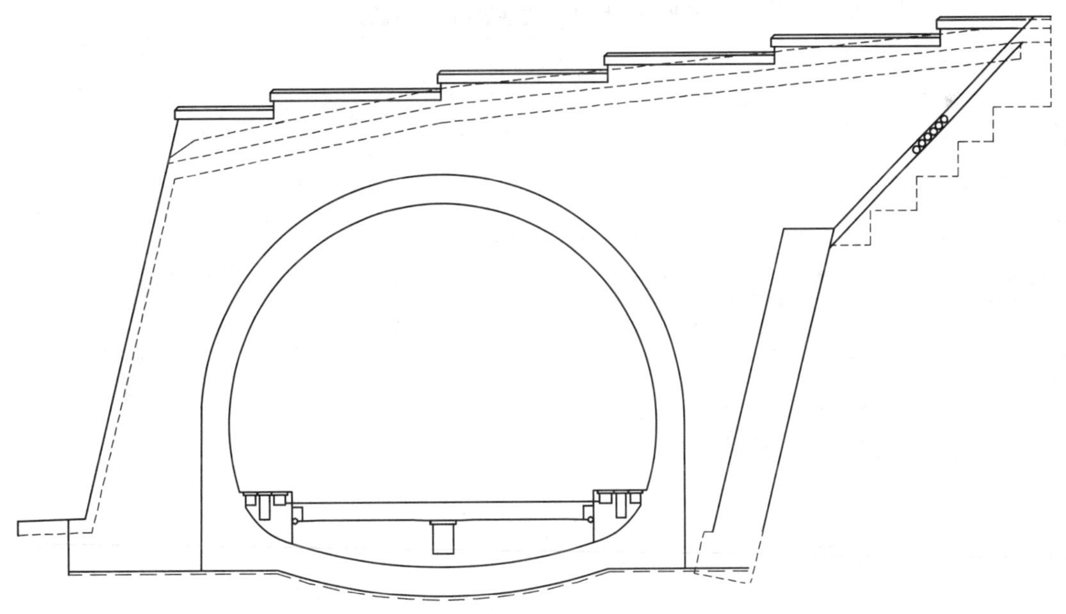

图 8-23　画排水沟、轨道

5）进行中线标注、尺寸标注，书写各处的文字，完成全图，如图 8-24 所示。

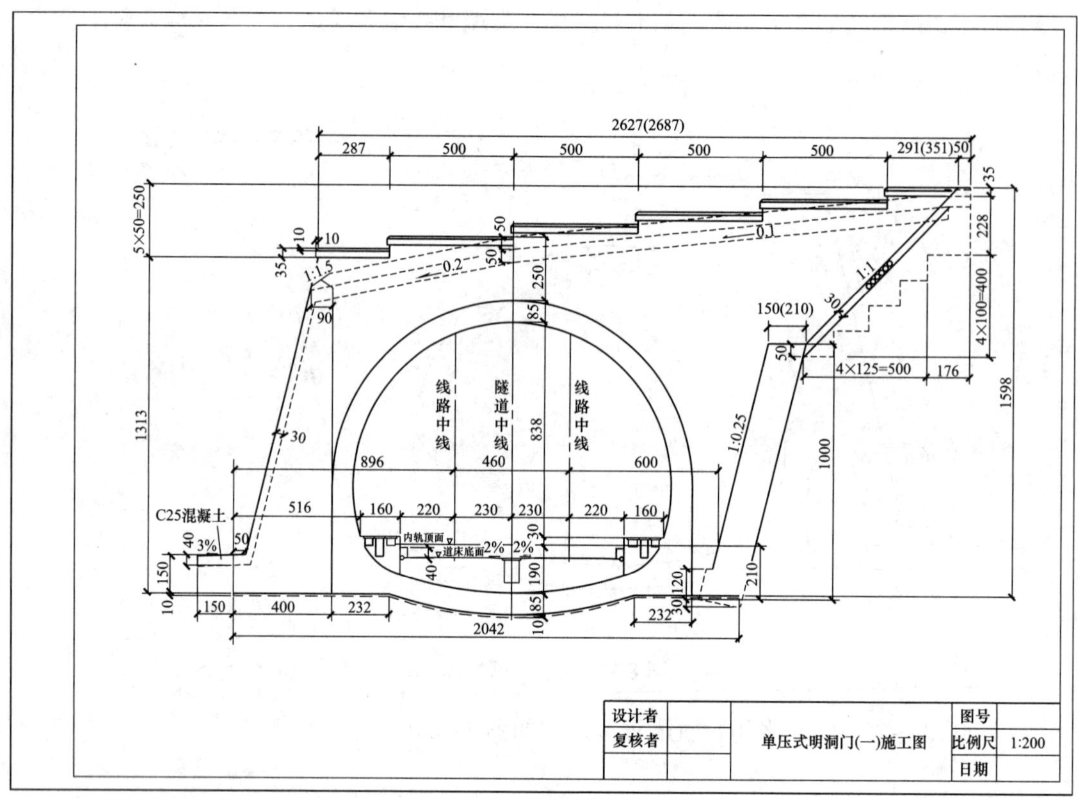


图 8-24　尺寸、文字等内容的填写

# 标高投影

在土木工程中，常常需要绘制地形图。土木工程实体大多以地面为基础进行施工，由于地面是高低不平的复杂曲面，所以地面对建筑工程的布置、施工等都有很大的影响。若在某处高低起伏的地面上要修建一个水平广场，则必须要有该区域的地形图，才能进行设计绘图，以确定填方、挖方坡面的坡脚线、开挖线以及各坡面间的交线。而由于地面高度方向的变化与水平方向的变化相差很大，如采用前面所述的多面正投影来表达地面形状，就很难表达清楚。为此，在土木工程中常用标高投影法来表达地面形状。

标高投影法，就是在形体的水平投影图上，加注形体上某些特殊点、线、面的高程数值和绘图比例尺（或给出绘图比例）来表示形体的一种图示方法。

标高投影图中的基准面一般为水平面，土木工程中通常采用国家统一规定的水准零点作为基准面，高度数值称为高程，单位为米（m）。

## 9.1 点和直线的标高投影

### 9.1.1 点的标高投影

空间点的标高投影，就是点在 $H$ 面上的投影加注点的高程。设水平基准面 $H$ 的高程为 0，基准面以上的高程为正，基准面以下的高程为负。

在点的水平投影旁，标注出该点与水平投影面的高度距离，并画出绘图比例尺，便得到该点的标高投影，如图 9-1 的三点所示。

### 9.1.2 直线的标高投影

**1. 直线的标高投影表示法**

（1）在直线的水平（$H$ 面）投影上，加注它两个端点的标高，如图 9-2（b）所示。

（2）在直线的水平（$H$ 面）投影上，加注直线上一点的标高以及直线坡度和表示直线下坡方向的箭头，如图 9-2（c）所示。

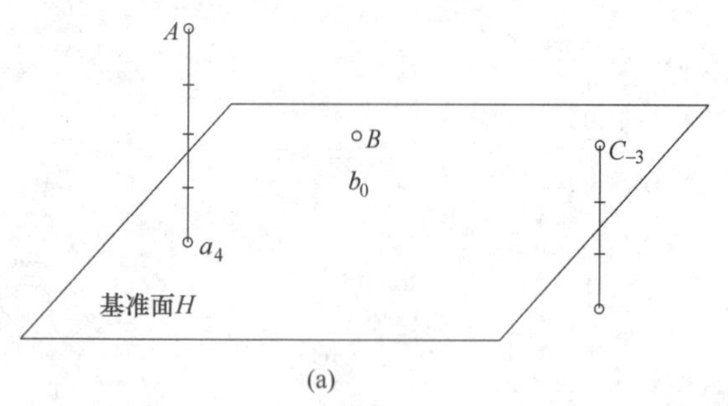

(a)

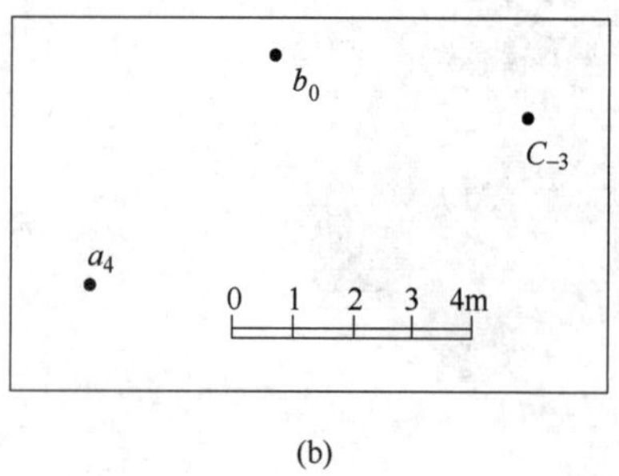

(b)

图 9-1 点的标高投影

(a) 空间图；(b) 投影图

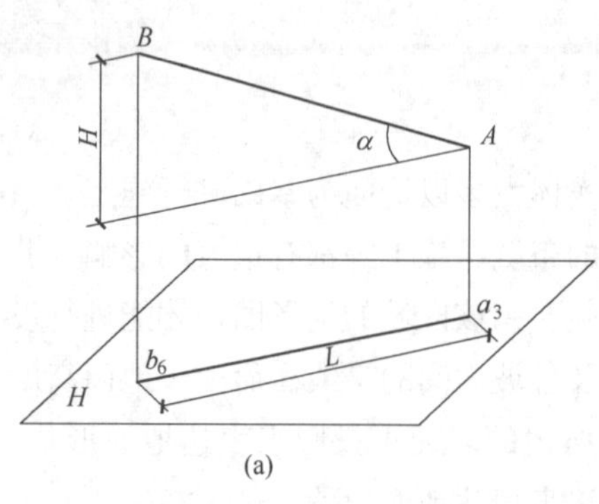

(a)

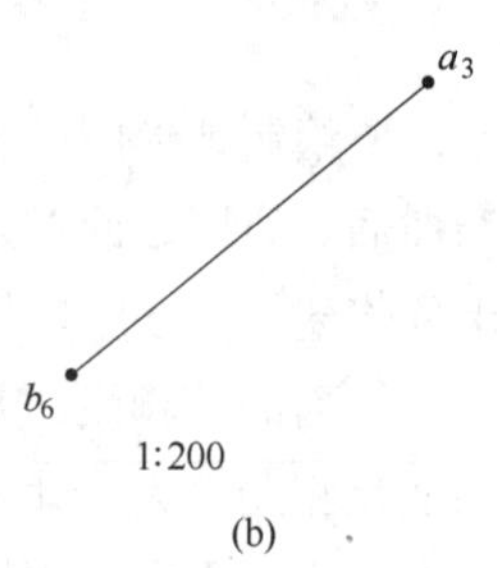

(b)

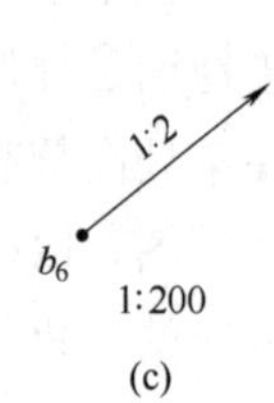

(c)

图 9-2 直线的标高投影

(a) 空间图；(b) 直线标高（一）；(c) 直线标高（二）

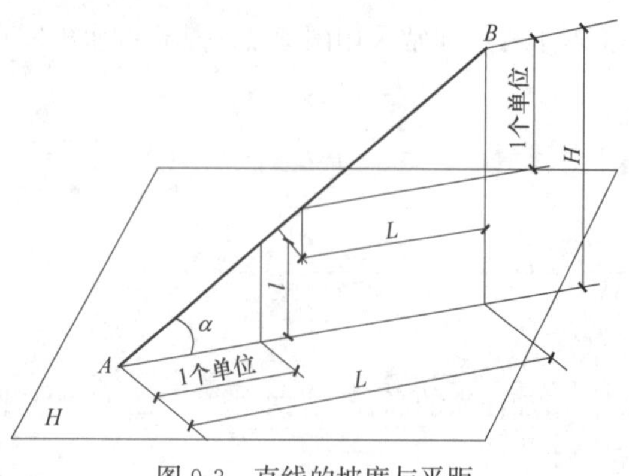

图 9-3 直线的坡度与平距

**2. 直线的坡度和平距**

（1）坡度：

直线上任意两点的高度差与该两点的水平距离之比，称为该直线的坡度。用符号“$i$”表示，如图 9-3 中直线 $AB$ 的坡度为 $i=\dfrac{H}{L}=\tan\alpha$，其中 $H$ 为高度差；$L$ 为水平距离。式中表明当直线的水平距离为一个单位时，其高差即为坡度。

（2）平距：

当直线上两点的高程差为一个单位长度时，这两点间的水平距离称为该直线的平距，用 $l$ 表示，则 $l=\dfrac{L}{H}=\cot\alpha$。从公式可以看出，平距和坡度互为倒数，即 $l=\dfrac{1}{i}$。也就是说，坡度越大，平距越小；反之，坡度越小，平距越大。

**【例 9-1】** 如图 9-4 所示，已知直线 $AB$ 的标高投影 $a_3b_7$，求直线 $AB$ 上 $C$ 点的高程。

作图步骤如下：

（1）求直线 $AB$ 的坡度。由图中比例尺量得 $L_{AB}=8\text{m}$，而 $H_{AB}=4\text{m}$，所以直线 $AB$

的坡度 $i=H_{AB}/L_{AB}=4/8=1/2$。

(2) 求 $C$ 点的高程。用比例尺量得 $L_{CB}=2m$，则 $H_{CB}=i\times L_{CB}=(1/2)\times 2m=1m$，即 $C$ 点的高程为 $(8-1)m=7m$。

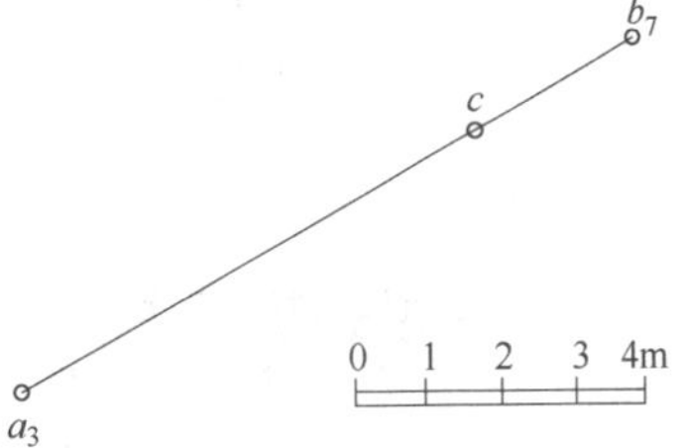

图 9-4 求直线 AB 上 C 点的高程

**【例 9-2】** 如图 9-5 (a) 所示，已知直线上 $b$ 点的高程及直线的坡度，求直线上高程为 2.4m 的点 $A$，并定出直线上各整数标高点。

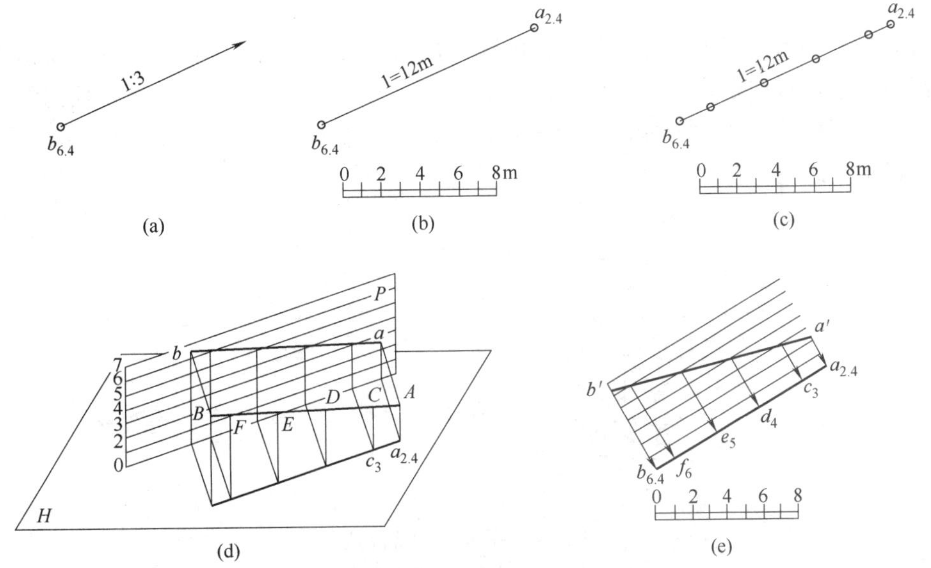

图 9-5 作直线上已知高程点和整数标高点

(a) 已知条件；(b) 求 $A$ 点的标高投影；(c) 作整数标高点（方法一）；(d) 作整数标高点空间分析；(e) 作整数标高点（方法二）

作图步骤如下：

(1) 求点 $A$ 的投影。如图 9-5 (b) 所示。$H_{BA}=(6.4-2.4)m=4m$，$L_{BA}=H_{BA}/i=4/(1/3)=12m$，从 $b_{6.4}$ 高程沿下坡方向按比例尺量取 12m，得 $A$ 点的标高投影 $a_{2.4}$。

(2) 求整数标高点：

方法一：数解法，如图 9-5 (c) 所示，在 $BA$ 两点间的整数标高点有高程为 6m、5m、4m、3m 的 4 个点 $F$、$E$、$D$、$C$。高程为 6m 的点 $F$ 与高程为 6.4m 的点 $B$ 之间的水平距离：$L_{BF}=H_{BF}/i=(6.4-6)\div 1/3=1.2m$，由 $b_{6.4}$ 沿 $ba$ 方向，用比例尺量取 1.2m，即得高程为 6m 的点 $f_6$。因平距 $l$ 是坡度 $i$ 的倒数，则 $l=1/i=1/(1/3)=3$，自 $f_6$ 点起用平距 3m，依次量得 $e_5$、$d_4$、$c_3$ 各点，即为所求。

方法二：图解法，如图 9-5 (d)、(e) 所示。作一辅助铅垂面 $P$，使其平行于 $BA$，在平面 $P$ 上，按比例尺从高程 2m 开始，作出相应整数高程的水平线，并作出直线 $BA$ 在 $P$ 平面上的正投影 $b'a'$。由 $b'a'$ 与各水平线的交点返回作图，即可得到该直线上的各整数标高点 $c_3$、$d_4$、$e_5$、$f_6$。作图步骤为：

1) 按图中比例尺作一组相应高程的水平线与 $ab$ 平行，最高一条为 7m，最低一条为 2m；

2）根据 $A$，$B$ 两点的高程在铅垂面上作出直线 $BA$ 的投影 $b'a'$；

3）自 $b'a'$ 与各整数标高的水平线的交点向 $b_{6.4}a_{2.4}$ 作垂线，即得 $b_{6.4}a_{2.4}$ 上的整数标高点。

# 9.2 平面的标高投影

## 9.2.1 平面上的等高线和坡度线

因为平面内水平线上各点到基准面的距离是相等的，所以平面内的水平线就是平面上的等高线，也可看成是水平面与该平面的交线，如图 9-6（a）所示。由于平面内的水平线互相平行，因此等高线的投影也互相平行，如图 9-6（b）所示。当相邻等高线的高差相等时，其水平距离也相等。

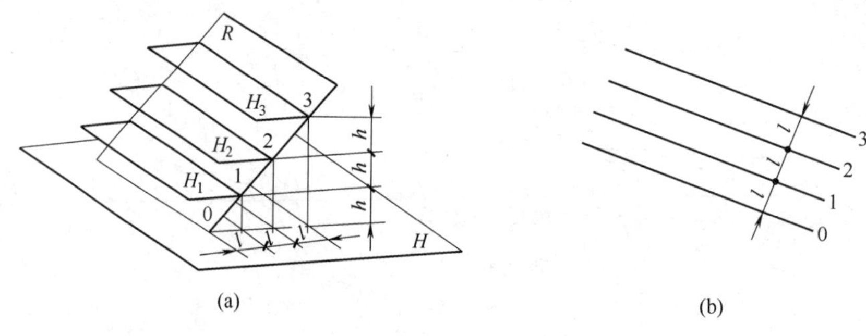


图 9-6 平面上的等高线

（a）空间分析；（b）投影图

平面内对基准面的最大斜度线称为坡度线。其方向与平面内的等高线垂直，它们的水平投影必互相垂直。坡度线对基准面的倾角也就是该平面对基准面的倾角，因此，坡度线的坡度就代表该平面的坡度。

**【例 9-3】** 如图 9-7（a）所示，已知平面△$ABC$ 的标高投影为△$a_5b_9c_4$，求作该平面的坡度线以及该平面对 $H$ 面的倾角 $\alpha$。

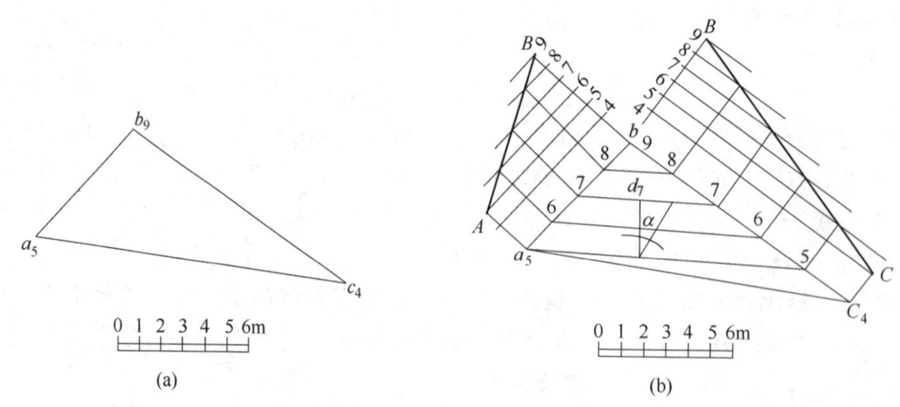


图 9-7 作△$ABC$ 的坡度线及对 $H$ 面的倾角 $\alpha$

（a）已知条件；（b）作图结果

作图步骤如下：

(1) 先作出 $a_5b_9$ 和 $b_9c_4$ 两条边的整数刻度点；

(2) 把两条边上相同刻度点连线，即得平面的等高线；

(3) 在适当位置任作一条和等高线垂直的直线，该线即为平面的坡度线；

(4) 利用直角三角形法作出 $\alpha$，作图结果如图 9-7 (b) 所示。

### 9.2.2 平面的表示方法和平面上等高线的作法

在多面正投影中介绍的五种平面表示方法在标高投影中仍然适用，即平面用几何元素的标高投影来表示。其中，经常采用的形式有以下三种：

**1. 用平面上的两条等高线表示**

如图 9-8 (a) 所示，用平面上两条高程分别为 10、15 的等高线表示平面。如果在该平面上作高程为 12、14 的等高线，可先在等高线 10 和 15 之间作一条坡度线 $ab$，并将坡度线分成五等份，各等分点 $c$、$d$、$e$、$f$ 即是该平面上高程为 11、12、13、14 的点，过点 $d$ 和点 $f$ 作直线平行于高程为 10 的等高线得高程为 12、14 的两条等高线，如图 9-8 (b) 所示。

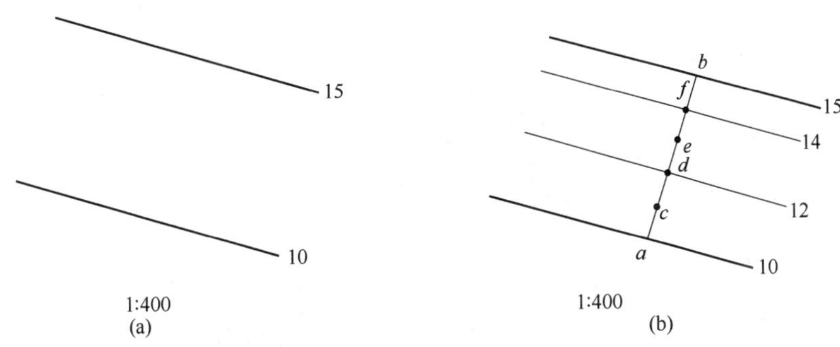


图 9-8　用两条等高线表示平面及平面上等高线的作法

(a) 用两条等高线表示平面；(b) 平面上等高线的画法

**2. 用平面上的一条等高线和一条坡度线表示**

如图 9-9 (a) 所示，用平面上一条高程为 15 的等高线和坡度为 1∶2 的坡度线表示该平面。根据坡度为 1：2，可知高程差为 1 的等高线间的平距 $l=2$。由此，可作出该平面上一系列等高线，如图 9-9 (b) 所示。

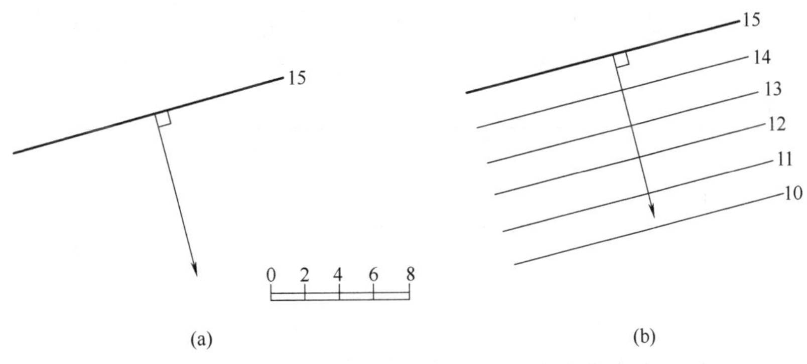


图 9-9　用一条等高线和坡度的大小及方向表示平面

**3. 用平面上一条倾斜直线和该平面坡度大小以及坡度的大致方向来表示**

如图 9-10（a）所示，用平面上的一条倾斜线 $a_3b_6$，和平面上的坡度 $i=1:0.6$ 表示平面。图中的箭头只表示平面的倾斜方向，并不表示坡度线的方向，故将它用带箭头的虚线表示。

空间分析：如图 9-10（c）所示，过 $AB$ 作一平面与锥顶为 $B$，素线坡度为 $i=1:0.6$ 的正圆锥相切，切线（圆锥上的一条素线）就是该平面的坡度线。

如图 9-10（b）表示了该平面上等高线的作法，因为平面上高程为 3m 的等高线必通过 $a_3$，$b_6$ 与高程为 3 的等高线之间的水平距离 $L_{AB}=lH_{AB}=0.6\times3m=1.8m$。以 $b_6$ 为圆心，以 $R=1.8m$ 为半径，向平面的倾斜方向画圆弧，然后过 $a_3$ 点作圆弧的切线，即得到平面上高程为 3m 的等高线，再将 $a_3b_6$ 分成三等份，等分点为直线上高程为 4m、5m 的点。过各等分点作直线与等高线 3 平行，就得到平面上高程为 4m、5m 的两条等高线。

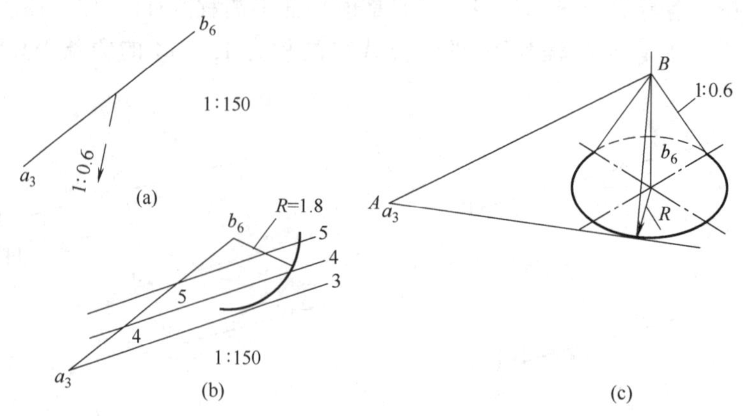


图 9-10 用一条倾斜直线和坡度表示平面

## 9.2.3 平面与平面的交线

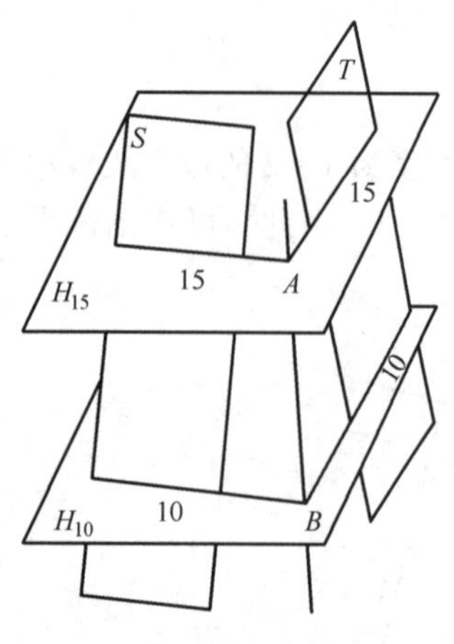


图 9-11 求两平面的交线

在标高投影中，求平面与平面的交线，通常采用辅助平面法，即以整数高程的一组水平面作为辅助平面，辅助平面与已知两平面的交线是平面上相同整数高程的等高线。如图 9-11 所示，求两平面 $S$、$T$ 的交线时，用高程为 15 的辅助平面 $H_{15}$ 与两平面 $S$、$T$ 相交。其交线分别是两平面 $S$、$T$ 上高程为 15 的等高线，这两条等高线的交点 $A$ 就是两平面 $S$、$T$ 的一个共有点；同理，用高程为 10 的辅助平面 $H_{10}$ 可求得另一个共有点 $B$，连接 $AB$，即得到两平面 $S$、$T$ 的交线。

由此得出：两平面上相同高程的等高线交点的连线，就是两平面的交线。

在工程中，把相邻两坡面的交线称为坡面交线，填方形成的坡面与地面的交线称为坡脚线，挖方形成的坡面与地面的交线称为开挖线。

**【例 9-4】** 在地面上修建一平台和一条自地面通到台顶面的斜坡引道。平台顶面高程为 5m，地面高程为 2m，它们的形状和各坡面坡度如图 9-12（a）所示，求坡脚和坡面交线。

**分析** 因各坡面和地面都是平面，因此坡脚线和坡面交线都是直线。需要作出平台上 4 个坡面的坡脚线和斜坡引道两侧 2 个坡面的坡脚线，以及它们之间的坡面交线，如图 9-12（c）所示。

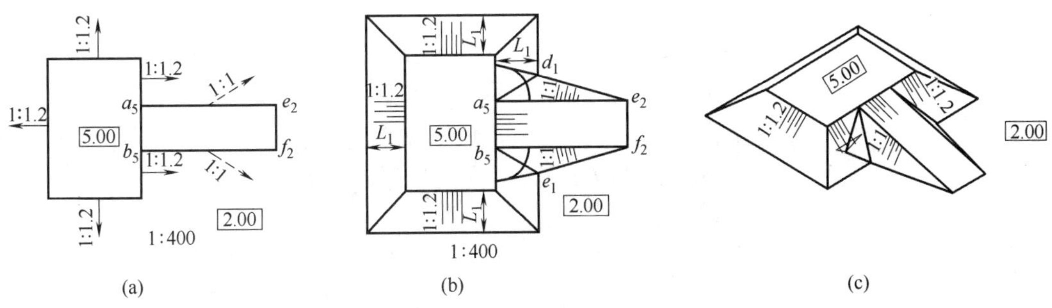


图 9-12　作平台与斜坡引道的标高投影图

（a）形状和坡度；（b）作图结果；（c）分析

作图步骤如下：

（1）求坡脚线。因地面的高程为 2m，各坡面的坡脚线就是各坡面内高程为 2m 的等高线。平台坡面的坡度为 1∶2，坡脚线分别与相应的平台边线平行，其水平距离可由 $L=l\times H$ 确定，式中高度差 $H=(5-2)\mathrm{m}=3\mathrm{m}$，所以 $L_1=1.2\times3\mathrm{m}=3.6\mathrm{m}$。斜坡引道两侧坡面的坡度为 1∶1，其坡脚线求法为：以 $a_5$ 为圆心，以 $L_2=1\times3\mathrm{m}=3\mathrm{m}$ 为半径画圆弧，再自 $e_2$ 向圆弧作切线，即为所求坡脚线。另一侧坡脚线的求法相同。

（2）求坡面交线。平台相邻两坡面上高程为 2m 的等高线的交点和高程为 5m 的等高线的交点是相邻两个共有点。连接这两个共有点，即得平台两坡面的交线。因各坡面坡度相等，所以交线应是相邻坡面上等高线的分角线，图中为 45°斜线。

平台坡面坡脚线与引道两侧坡脚线的交点 $d_2$、$c_2$ 是相邻两坡面的共有点，$a_5$、$b_5$ 也是平台坡面和引道两侧坡面的共有点，分别连接 $a_5d_2$ 和 $b_5c_2$，即为所求坡面交线。

（3）画出各坡面的示坡线，其方向与等高线垂直，注明坡度。作图结果如图 9-12（b）所示。

# 9.3 曲面的标高投影

## 9.3.1 圆锥面

曲面的标高投影一般可以由曲面上一系列等高线来表示，通常使用一系列间隔相等的整数标高的水平面截切曲面所得的等高线来表示。如图 9-13（a）所示，用通过整数标高点的一系列水平面截切正圆锥，所得的交线是一系列间距相等的同心圆，等高线越靠近圆心，其高程数值越大。如图 9-13（b）所示，当圆锥倒立时，等高线越靠近圆心，其高程数值越小。不论正立或倒立，正圆锥面上的素线都与正圆锥面上的等高线的切线相垂直，所以素线就是正圆锥面的坡度线。

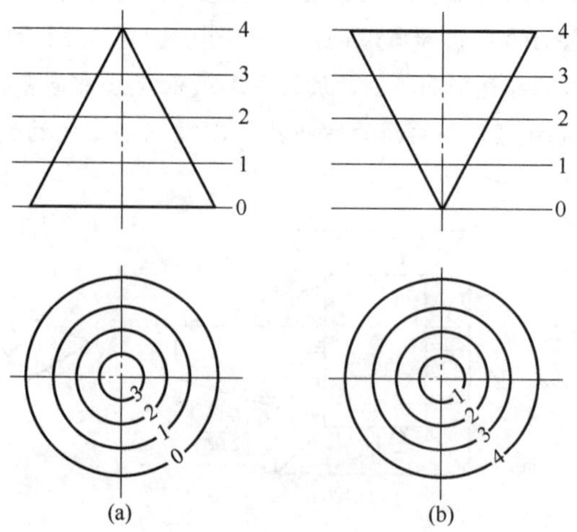


图 9-13 圆锥面的标高投影

**【例 9-5】** 在高程为 2m 的地面上，修筑一高程为 6m 的平台，台顶形状及边坡的坡度如图 9-14（a）所示，求其坡脚线和坡面交线。

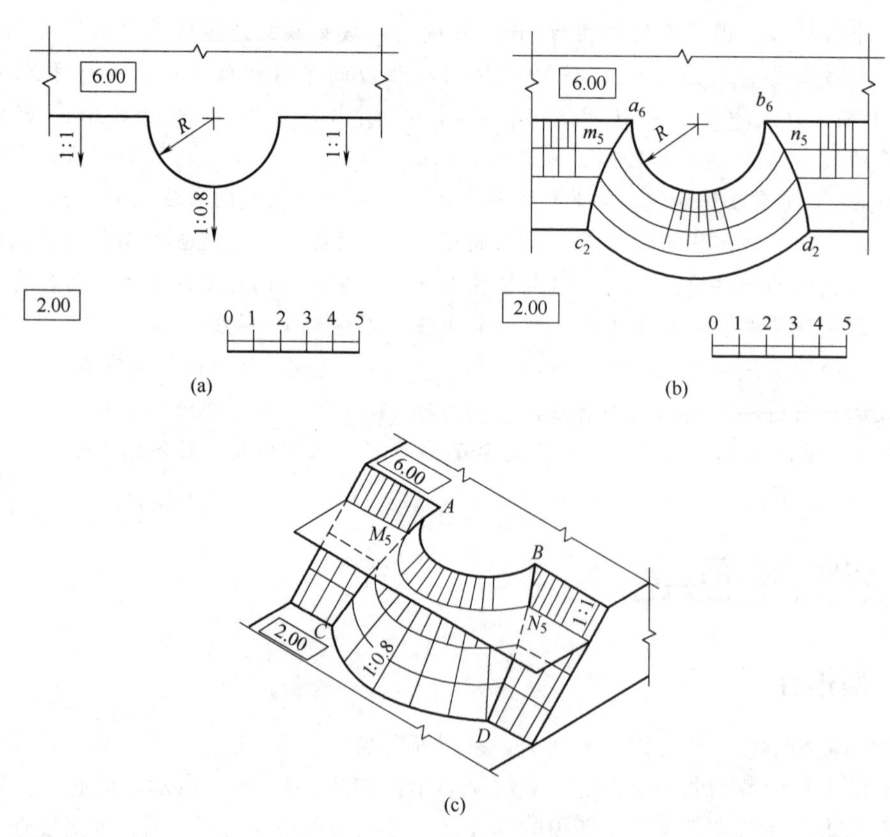


图 9-14 求坡脚线与坡面交线

（a）已知条件；（b）作图过程与作图结果；（c）求坡面交线的作图原理

**解** 作图过程如图 9-14（b）所示，具体步骤如下：

1. 作坡脚线

各坡面的坡脚线是各坡面上高程为 2m 的等高线。平台左右两边的坡面为平面，其坡脚线为直线，且与台顶边线平行，它们之间的水平距离 $L=\frac{H}{i}=(6-2)\div\frac{1}{1}=4\text{m}$，由此就可以作出平台左右两边坡面的坡脚线。

平台顶面中部的边界线为半圆，其坡面是正圆锥面，故其坡脚线与平台顶面边界线半圆在标高投影上是同心圆，其水平距离（即半径差）$L=\frac{H}{i}=(6-2)\div\frac{1}{0.8}=3.2\text{m}$，由此就可以作出平台中部的正圆锥面坡面的坡脚线。

2. 作坡面交线

坡面交线是由平台左右两边的平面坡面与中部正圆锥面坡面相交而形成的。因平面的坡度小于圆锥面的坡度，所以坡面交线是两段椭圆曲线。两侧坡面的等高线是一组平行线，它们的水平距离为 1m（$i=1:1$）；中部正圆锥面的等高线的标高投影是一组同心圆，其半径差为 0.8m（$i=1:0.8$）。由此，分别作出两侧坡面和中部正圆锥面上高程为 5m、4 m、3m 的等高线。相邻两坡面上同高程的等高线的交点，就是坡面交线上的点。光滑连接左坡面上的 $a_6$、$m_5$、…、$c_2$ 点和右坡面上 $b_6$、$n_5$、…、$d_2$ 点，即为坡面交线。作坡面交线的原理如图 9-14（c）所示。

3. 画出各坡面示坡线

正圆锥面上的示坡线应过锥顶，是圆锥面上的素线；平面斜坡的示坡线是坡面上等高线的垂线。

## 9.3.2　同坡曲面

如果曲面上各处的坡度都相等，这种曲面就称为同坡曲面。正圆锥面、弯曲的路堤或路堑的边坡面，都是同坡曲面。同坡曲面的形成如图 9-15 所示：一正圆锥面的锥顶沿空间曲导线 $AB$ 运动，运动时圆锥面的轴线始终垂直于水平面，且锥顶角保持不变，则所有这些正圆锥面的包络曲面（公切面）就是同坡曲面。这种曲面常用于道路爬坡拐弯的两侧边坡。

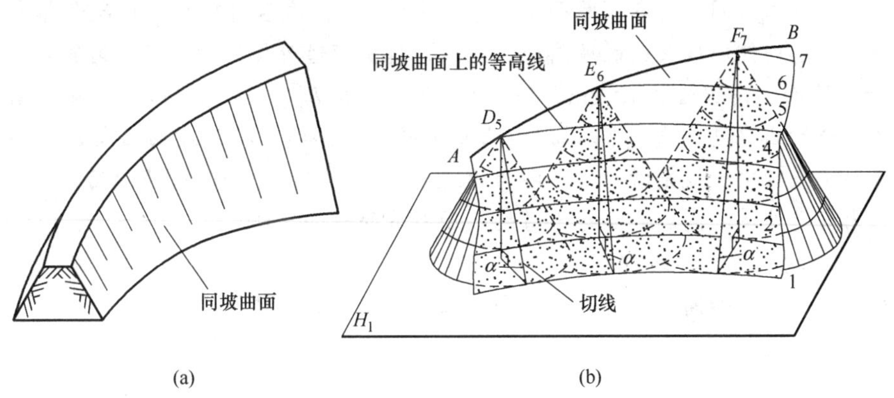


图 9-15　同坡曲面的形成

（a）同坡曲面示例；（b）同坡曲面的形成以及曲面上的等高线

由上述形成过程可以看出：同坡曲面上的等高线与各正圆锥面上同高程的等高线一定相切，其切点在同坡曲面与各正圆锥面的切线上，也就是在坡度线上。

**【例 9-6】** 如图 9-16（a）所示，在高程为 0 的地面上修建一弯道，路面自 0 逐渐向上升为 4m，与干道相接。作出干道和弯道坡面的坡脚线，以及干道和弯道坡面的坡面交线。

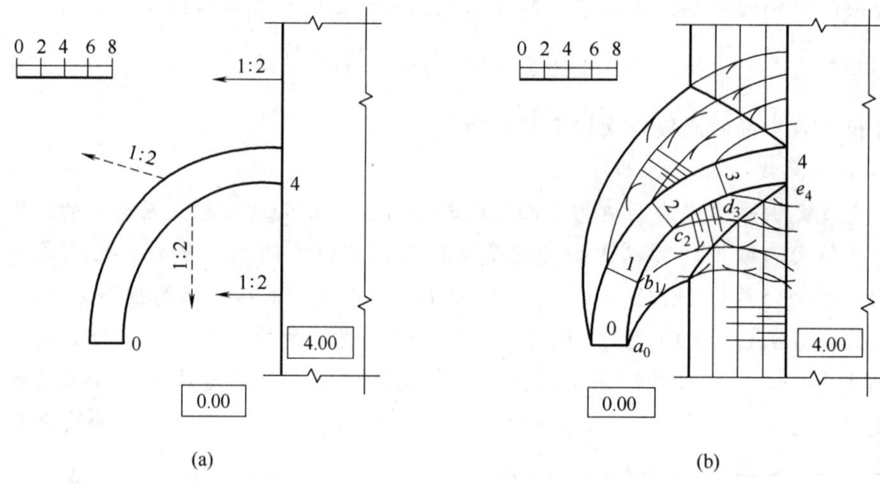


图 9-16　作坡脚线和坡面交线

（a）已知条件；（b）作图过程与作图结果

从图中可以看出，干道的前面、后面和右面在图中都已折断，只需作出左坡面与地面的交线。

作图过程如图 9-16（b）所示，具体步骤如下：

1. 作坡脚线

干道坡面为平面，坡脚线与干道边线平行，水平距离 $L=\frac{H}{i}=4\div\frac{1}{2}=8\text{m}$。

弯道两侧边坡是同坡曲面，在曲导线上定出整数标高点 $a_0$、$b_1$、$c_2$、$d_3$、$e_4$ 作为运动正圆锥面的锥顶位置。以各锥顶为圆心，分别以 $R=l$、$2l$、$3l$、$4l$（$l=2\text{m}$，因 $i=1:2$）为半径画同心圆，得各圆锥面上的等高线。自 $a_0$ 作各圆锥面上 0 高程等高线的公切线，即为弯道内侧同坡曲面的坡脚线。同理，作出弯道外侧同坡曲面的坡脚线。

2. 干道坡面上高程为 3m、2m、1m 的等高线。自 $b_1$、$c_2$、$d_3$ 作诸正圆锥面上同高程等高线的公切线（包络线），即得同坡曲面上的诸等高线。将同坡曲面与斜坡面上同高程等高线的交点顺次连成光滑曲线，即为弯道内侧与干道的平面斜坡的坡面交线。用同样的方法作出弯道外侧的同坡曲面与干道的平面斜坡的坡面交线。

3. 画出各坡面的示坡线

按与各坡面上的等高线相垂直的方向，画出各坡面的示坡线。

# 第10章 地形图

## 10.1 概述

地貌是指地球表面高低起伏的自然形态，如高山、平原、盆地、陡坎等。按照一定的比例尺，用规定的符号将地物、地貌的平面位置和高程表示在图纸上的正射投影图，称为地形图。如果仅反映地物的平面位置，不反映地貌变化的图，称为平面图。

## 10.2 地形图的基础知识

### 10.2.1 比例尺

地形图上某一线段的长度 $d$ 与其在地面上所代表的相应水平距离 $D$ 之比，称为地形图的比例尺。

**1. 比例尺的种类**

(1) 数字比例尺：

数字比例尺可表示为分子为 1、分母为整数的分数。设图上一段直线长度为 $d$，相应实地的水平长度为 $D$，则该图的数字比例尺为 $d/D=1/M$，写成 $1:M$，其中 $M$ 为比例尺分母。$M$ 越大，比值越小，比例尺越小；相反，$M$ 越小，比值越大，比例尺越大。

(2) 图示比例尺：

为了用图方便、直观，以及减弱由于图纸伸缩而引起的误差，在绘制地形图时，通常在地形图的正下方绘制图示比例尺。图示比例尺由两条平行线构成，并把它从左至右分成若干个 2cm 长的基本单位，最左端的一个基本单位再分成 10 等份。从第二个基本单位开始，分别向左和向右注记以米为单位的代表实际的水平距离，如图 10-1 所示为 1∶500 的比例尺。

**2. 比例尺精度**

通常人眼能在图上分辨出的最小距离为 0.1mm。因此，图上 0.1mm 所表示的实地水

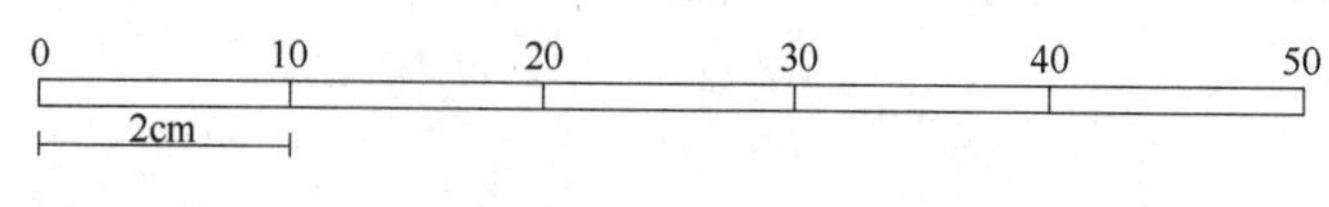


图 10-1　图示比例尺

平长度称为比例尺精度。若用 $\delta$ 代表比例尺精度，则 $\delta=0.1M\text{mm}$。

显然，比例尺越大，其比例尺精度也越高。不同比例尺图的比例尺精度如表 10-1 所示。

**不同比例尺的精度**　　**表 10-1**

| 比例尺 | 1∶500 | 1∶1000 | 1∶2000 | 1∶5000 | 1∶10000 |
| --- | --- | --- | --- | --- | --- |
| 比例尺精度(m) | 0.05 | 0.1 | 0.2 | 0.5 | 1.0 |

根据比例尺的精度，可以确定在测图时量距应准确到什么程度。例如，测绘 1∶100 比例尺地形图时，其比例尺的精度为 0.1m，故量距的精度只需 0.1m，小于 0.1mm 在图上表示不出来。另外，当设计规定需在图上能量出的实地最短长度时，根据比例尺的精度，可以确定测图比例尺。比例尺越大，表示地物和地貌的情况越详细，精度越高。但是必须指出，同一测区，采用较大比例尺测图往往比采用较小比例尺测图的工作量和投资将增加数倍，因此采用哪一种比例尺测图，应从工程规划、施工实际需要的精度出发进行选择。

### 10.2.2　地形图图式

为了便于测图和读图，在地形图中常用不同的符号来表示地貌的形状和大小，这些符号总称为地形图图式。《地形图图式》是由国家测绘管理部门制定，由国家技术监督局颁布实施的国家标准。它是测绘和使用地形图的重要依据，是识别和使用地形图的重要工具。具体地说，它是地形图上表示各种地物、地貌要素的符号、注记和颜色的标准。

### 10.2.3　等高线

等高线是表示地貌的主要形式。地貌是地形图要表示的重要信息之一。地貌尽管千百态、错综复杂，但其基本形态按其起伏的变化可以归纳为几种典型地貌，如山头、山脊、山谷、山坡、鞍部、洼地、绝壁等。

**1. 等高距与等高线平距**

两条相邻等高线的高差称为等高距，常以 $h$ 表示。常用的等高距有 1m、2m、5m、10m 等几种，根据地形图的比例尺和地面起伏的情况确定。在同一幅地形图上，等高距是相同的。

相邻等高线之间的水平距离称为等高线平距，简称平距，常以 $d$ 表示。因为同一张地形图内等高距是相同的，所以等高线平距 $d$ 的大小直接与地面坡度有关。地面坡度 $i$ 可以写成：$i=h/d$。

等高线平距越小，地面坡度就越大；平距越大，则坡度越小；平距相等，坡度相同。因此可以根据地形图上等高线的疏、密来判定地面坡度的缓、陡，同时还可以看出：等高距越小显示地貌就越详细；等高距越大，显示地貌就越简略。还有某些特殊地貌，如冲沟、滑坡等其表示方法参见地形图图式。

测绘地形图时，要根据测图比例尺、测区地面的坡度情况和国家规范要求选择合适的基本等高距，见表 10-2 所示。

**根据比例尺选择等高距** **表 10-2**

| 比例尺 | 1∶500 | 1∶1000 | 1∶2000 | 1∶5000 |
|---|---|---|---|---|
| 平坦地 | 0.5 | 0.5 | 1 | 2 |
| 丘陵 | 0.5 | 1 | 2 | 5 |
| 山地 | 1 | 1 | 2 | 5 |
| 高山地 | 1 | 2 | 2 | 5 |

**2. 山头和洼地等高线**

图 10-2 为某山头的等高线，图 10-3 某洼地的等高线，它们投影到水平面上都是一组闭合曲线，在地形图上区分山丘与洼地的方法是：凡是内圈等高线的高程注记大于外圈者为山丘，小于外圈者为洼地，如果等高线上没有高程注记，则用示坡线来表示。示坡线是垂直于等高线的短线，用以指示坡度下降的方向。示坡线从内圈指向外圈，说明中间高，四周低，为山丘，示坡线从外圈指向内圈，说明四周高，中间低，为洼地。

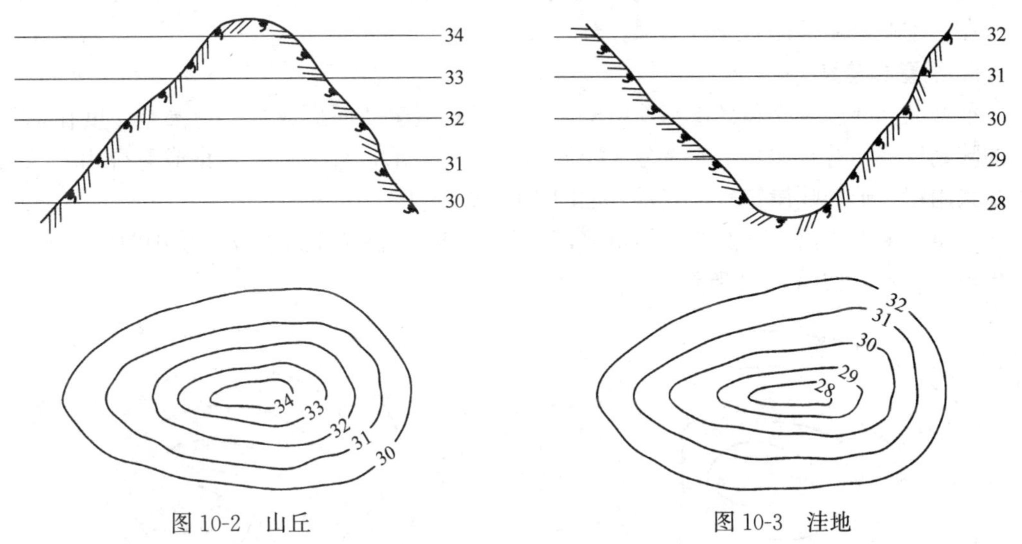


图 10-2 山丘　　图 10-3 洼地

**3. 山脊和山谷等高线**

山脊是沿着一个方向延伸的高地。山脊的最高棱线称为山脊线。山脊等高线表现为一组凸向低处的曲线，如图 10-4（a）所示。山谷是沿着一个方向延伸的洼地，位于两山脊之间，贯穿山谷最低点的连线称为山谷线。山谷等高线表现为一组凸向高处的曲线，如图 10-4（b）所示。

山脊附近的雨水必然以山脊线为分界线，分别流向山脊的两侧，因此，山脊又称分水线。而在山谷中，雨水必然由两侧山坡流向谷底，向山谷线汇集，因此，山谷线又称集水线。山脊线和山谷线统称为地性线。

在工程规划及设计中，要考虑地面的水流方向、分水线、集水线等问题。因此，山脊线和山谷线在地形图测绘及应用中具有重要的作用。

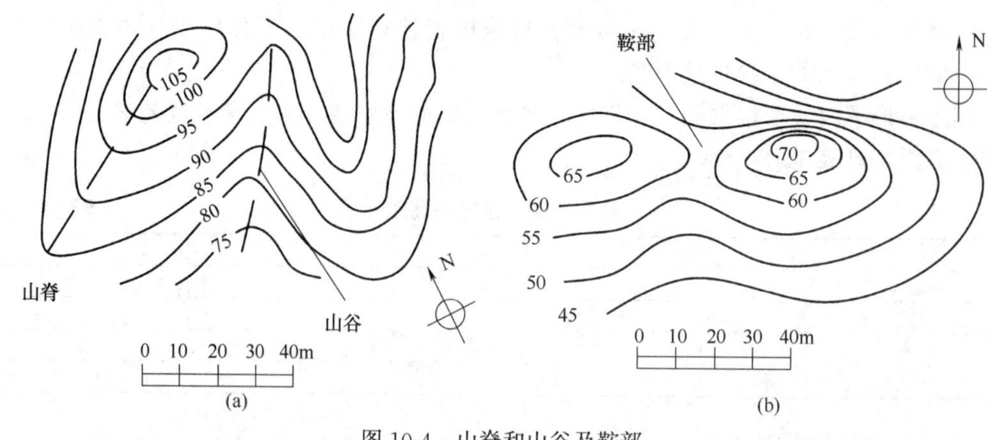


图 10-4 山脊和山谷及鞍部
(a) 山脊和山谷；(b) 鞍部

**4. 鞍部**

鞍部是相邻两山头之间呈马鞍形的低凹部位。典型的鞍部是在相对的两个山脊和山谷的会合处，其左、右两侧的等高线是近似对称的两组山脊线和两组山谷线，鞍部等高线的特点是在大的合曲线内，套有两组小的闭合曲线（图 10-4b），鞍部在是修建山区道路的关节点，越岭道路常需要经过鞍部。

**5. 绝壁和悬崖**

绝壁又称陡崖，它和悬崖都是由于地壳产生断裂运动而形成的。绝壁是坡度在 70°以上的陡峭崖壁，有石质和土质之分。如果用等高线表示，将是非常密集或重合为一条线，因此采用锯齿形的陡崖符号来表示，如图 10-5 所示。

悬崖是上部突出、下部凹进的绝壁，这种地貌的等高线出现相交。俯视时隐蔽的等高线用虚线表示，如图 10-6 所示。

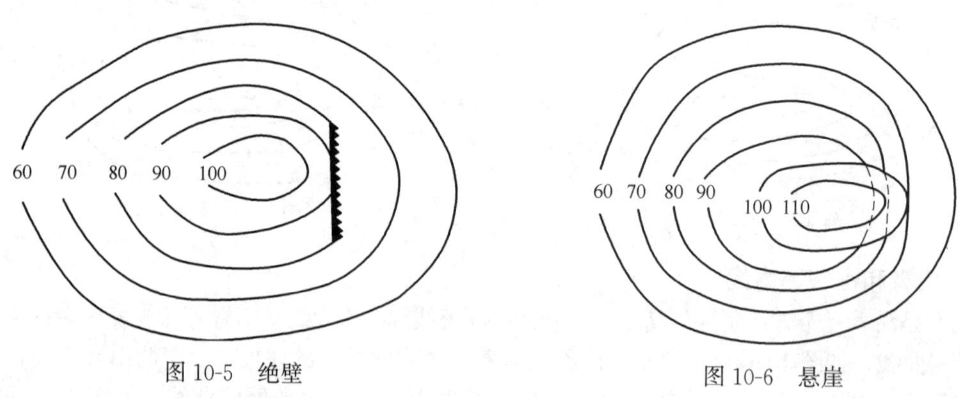


图 10-5 绝壁　　图 10-6 悬崖

## 10.3 地形图的绘制

### 10.3.1 绘制前的准备工作

绘制前的准备工作包括抄录有关测量资料、准备并熟悉地形图图示、检验校正测量仪器、清点工具附件、准备图纸，绘制坐标格网及展绘控制点等。

**1. 准备图纸**

对于白纸手工绘制需要进行图纸准备。测绘地形图使用的图纸一般为聚酯薄膜图纸，这种图纸伸缩性小，透明度好，不怕潮湿，可直接晒蓝或制版成图，并便于携带和保存。测图时为了看清线划，可在薄图纸下面垫一张浅色薄纸。

**2. 展绘控制点**

展绘控制点之前，首先要在图纸上绘制每小格的边长为 10cm×10cm 的格网其边长误差不应超过 0.2mm，对角线长误差（理论值为 14.14cm）不应超过 0.3mm。一般地，所购买的图纸上，其格网已由机器绘制出。下面介绍在已印制好坐标格网图纸上展绘控制点的方法。

如图 10-7 所示，先依比例尺及所分图幅的坐标值，标注坐标格网的坐标，然后根据控制点坐标，决定该点所在的方格。如在图 10-7 中，确定控制点 A 点的位置：设 A 点的坐标为 $x_A=153.83$m，$y_A=127.38$m，根据 A 点的坐标可确定其位置是在 $p/mn$ 方格内。从 $q$、$p$ 点用测图比例尺向右各量 27.38m，标出 $a$、$b$ 点；再从 $p$、$n$ 点向上各量 53.84m，标出 $c$、$d$ 点。$a$、$b$ 和 $c$、$a$ 的交点，即为 A 点。同法，展绘其他各点，并在其右侧注点号和高程（图中分子为点号，分母为高程）。展点后，检查展绘的精度，要求任意两点之间在图上量取的长度与坐标反算长度之差不应超过 0.3mm。

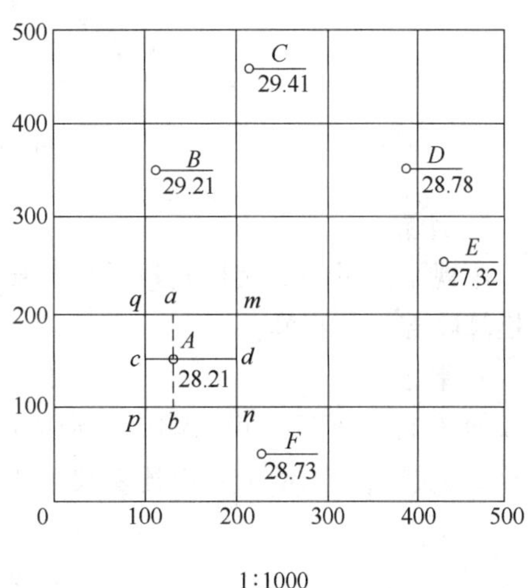


图 10-7 控制点展绘

## 10.3.2 平板测图

平板测图即手工白纸测图，方法有大平板仪测图法、小平板仪与经纬仪（或水准仪）联合测图法、经纬仪或全站仪配合半圆仪测绘法等。目前，平板测图已逐步被数字化测图所取代。所以，下面仅介绍经纬仪测绘法。

如图 10-8 所示，欲测定碎部点（图中的墙角点）并在图上绘出其位置。

**1. 安置仪器**

在控制点架设经纬仪，对中整平，量取仪器高并记录。在仪器旁安置图板。

**2. 定向**

经纬仪盘左照准另一控制点，置经纬仪水平度盘读数为 0°00′。在图纸上由两控制点画一条基准线（即 0°00′线，线长略大于半圆仪的半径），然后用小针将半圆仪固定在测站点。

**3. 立尺**

立尺员在地形特征点（碎部点）上立标尺。

**4. 观测**

经纬仪照准碎部点上的标尺，依次读取视距丝读数、中丝读数、水平度盘读数、竖直度盘读数并记录。

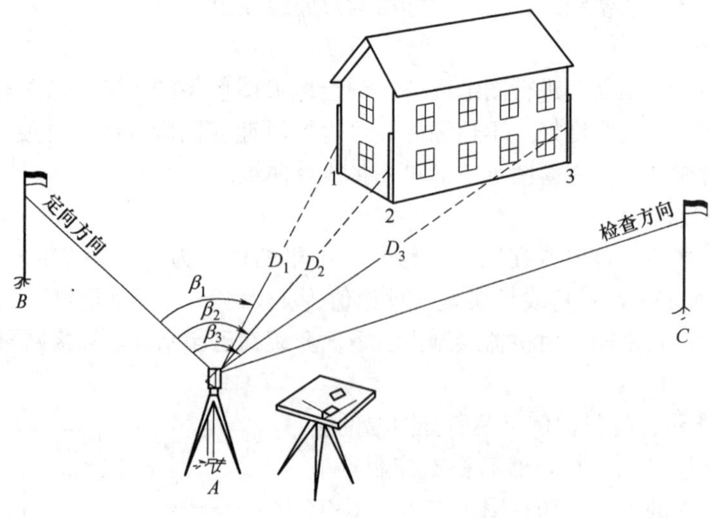


图 10-8　经纬仪测绘法

**5. 计算**

用视距测量公式（见测量学）计算测站点至碎部点的水平距离和高差，再由测站点高程推算碎部点的高程。

**6. 刺点**

如图 10-9 所示，根据测量的水平角（设为 60°）、水平距离（设为 64.5m），用半圆仪将碎部点展绘到图纸上（设比例尺为 1∶1000）并标注高程。同法，测绘其余碎部点。

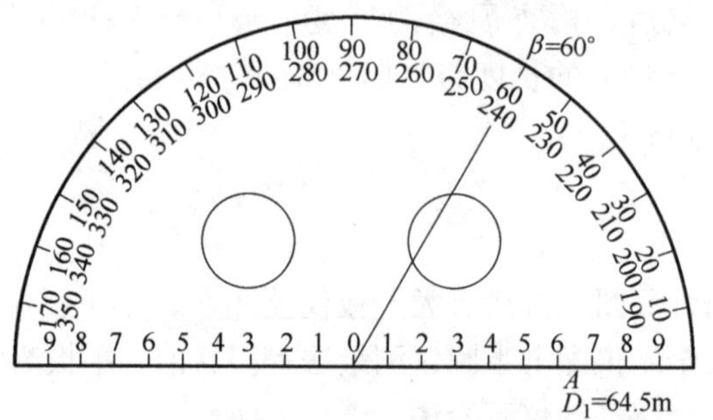


图 10-9　碎部点绘制

## 10.3.3　地形图勾绘

**1. 地物勾绘**

地物按地形图图式绘出，根据测图比例尺，如房屋按其轮廓用直线连接，河流、道路的弯曲部分，则用圆滑的曲线连接，对于不能按比例描绘的地物，应按相应的非比例符号表示。

**2. 等高线勾绘**

对于高低起伏的山地或丘陵地，图纸上测得一定数量的地形点后，即可勾绘等高线。

勾绘等高线的步骤：

（1）先用铅笔轻轻地将有关地形特征点连接，勾出地性线，如图 10-10 中的虚线所示。

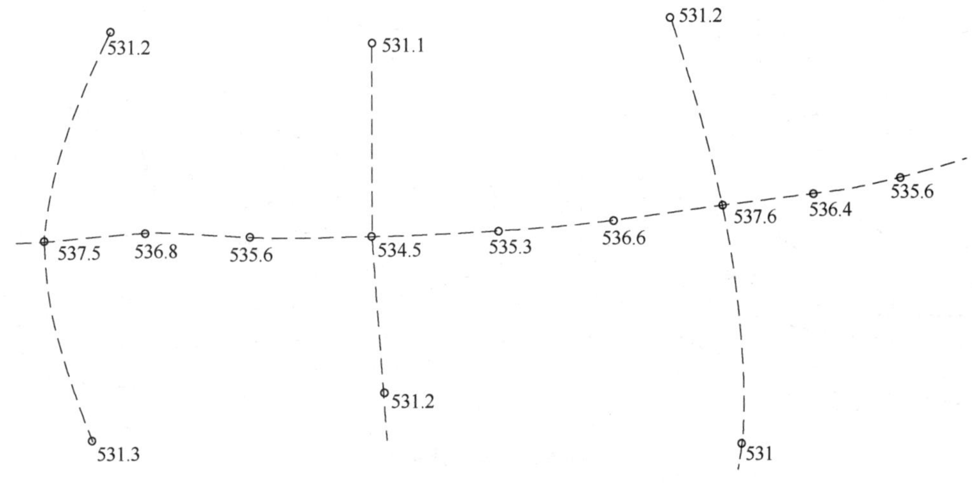


图 10-10　勾勒地形线

（2）然后，在相邻两点之间按其高程和确定的等高距内插等高线。由于测量时是沿地性线在坡度变化和方向变化处立尺（镜），因此图上相邻点之间的地面坡度可视为是均匀的，在内插时按平距与高差成正比的关系。例如，图 10-10 高程点 531.2 与 537.6 点中，应该有 532m、533m、534m、535m、536m、537m 等高线，在地势线上等比例插入高程为 532m、533m、534m、535m、536m、537m 的点，如图 10-11 中 $a$、$b$、$c$、$d$、$e$、$f$ 所示。重复此步骤，插入剩余地势线上的高程点。

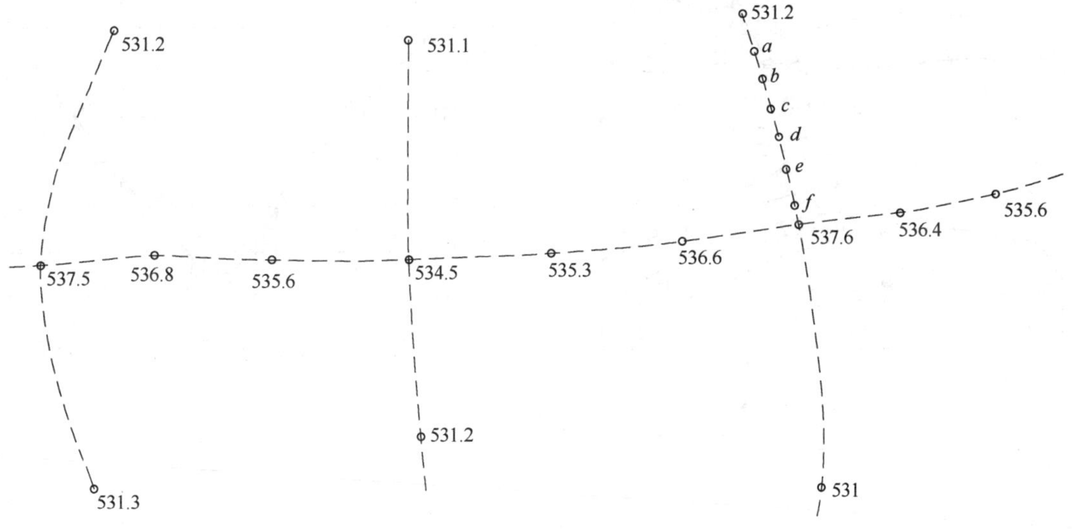


图 10-11　内插高程点

（3）用光滑的曲线将高程相等的点连接起来，如图 10-12 所示。

## 10.3.4　地形图整饰

擦去图上不需要的线条与注记，修饰地物轮廓线和地貌等高线，使其变得清晰明了。在图框外标注图名、图号、比例尺、测图单位、坐标等。

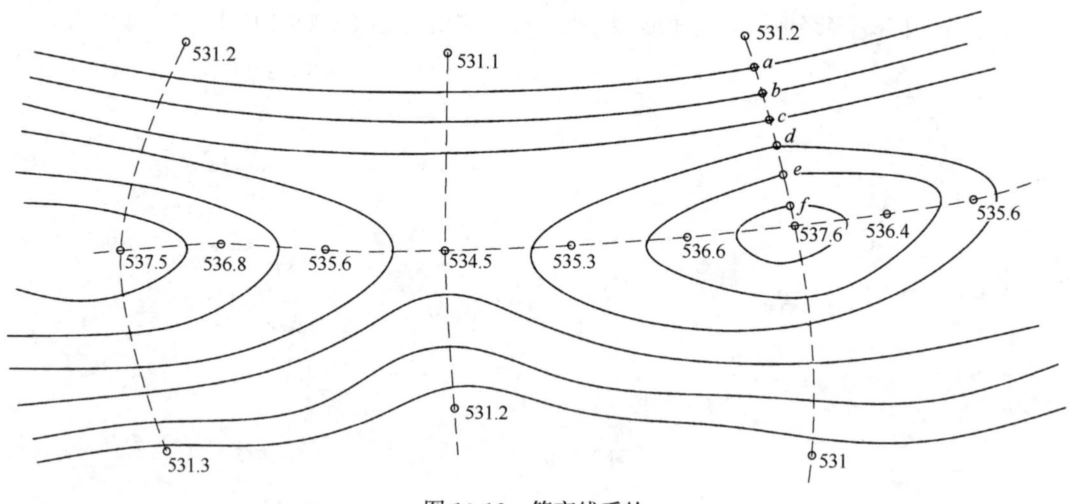


图 10-12 等高线手绘

## 10.4 地形断面图

用铅垂面剖切地形面，画出剖切平面与地形面的截交线的真形，形成断面，在断面上画出地面的材料图例，即为地形断面图。

地形断面图的具体画法如图 10-13 所示。

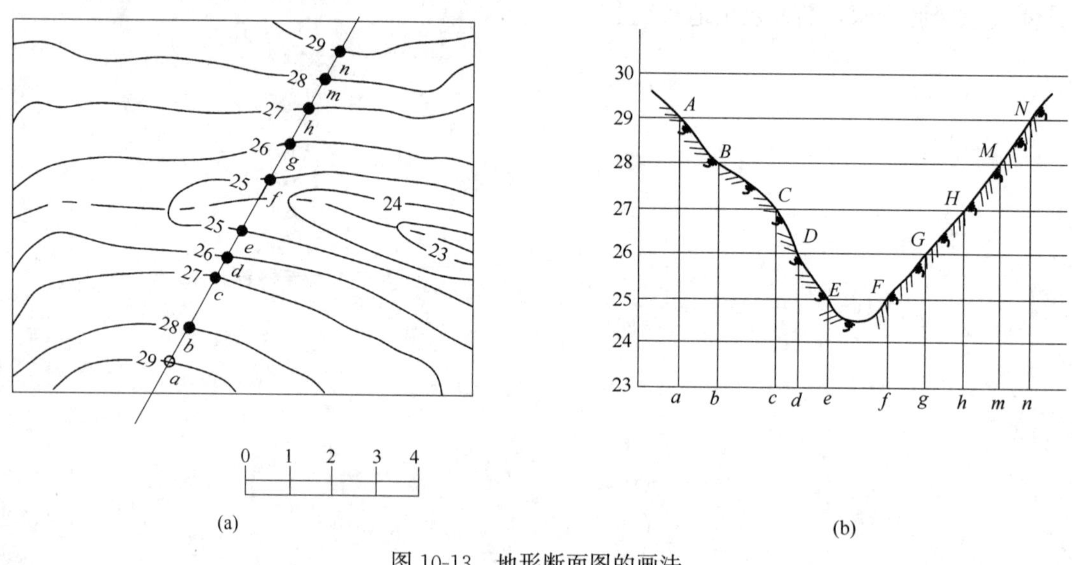


图 10-13 地形断面图的画法

(a) 地形图；(b) 地形断面图

(1) 过地形图上的剖切位置线作铅垂面，用阿拉伯数字或大写拉丁字母注出编号 B—B，编号一侧为剖视方向。将剖切位置线连成细实线，求得铅垂面与地形等高线的交点 *a*、*b*、*c* 等。

(2) 在已知地形图附近作两条相互垂直的直线。根据给定的作图比例，在竖直线上标出地形图中各等高线的高程 14、15、…、20 等。将地形图中 B—B 铅垂面剖到的诸等高

线的交点 $a$、$b$、$c$ 等点，保持其距离不变，量取到水平线上。具体作图时，可以借助于纸条来量取各点的位置。

（3）过水平线上的这些点作竖直线，与相应高程的水平线相交，将交得的点按顺序徒手连成光滑曲线，并在土壤一侧画上材料图例，即得地形断面图。

地形断面图对局部地形特征反映比较直观，地形断面图可用于求解建筑物坡面的坡脚线（开挖线）和计算土石方工程量等。

## 10.5 地形图的判读

下面以图 10-14 所示，着重说明一下通过地形图达到对各个部分的了解。

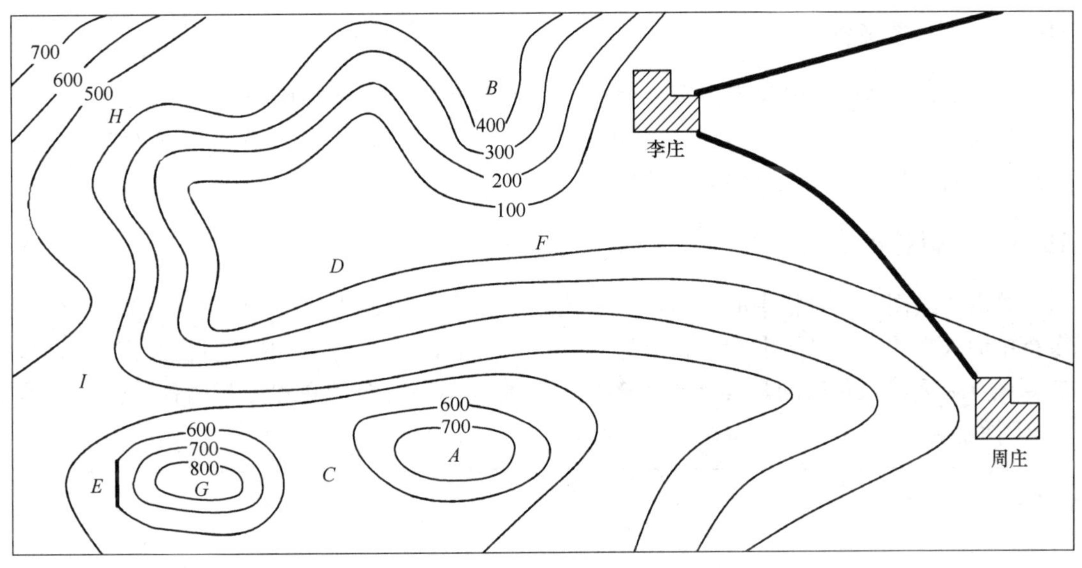


图 10-14 某地地形图

### 10.5.1 等高线的数值

此地形图最高海拔为 850m，最低海拔为 100m，介于两条等高线之间，其数值必定在相邻两条等高线数值之内。图中，$B$ 点的数值应大于 400m，$F$ 点数值应小于 100m，$C$ 点数值应在 600～800m 之间。

### 10.5.2 判读地貌

由地貌标记知 $G$ 点位置为山顶，$E$ 点所在位置为一绝壁，图中右方低于海拔 100m 处，坐落一村庄为李庄，海拔 100～200m 之间，坐落一村庄为周庄，有一乡村道路连接周庄与李庄，大概长度为 1500m。

### 10.5.3 判读地形

看疏密程度，在同一等高线上，等高线分布越密集，等高线越陡，坡度越陡；等高线越缓，则坡度越缓。看弯曲状况，等高线向数值底处弯曲为山脊，向数值高处弯曲为山谷。可知连接 $E$-$G$-$C$-$A$-周庄点连线为山脊线，连接 $B$ 点与 $F$ 点连线为山脊线，$D$ 点与 $H$ 点连线跟与 $I$ 点连线均为山谷线。正对的两组山脊或山谷等高线之间为鞍部（鞍部在山脊的最低处或山谷的最高处），可知图中 $C$ 点所在位置为鞍部。看闭合情况，等高线闭合，而且数值从中心向四周逐渐降低为山顶或山峰；等高线闭合，且数值从中心向四周逐渐升高为盆地。可知图中，$G$ 点与 $A$ 点所在位置为山顶。

## 10.6 CAD 软件中绘制地形图

在用计算机绘制地质剖面图时，所选择的绘制软件的不同，其绘制的方法也会不一样。本节使用 AutoCAD 软件进行地形图的绘制。

### 10.6.1 新建文件

打开 AutoCAD 应用程序，选择菜单栏中的“文件”→“新建图形文件”命令，打开“选择样板”对话框，单击“打开”选项右侧的下拉按钮，以“无样板打开-公制”（mm）方式建立新文件，将新文件命名为“地形图”并保存。

### 10.6.2 展特征点

单击“绘图”工具栏中的“多点”选项或在命令行中输入“point”然后回车，在命令行中输入高程点的“$y$ 坐标，$x$ 坐标”，单击“注释”工具栏中的“多行文字”选项，在高程点附近输入对应的高程数值，多次重复输入绘制剩余的高程点与高程数值，如图 10-15 所示。

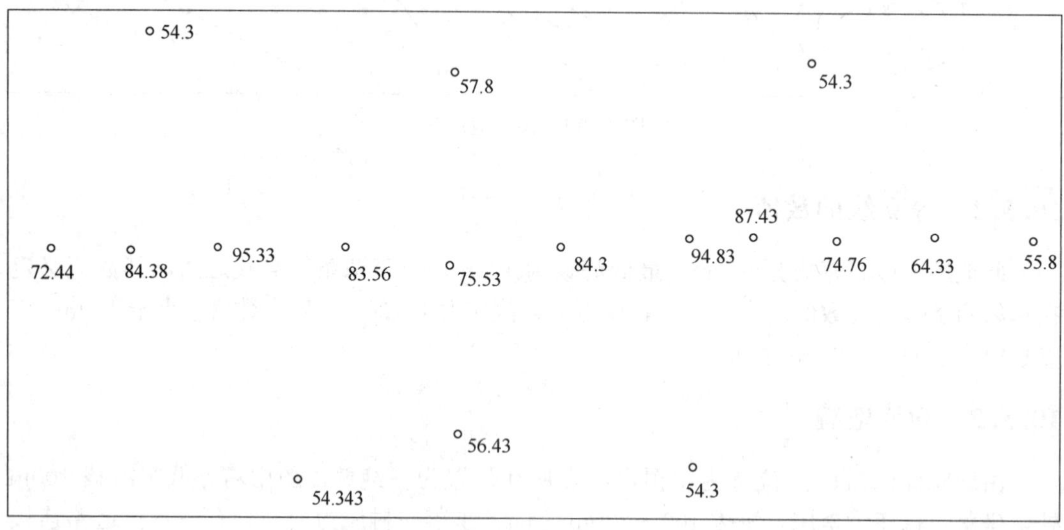


图 10-15 展高程点

### 10.6.3 绘制地物

单击“绘图”工具栏中的“直线”选项，在地物高程点 95.33 与 94.84 附近，绘制一个三角形符号表示山头，如图 10-16 所示。

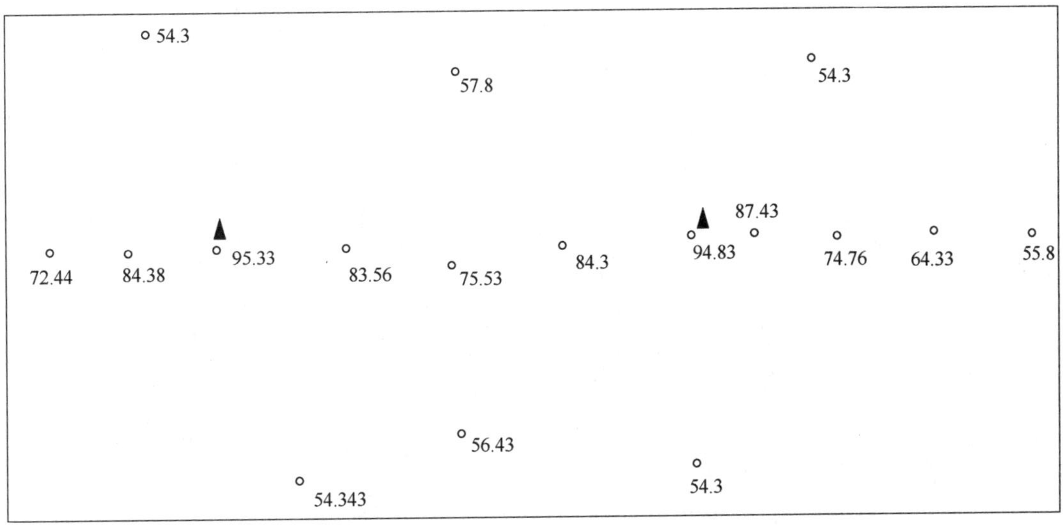


图 10-16　绘制山头

### 10.6.4　绘制地性线

单击“绘图”工具栏中的“样条曲线”，依次点击图中特征点 72.44、84.38、95.33、83.56、75.53、84.3、94.83、87.43、74.76、64.33、64.33、55.5。此时，绘制出第一条地性线，如图 10-17 所示。重复上述步骤，地性线绘制完成，如图 10-18 所示。

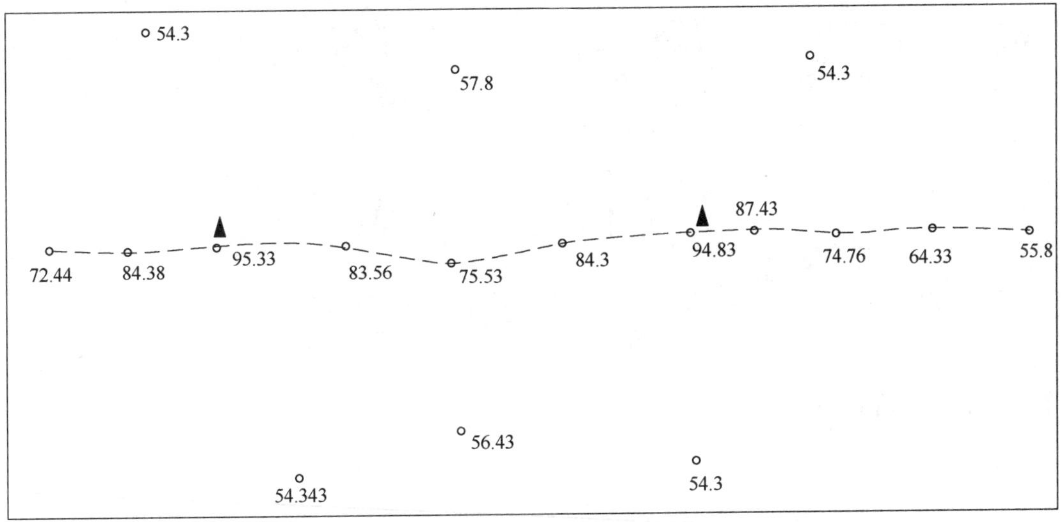


图 10-17　绘制第一条地性线

### 10.6.5　内插高程点

单击“绘图”工具栏中的“多点”选项或在命令行中输入“point”然后回车，在地性线上等比例内插高程点，如图 10-19 所示。a、b、c、d 三点所代表高程分别为 60m、70m、80m、90m。

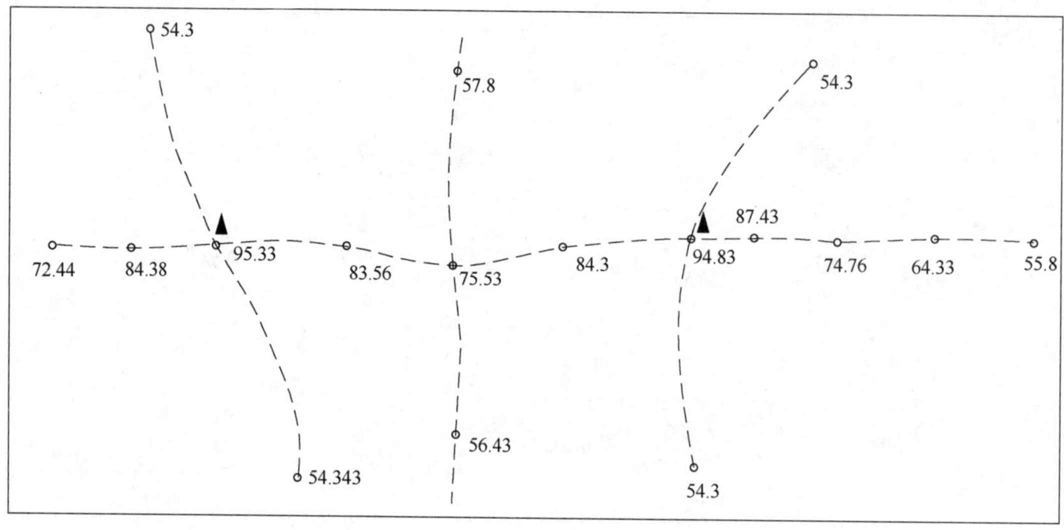


图 10-18 地性线绘制完成

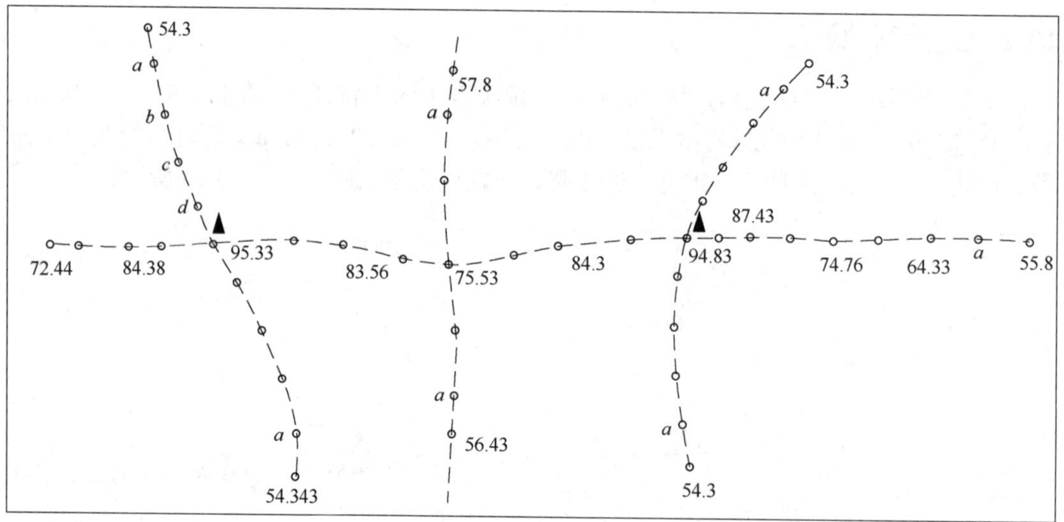


图 10-19 内插高程点

### 10.6.6 绘制等高线

单击“绘图”工具栏中的“样条曲线”，依次点击标记为 $a$ 的高程点，单击回车，此时第一条等高线绘制完成，如图 10-20 所示。重复此步骤，等高线绘制完成，如图 10-21 所示。

### 10.6.7 整理装饰地形图

单击“修改”工具栏中的“修建”选项，修剪掉图上不需要的线条。单击“注释”工具栏中的“多行文字”选项，在相应的位置绘制图名、比例尺、经纬度等，地形图绘制完成，如图 10-22 所示。

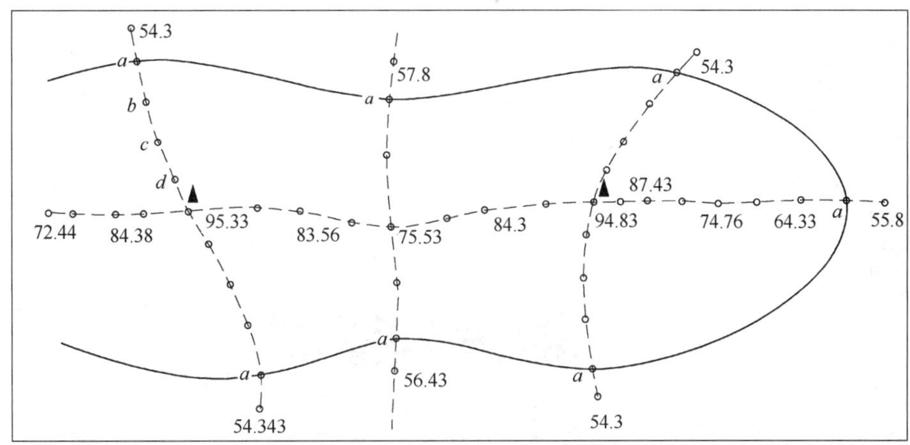


图 10-20　绘制第一条等高线

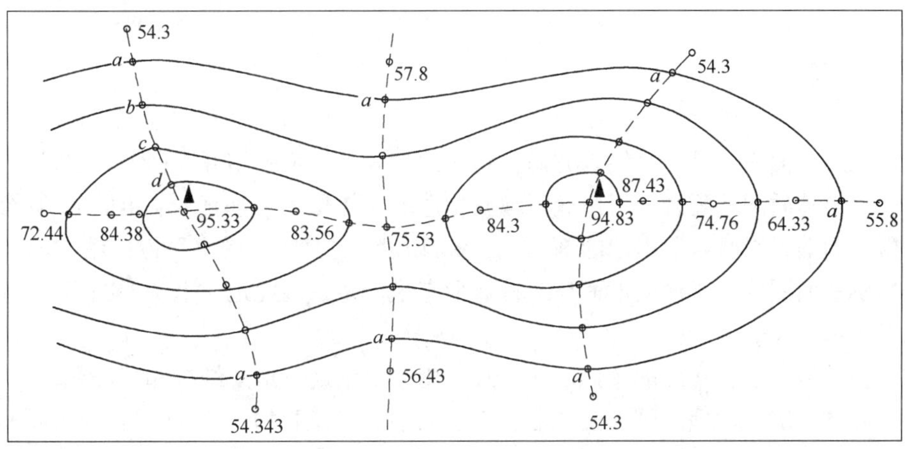


图 10-21　等高线绘制完成

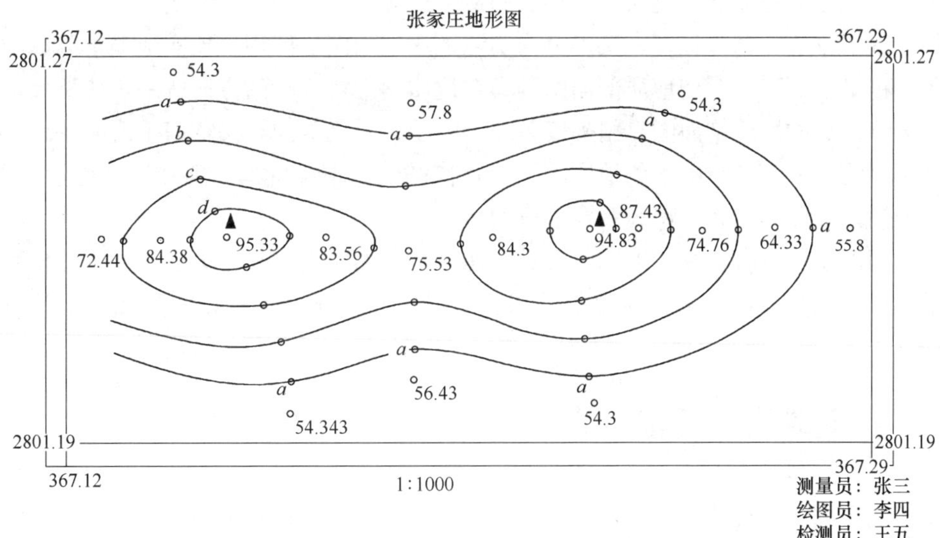


图 10-22　张家庄地形图

# 第11章 地质剖面图

## 11.1 概述

所谓地质剖面图，是指沿铅垂方向，将大地切开片，反映切开断面上岩层及构造形态的图件。它与地质图相配合，可以获得地质构造的立体概念。垂直岩层走向的地质剖面图称地质横剖面图；平行岩层走向的剖面图，称地质纵剖面图；按水平方向编制的剖面图，称水平地质断面图。由于横向剖面反应构造形态最清楚，因此地质上讲的剖面图一般是指横向剖面图。

它是一种地质学上常用的图形表达方式，用于展示地下地质结构和特征在垂直方向上的变化。通常情况下，地质剖面图是沿着特定的剖面线绘制的，这条线可以是现场测量的路径或者在地质地图上规划的线路。主要目的是将地质信息从水平地图视角转换为垂直剖面视角，以便更清楚地展示地层、岩性、构造特征等随深度变化的情况。

根据制图方法和精确程度，又可分为实测地质剖面图，即用仪器实地测量制成的地质剖面图，精确度最高；图切地质剖面图，即在地质图上按选择的方向按一定比例尺，用投影方法编绘而成的地质剖面图，精确度稍差；随手地质剖面图，又称信手或顺手地质剖面图，即用目测的方法勾绘出来的地质剖面图，作图快，精确度低，但在野外考察过程中，常信手绘制，以便迅速和大略表示要了解的地质现象。

地质剖面图通过其详细和准确的视觉表达，帮助地质学家和相关专业人士分析和理解复杂的地质结构和地质过程，对地质勘探、工程设计、资源评估等领域具有重要的应用价值。

## 11.2 实测地质剖面图

实测地质剖面图是地质填图工作的重要组成部分，主要任务是划分地层单位，建立填图区的地层层序，确定地层的地质年代，查明岩石的岩石学特征和划分出单元和归并超单元，认识岩石的变形及变质地质特征，查明各种地质体的构造特征和相互关系，确定填图单位。

地质剖面的类型主要有地层剖面、岩体剖面、构造剖面、火山岩剖面、第四系剖面、矿体剖面、地貌剖面等。每种剖面有不同的作用，解决不同的地质问题。现以地层实测剖面为例加以说明。

由于在实测过程中的具体情况、具体要求及人们的习惯不同，实测地质剖面图有着不同的绘制方法。归纳起来，可分为直线法、展开法和投影法三种。

## 11.2.1　实测地质剖面图一般规定

（1）剖面比例尺。根据剖面所要研究的内容、目的、岩性复杂程度等，精度要求按实际情况具体对待。一般情况下比例尺为 1/500～1/10000。

（2）剖面上分层精度的要求。原则上在相应比例尺图面上达 1mm 的单位（厚度）均需表示。但一些重要或具特殊意义的地质体，如标志层、化石层、含矿层、火山岩中的沉积夹层等，其厚度在图上虽不足 1mm，也应放大到 1mm 表示，并在文字记录中说明。分层间距按斜距丈量。

（3）在剖面图中，分系（统）线应大于分组线，分组线应大于分层线，分层线应大于岩性线，如图 11-1 所示。

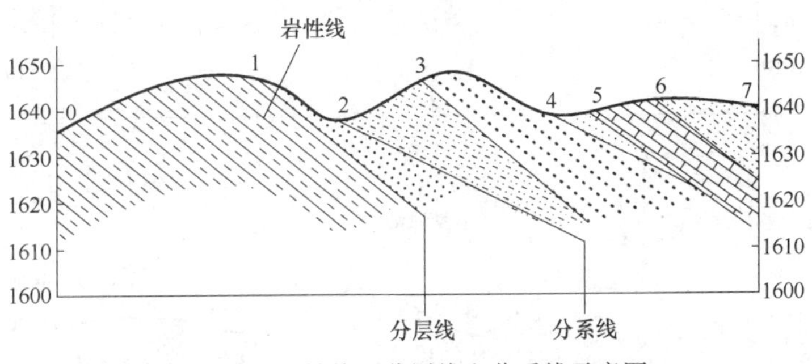


图 11-1　岩性线、分层线和分系线示意图

（4）如果剖面线方位与岩层走向所夹锐角大于 80°时，可直接用岩层的真倾角绘出岩层分界线，无须换算成视倾角。

（5）剖面图的名称应当包括所在的省、县（市）、乡镇、行政村和具体的地名或自然村以及所测制的地层层位。

## 11.2.2　直线法

由于剖面导线始终保持一个方向，实际上整个剖面导线是由各分导线组成的一条直线，故称为直线法。

**1. 直线法的适用条件**

直线法适用于构造简单、岩石裸露，以及地形平坦、通行条件好的地区。其特点是导线始终保持一个方向，并且大致垂直于地层或构造线的走向，沿剖面线只有地形的起伏而无其他因素干扰。因此，用直线法作图具有方法简单、误差小，能真实反映地表地质情况的优点。但由于直线法仅能适用于导线始终保持一个方向的剖面，因此，满足这种条件的往往是一些短剖面，对于多数实测剖面方向有一定变化的长剖面来说，直线法作图已解决不了实际问题。

**2. 直线法绘制步骤**

剖面图的绘制一般是在方格计算纸上绘制。首先应该根据剖面的长度和高度，按制图比例尺缩小后，留足图名、比例尺、图例、责任表等所占面积，选足够大小的绘图用纸，然后根据实测地质剖面记录表的数据和内容作图，其绘图步骤如图 11-2 所示。

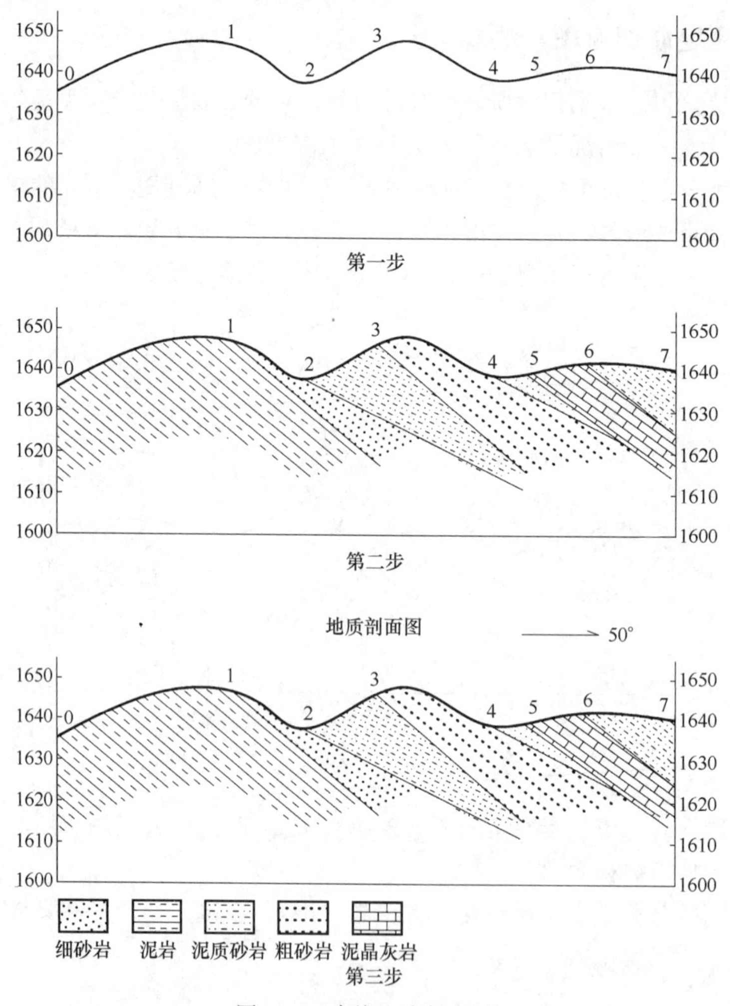


图 11-2 直线法绘制步骤

第一步：绘制地形线。

（1）根据实测剖面总水平距、最高导线点与最低导线点之间的高程差，剖面图的纵、横比例尺（一般纵、横比例尺应一致），画出剖面图的基准线（水平线），在基准线的两端垂直向上做垂直比例尺，基准线的位置要比最低导线点的高程略低，以能够表示岩性、构造及产状、标本等各种注记为准。垂直比例尺的高度要比最高导线点的高程相等或略高，终止高程应是垂直比例尺的整刻度。

（2）依据各导线点的水平距和累计高程，分别作出各地形点，然后连接各点；同时，参考剖面草图勾绘的地形细节，画成一条圆滑的地形线轮廓线，并在地形线上注明各导线点的位置。

第二步：填绘地质内容。

地质内容按分层平距垂直投影到地形线上，并找出岩层分界点的位置，根据岩层在剖面线方向上的视倾角绘出分层界线。如果剖面线方向与岩层走向夹角大于 80°，可直接用岩层真倾角绘出岩层分界线，无须进行视倾角的换算。各分层依据岩性描述的内容，选择相应的岩性符号将其绘出填满，注明分层编号、产状、地层代号、标本采集地点及其编号。为了醒目，通常岩层界线比岩性符号线稍长，地质年代界线要比岩层分层界线稍长。对于实测构造剖面或实测地层剖面中有地质构造时，应注意首先将断层在地形线上的位置找出，然后再绘岩层分界线。当遇到不整合时，则应首先将不整合面画出，然后再画下伏地层。对于平行不整合，要用规定的线条加以表示。在断层线两侧，应表示它们在该剖面上的相对位移方向、断距及其断层产状。对于被剥蚀的褶皱，选择适当层间界面用虚线将其相连，以反映构造形态的完整性。

第三步：整饰。

填绘好地质内容之后，应进行一次详细的自查，核实无误后便可对图面进行整饰。整饰工作主要包括清除制图过程中的辅助点、线，修正线条的宽度和色调轻重，断层线改用红色，标注剖面方向、产状、分层号，书写图名、比例尺、绘制图例、责任表及图框等。

图名要求使用美观、大方的字体，书写在图的上方居中位置或图幅内上方的适当位置。比例尺可用数字比例尺或线条比例尺表示，一般放在图名下方正中位置。其中，垂直比例尺一定采用线条比例尺；当水平比例尺与垂直比例尺不一致时，图名下方的比例尺应分别表示。剖面方向要用方位角标于剖面两端垂直比例尺或竖直线的顶端，也可在剖面的一端用箭头表示。图例一般放在图的左下方，用大小统一的长方形小方框画出，按一定顺序排列并用文字标注。责任表放在图的右下方位置。有时因剖面的长度、地形变化等各种因素，为使图面布局合理，上述各项的位置可以适量灵活掌握，但必须符合剖面图的图式要求。

### 11.2.3　展开法

在实测剖面过程中，由于各种因素影响，剖面导线不可能始终保持一个方向而多呈反复转折。因此，作图时采用将导线拉直，犹如一个呈折线摆放的屏风，使其展开为一平面，这种作图方法称为展开法。

展开法作图的优点是制图方便，不影响分层厚度的计算，就其每条导线内部来说，其地层、构造情况完全与真实情况相一致。但从展开以后的整体来看，地质体的形象有时却受到了一定程度的扭曲，如加大了地质体的实际长度，同一产状不同导线段视倾角不同，甚至会出现人为的褶皱、断层或不整合现象等。

展开法作图简单，无论剖面导线如何变化，一律拉成一条直线，每条剖面导线都按直线法作图，最后对接在一起构成一条完整剖面，并在对接处注明剖面方位，其他图素和整饰内容同直线法。

其绘制方法与直线法类似，此处不再阐述。

### 11.2.4 投影法

投影法是剖面导线方向不断转折的另一种制图方法。它是将实测的导线点、岩性分界点、地层界限点、岩层产状、断层、岩体界线点等垂直投影到水平面上，然后再投影到重新确定的剖面总方向线上，最后绘制剖面图的一种方法。由于投影法作图比较复杂，图面的构成与直线法和展开法不同，除图名、比例尺、图例和责任表等外，它通常由平面图和剖面图两大部分组成。主要流程为导线平面图-线路地质平面图-地层剖面图。

**1. 导线平面图**

第一步：作导线平面图草图。

根据各导线的前进方向、水平长度和剖面图比例尺，做出导线平面图的草图。

第二步：确定剖面总方向。

确定剖面总方向的方法有许多种，但最经常被采用的为两种：一种方法是将剖面测量的起始点和终点相连，即得到剖面总方向（如图 11-3 第二步中的 *A*-*B* 方向）；另一种方法是取大致平分导线平面图草图中各折线（即各导线）的方向，为剖面总方向。

第三步：将导线平面图草图描到绘图用纸上。

将导线平面图草图沿剖面总方向横向摆放，把草图上的各折线和导线号描到绘图用纸上（通常为方格厘米纸）。描绘时注意“西左东右，南左北右”的习惯原则，如图 11-3 第三步所示。

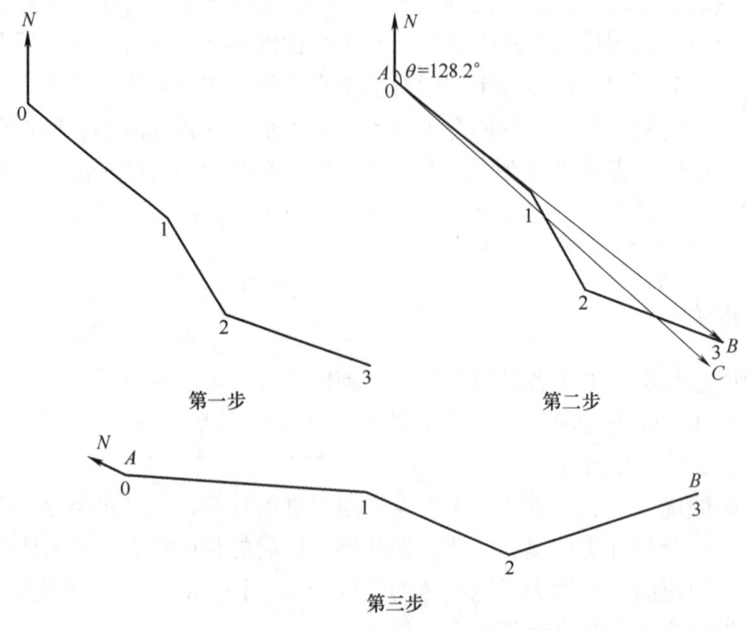


图 11-3 绘制导线平面图的步骤

**2. 线路地质平面图**

线路地质平面图其实就是导线平面图添加其他元素构成的，添加元素如下：

（1）分层界线：

分层界线的延伸方向，必须沿岩层走向画（注意：此时，导线平面图的正北方向一般不与绘图用纸的纵坐标方向一致）。

不同层次的分层界线，其长度应有明显的区别（剖面图的分层界线亦如此）。如图 11-5 中二叠系（P）与石炭系（C）之间的分界线，应明显地比石炭系中统（$C_2$）与下统（$C_1$）之间的分界线和石炭系上统（$C_3$）与中统（$C_2$）之间的分界线长；石炭系中统（$C_2$）与下统（$C_1$）之间的分界线和石炭系上统（$C_3$）与中统（$C_2$）之间的分界线，应明显地比石炭系下统（$C_1$）内各岩层之间的分界线长，其他依此类推（注：分层界线具体长度应视整个图件图幅的大小而定，以尽可能使得整个图幅美观协调为原则）。

（2）分层层号：

在各分层界线之间标上各岩层的分层层号，如图 11-4 中的①②③④⑤。

1）地层代号：

如图 11-4 中的 $D_3$、$C_1$、$C_3$、$P_1$。

2）岩层产状：

从剖面测量记录表中选取一些有代表性（即能反映岩层产状变化情况）的产状标注到导线平面图上。产状统一标在各分导线的上方或下方（紧靠分导线），走向线长 0.6～0.8cm，倾向线长 0.2～0.3cm。

3）标本采集位置：

岩石标本用“▽”，化石标本用“×”标在各导线相应位置的上侧。并在各导线上方适当位置标出标本样号，岩石标本用 *R*001、*R*002、*R*003……，化石标本用 *F*001、*F*002、*F*003……，如图 11-4 所示。“▽”的下顶点和“×”的交叉点为标本采集位置。

绘制完成，如图 11-4 所示。

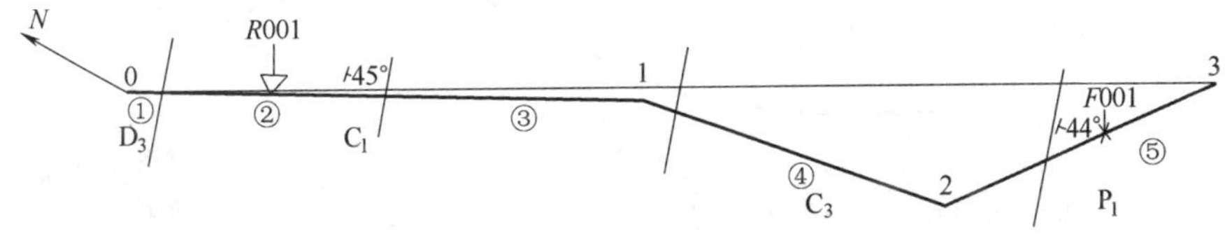


图 11-4　线路地质平面图

（3）地层剖面图：

第一步：投影、画出地形轮廓线。画好线路地质平面图以后，在下方画出剖面图的基准线，它要与导线平面图中的基准直线平行。两端画好竖直比例尺，然后把导线平面图上各导线点铅直投影到剖面图的基准线上，同时，按各导线点的累计高程，画出地形轮廓线，地形轮廓线一定要画成一条圆滑的曲线。

第二步：将线路地质平面图中导线上的地层界线点、岩层分层点、岩层产状位置等，顺其走向投影到导线平面图上的基准线，再铅直投影到剖面图中的地形线上，如图 11-5 所示。用岩层的视倾角绘出岩层分层界线（利用导线平面图上的基准线与岩层走向夹角、岩层真倾角，查表求得视倾角）。

第三步：按照图例要求注明地层和岩层分层的岩性、代号、产状等，写上图名、比例尺及方位，并进行整饰。见图 11-6。

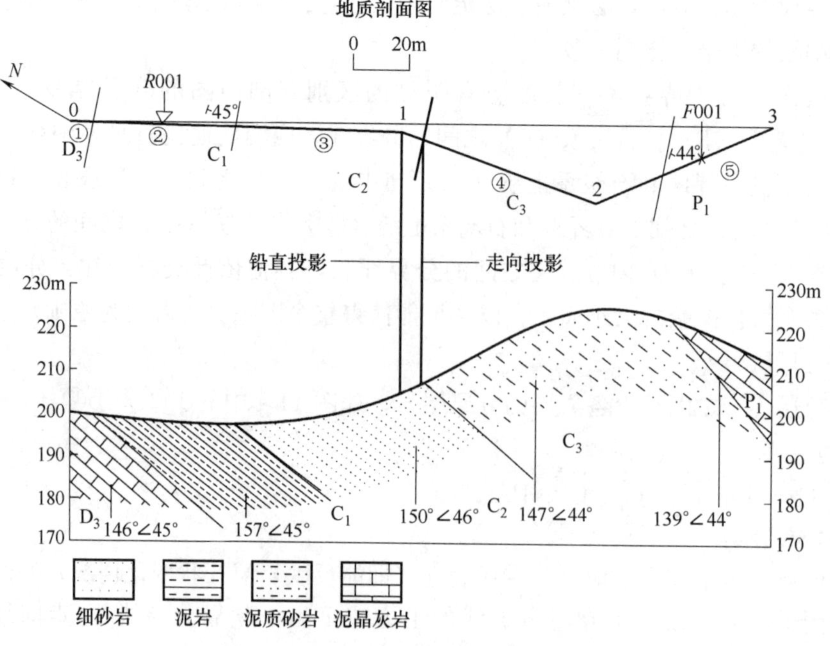


图 11-5　铅直投影与走向投影示意图

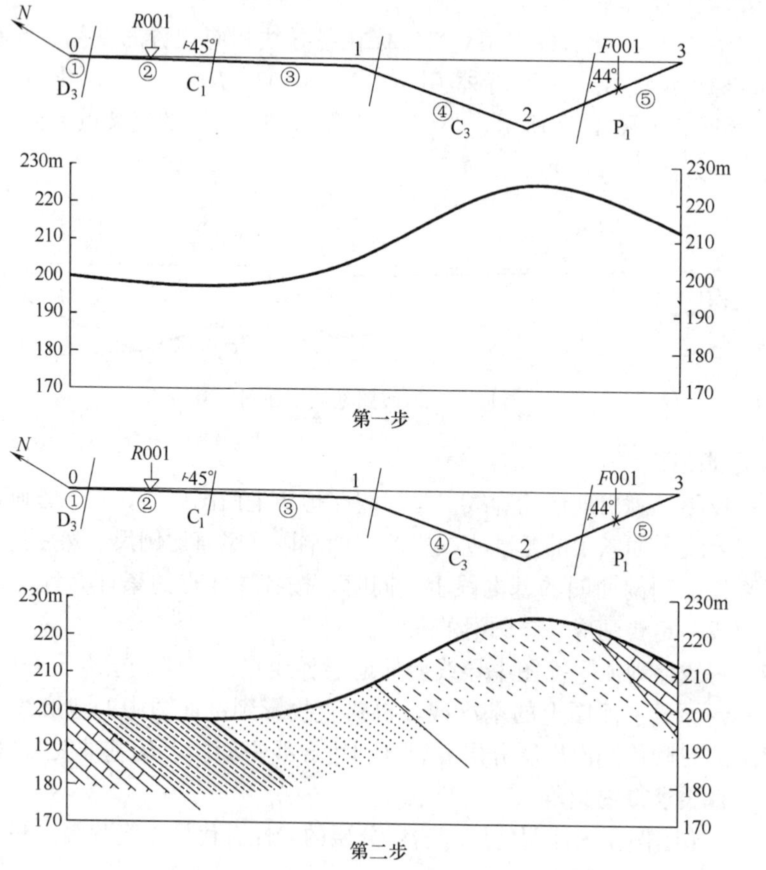


图 11-6　投影法绘制地层剖面图的步骤

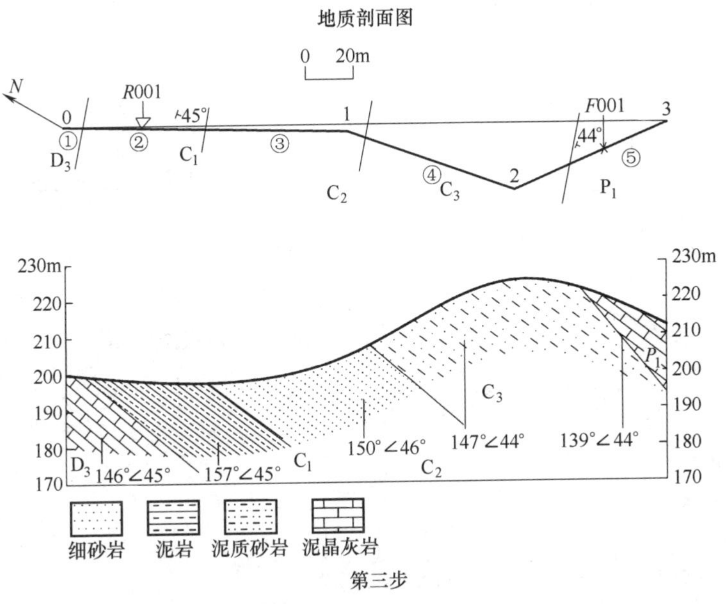


图 11-6　投影法绘制地层剖面图的步骤（续）

## 11.2.5　实测地质剖面图的阅读

实测地质剖面图一般由线路地质平面图与地层剖面图组成，首先应当按照从整体到局部再到整体的方法，了解图内一般地质情况，例如地层分布情况，老地层分布在哪些部位，新地层分布在哪些部位，地层之间有无不整合现象等，有无褶皱和断层，并判断是哪种类型的褶皱和断层，是否出现侵入岩，查看比例尺的大小，确认剖面图的大概范围，弄清楚里面数字及符号代表什么，然后根据地层和构造分析，恢复场地的地质发展历史。下面以图 11-7 为例，着重说明地质剖面图的各个部分。

**1. 阅读线路地质平面图**

由图 11-7 上部可知，比例尺为 1∶500，由水平向右为北偏东 50°可知正北方向在图纸上应为北偏东 40°，共实测有七条导线，导线上的斜线代表分层线与分系（统）线，其中较长的线为分系线，从左到右依次为上侏罗统，中新统，更新统，其中上侏罗统与中新统之间缺少地层白垩系，古近系，但上侏罗统与中新统地层产状基本保持平行，所以为平行不整合接触。中新统与更新统与上同理，缺少上新统地层，也为平行不整合接触。图上的 R001 代表采取的岩石标本，在 0-1 导线 29.53m 处取岩石标本灰白色细砂岩 R001，在 1-2 导线取 18.39m 岩石标本灰绿色细砂岩 R002，其余标本不做阐述，共取七个岩石标本。

**2. 阅读地层剖面图**

由图 11-7 下部可知，地层高程为 1925m 到 1940m 之间，根据分层线得划分岩层为 7 层，根据图例可知从左到右依次为泥岩，细砂岩，泥质砂岩，粗砂岩，细砂岩，泥晶灰岩，泥质砂岩。各岩层产状依次为 56°∠39°、56°∠39°、46°∠26°、26°∠40°、30°∠27°、

12°∠35°、12°∠38°，从分系（统）线可以看到，从左至右地层年代为上侏罗统、中新统、更新统。

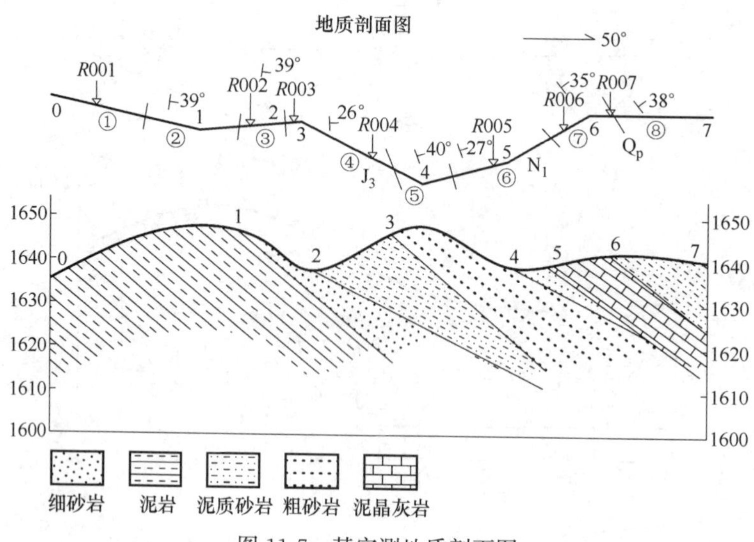


图 11-7　某实测地质剖面图

## 11.3　图切地质剖面图

### 11.3.1　图切地质剖面图的一般规定

（1）一幅正规地质图上必须附有一幅或几幅图切剖面图。剖面线位置应穿越图区有代表性的主要地层或构造区段。如果测区内不同区段地质构造有明显差异，可分别切制两条或多条剖面。剖面线的位置应标在地质图上，以 A—A′、B—B′或Ⅰ—Ⅰ′、Ⅱ—Ⅱ′等表示。

（2）单独绘制剖面图时，要标明剖面图图名，如周口店太平山南坡地质剖面图；如果图切剖面附在地质图下部，则以剖面标号表示，如Ⅰ—Ⅰ′地质剖面图或 A—A′地质剖面图，并在剖面图两端也相应注上同一代号。图名要求使用美观、大方的字体书写在图的上方居中位置，或图幅内上方的适当位置。

（3）剖面图的比例尺应与地质图的比例尺一致。垂直比例表示在剖面两端竖立的直线上，按海拔标高标示，其比例尺与水平比例尺应一致。比例尺可视情况用数字比例尺或线条出例尺与垂直比例尺不一致时，图名下方的比例尺应分别加以表示。

（4）剖面方向要用方位角标于剖面两端垂直比例尺或竖直线的顶端，也可在剖面的一端用箭头表示。剖面所经过的主要山岭、河流、城镇应在剖面上方所在位置注明。最好把方向地名排在同一水平位置上。剖面图放置一般为南右北左、东右西左，北东、南东在右，北西、南西在左。

（5）剖面图与地质图所用的地层符号、色谱应该一致。如剖面图和地质图在一幅图上，前者的地层图例可以省去。

（6）图例一般放在图的左下方，用大小统一的长方形小方框画出，按一定顺序排列并用文字标注。责任制表放在图的右下方位置。有时因剖面的长度、地形变化等各种因素，为使图面布局合理，上述各项的位置可以适量灵活掌握，但必须符合剖面图的图式要求。

### 11.3.2　图切剖面图的制图方法及步骤

第一步：选择剖面位置：在分析图区地形特征、地层的出露、分布和产状变化以及构造特点的基础上，要使所作的剖面图尽量垂直于区内地层走向，通过地层出露较全和主要构造部位；或者选在阅读地质图需要作剖面的位置。选定后，将剖面线标定在地质图上。

第二步：绘地形剖面：在方格纸或绘图纸上定出剖面基线，长短与剖面相等，两端画上垂直线条比例尺，并注明标高。基线标高一般取比剖面所过最低等高线高度要低 1～2 个间距，然后以基线高程为起点，按等高距依次注明每条平行线的高程。最后将地质图上的剖面线与地形等高线相交各点一一投影到相应标高的位置，按实际地形用曲线连接相邻点即得地形剖面。

第三步：完成地质剖面：将地质图上的剖面线与地质界线（地层分界线、不整合线、断层线等）的各交点投影到地形剖面线上，按各点附近的地层产状绘出分层界线。如剖面与走向斜交时，则应按剖面方向的视倾角绘分界线，按岩性绘出各层岩性花纹，并注明各岩层的地层代号，按地质剖面图格式要求进行整饰。

具体绘制时注意以下问题。

第一，当地层之间有不整合时，一般先绘出不整合界线，然后再绘出不整合面以上的地层和构造，最后再画出不整合面以下的地层和构造。被不整合面所掩盖的地质界线，可顺其延伸趋势延至剖面线上，再将该点投影到不整合面，从此点绘出不整合面以下的地质界线。

第二，图区内有断层时应先绘出断层线，然后再绘出断层两盘的地质界线。在断层线上下盘表明断层名称、产状和断层两盘运动方向。注意断层两盘地层在断层活动中可能引起的牵引现象等。

第三，根据岩浆岩体产状，合理推断岩浆岩体在剖面上表现特点。如岩墙在剖面上的产状与断层的产状是一致的；岩珠、岩基与围岩侵入接触，向下出露宽度增大等。

第四，绘制褶皱时要首先分析图区内褶皱的形态、组合特点以及次级褶皱等，在剖面线和地形剖面上用铅笔标出背斜（如“∧”）和向斜（如“∨”）的位置，对于剖面附近可能延展到剖面切过处的次级褶皱，也应将其轴迹线延到与剖面相交处，并在剖面线和地形剖面上标出相应位置。

绘制褶皱构造时应先从褶皱核部地层界线开始，逐次绘出两翼，并要注意表现出次级褶皱。轴面直立或近于直立的褶皱转折端的形态与它在平面上倾伏端露头形态大致相似。根据枢纽的倾伏角作纵切面图可以求出其具体的形态。

总之，绘制图切剖面图除了按绘图的方法步骤绘制外，全面分析地质图地层、构造特点及相互关系等是至关重要的。图 11-8 为倾斜岩层剖面图的绘制示例。

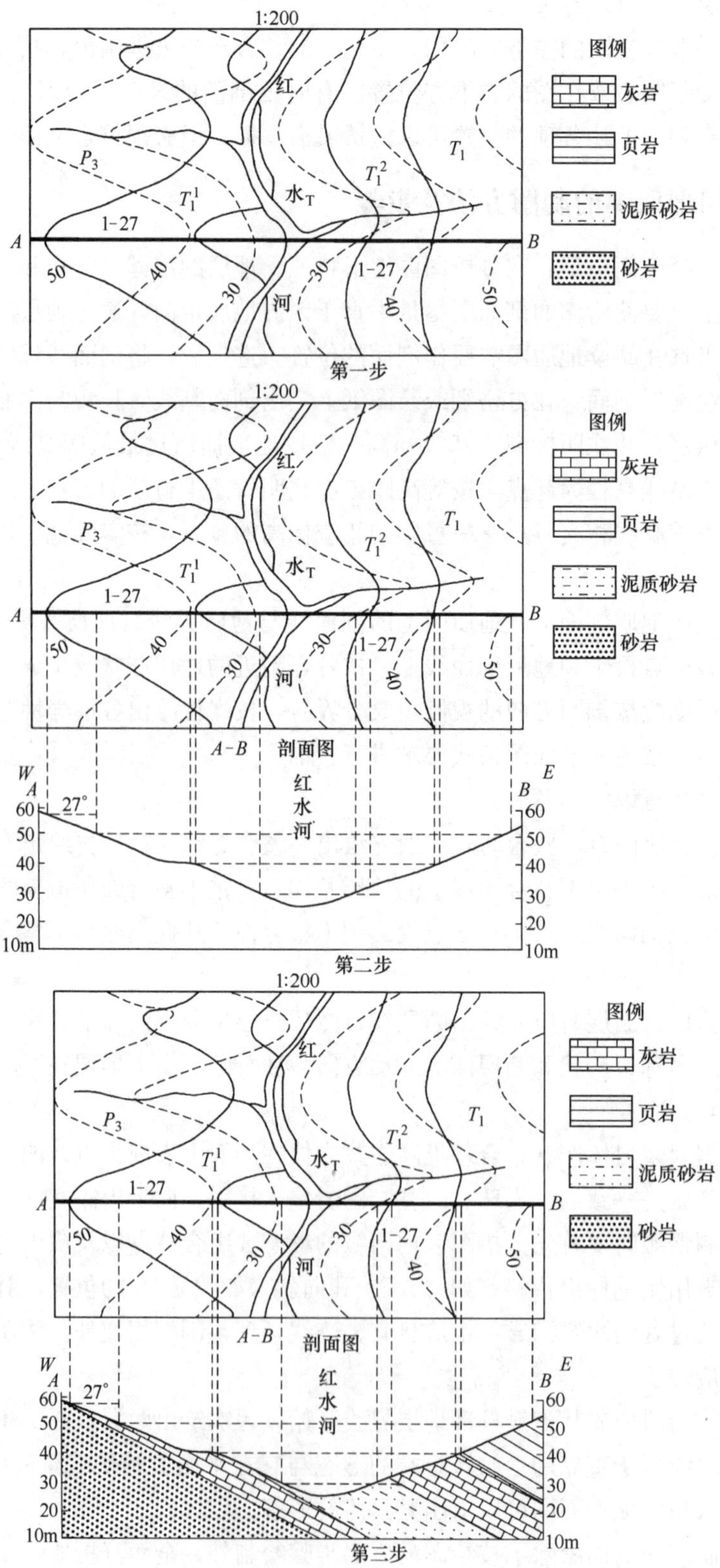


图 11-8 绘制倾斜岩层剖面图方法示意图

# 11.4　地质剖面图在 CAD 软件中的绘制

在用计算机绘制地质剖面图时，所选择的绘制软件不同，其绘制的方法也会不一样。本节仅介绍适用 AutoCAD 绘图软件绘制地质剖面图的方法和步骤。

本节以实测表 11-1 为例，说明使用 CAD 绘图的方法。本例设定绘图幅面为 A3，横放。

## 11.4.1　绘图前的准备工作

与手工绘图要准备好各项准备工作一样，进行 CAD 制图首先也要进行必要的准备工作，包括建立文件，设置图层等，这样可以提高工作效率。

**1. 新建文件**

打开 AutoCAD 应用程序，选择菜单栏中的“文件”→“新建”命令，打开“选择样板”对话框，单击“打开”选项右侧的下拉按钮，以“无样板打开-公制”（毫米）方式建立新文件，将新文件命名为“实测地质剖面图”并保存。

**2. 绘图界限**

在命令行中输入 LIMITS 并按回车键，命令行提示与操作如下：

命令：LIMITS

指定左下角点或［开（ON）/关（OFF）］<0.0000，0.0000>：

指定右上角点<420.000，297000>：420，297（即适用 A3 图纸）

**3. 设置图层**

（1）单击“图层”工具栏中的“图层特性管理器”，弹出“图层特性管理器”对话框，如图 11-9 所示。

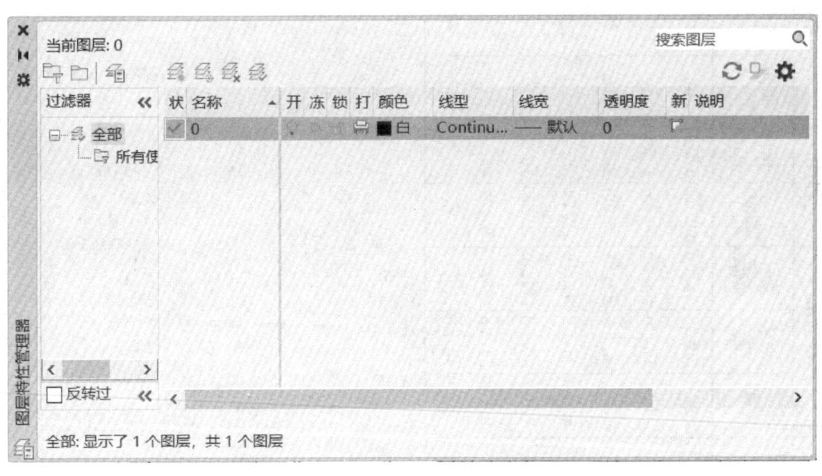


图 11-9　“图层特性管理器”对话框

（2）单击对话框中的“新建图层”，新建一个图层，如图 11-10 所示。

（3）新建图层默认为“图层 1”，将其命名为“虚线”。

（4）单击新建图层中的“颜色”色块，弹出“选择颜色”对话框，如图 11-11 所示，选择黄色为虚线层颜色，单击确定。

**某实测地质剖面记录表** **表 11-1**

| 剖面编号 | Ⅱ—Ⅱ | | | | 剖面位置及起点坐标 | | | | (X,Y,1635.37) | | | | 导线基向走向 | | | NE40° | |
|---|---|---|---|---|---|---|---|---|---|---|---|---|---|---|---|---|---|
| 导线号 | 导线方位角(°) | 坡度角°(+/−) | 导线距(m) | | | 高程(m) | | 岩层产状及位置 | | | | 导线方向与岩层走向之夹角(°) | 分层号 | 分层厚度(m) | 累计厚度(m) | 岩石名称 | 备注 |
| | | | 斜距 | 水平距 | 累计平距 | 高差 | 累计高差 | 倾向° | 倾角° | 位置(m) | | | | | | | |
| | | | | | | | | | | 斜距 | 平距 | | | | | | |
| 1 | 52 | 19 | 38 | 35.93 | 35.93 | 12.37 | 12.37 | 56 | 39 | 38 | 29.53 | 86 | 1 | 22.8 | 22.8 | 灰白色细砂岩 | 上侏罗统 $J_3$ |
| 2 | 35 | −24 | 19 | 17.36 | 53.29 | 7.73 | 20.10 | 56 | 39 | 19 | 14.76 | 69 | 2 | 9.11 | 31.91 | 灰绿色细砂岩 | |
| 3 | 30 | 25 | 7 | 6.34 | 59.63 | 2.96 | 23.06 | 46 | 26 | 7 | 6.29 | 80 | 3 | 2.44 | 34.35 | 灰绿色泥质砂岩 | |
| 4 | 66 | −22 | 34 | 31.52 | 91.16 | 12.74 | 35.79 | 26 | 40 | 34 | 26.04 | 64 | 4 | 23.87 | 58.22 | 黄绿色粗砂岩 | 中新统 $N_1$ |
| 5 | 25 | −10 | 21 | 20.68 | 111.84 | 3.65 | 39.44 | 30 | 27 | 21 | 18.7 | 85 | 5 | 7.14 | 65.36 | 灰绿色细砂岩 | |
| 6 | 10 | 15 | 22.5 | 21.73 | 133.57 | 5.82 | 45.26 | 12 | 35 | 22.5 | 12.9 | 88 | 6 | 11.35 | 76.71 | 灰色砂岩 | |
| 7 | 35 | −10 | 29 | 29.09 | 162.66 | 5.04 | 50.30 | 12 | 38 | 29 | 22.8 | 88 | 7 | 5.53 | 82.24 | 紫红色泥质砂岩 | 更新统 $Q_p$ |

组长：　　　　检查：　　　　计算：　　　　年　月　日

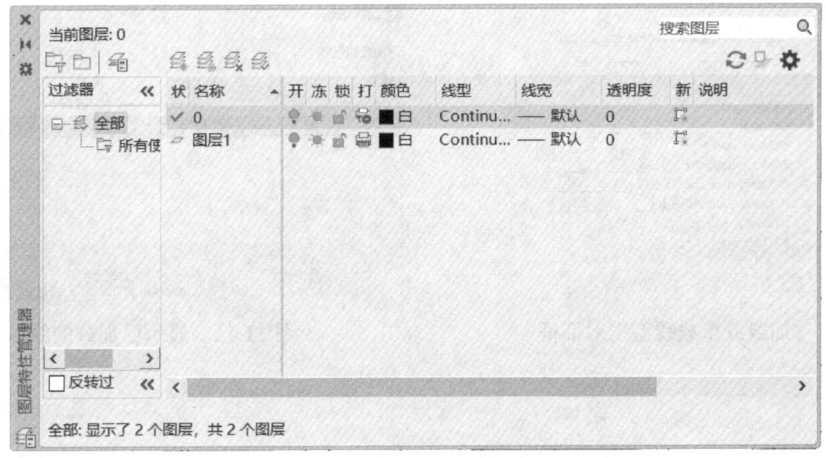


图 11-10　新建图层 1

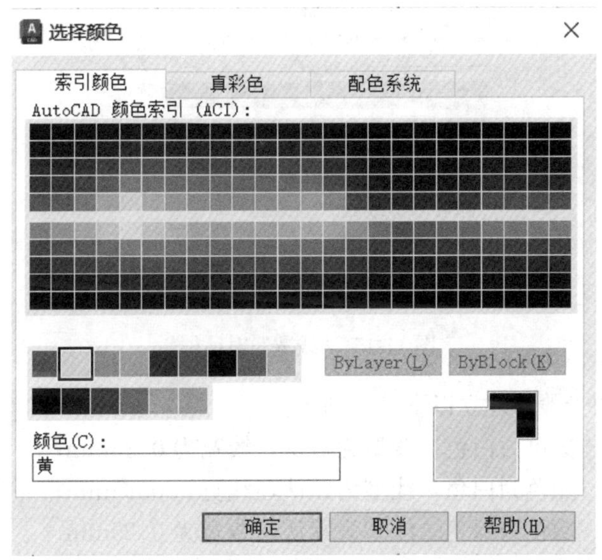


图 11-11　"选择颜色"对话框

（5）单击虚线图层中的"线型"选项，弹出"选择线型"对话框，如图 11-12 所示。单击"加载"选项，弹出"加载或重载线型"，如图 11-13 所示。在"可用线型"对话框选择"DASHED"线型，返回"选择线型"对话框，选择 DASHED 线型，如图 11-14 所示，单击"确定"选项。

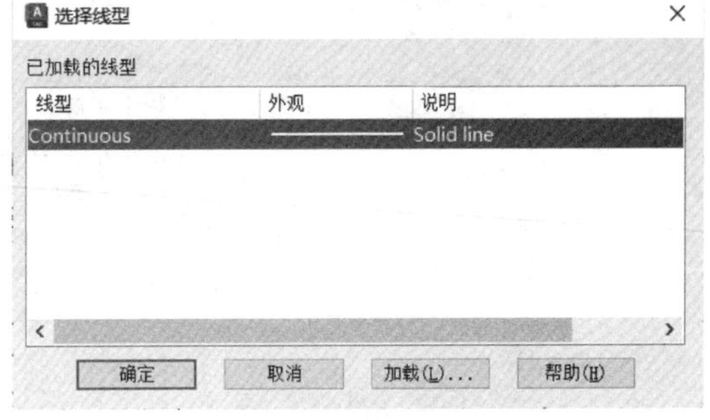


图 11-12　"选择线型"对话框

（6）单击"虚线"图层中的"线宽"选项，弹出"线宽"对话框，如图 11-15 所示，选择 0. 25mm 线宽，"虚线"图层建立完成。

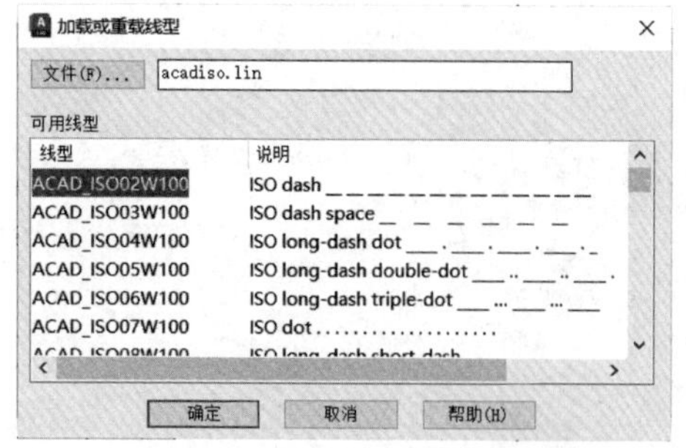


图 11-13 “加载或重载线型”对话框

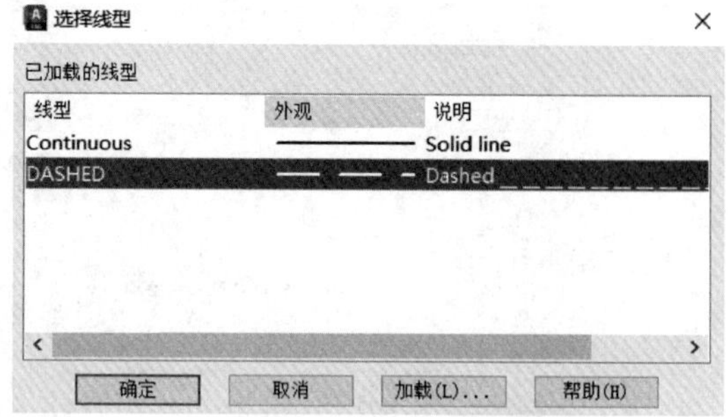


图 11-14 显示已加载的线型

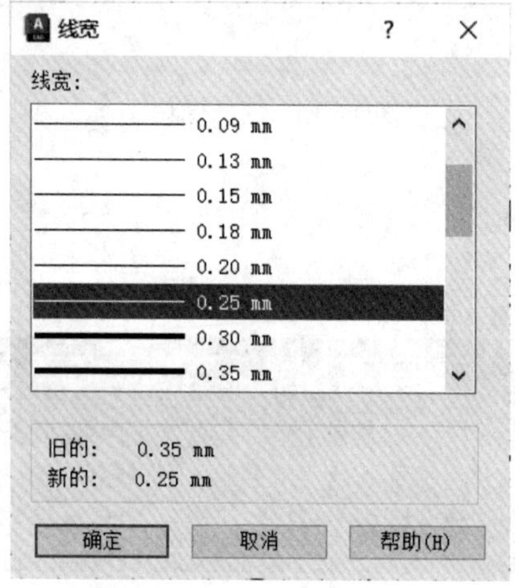


图 11-15 “线宽”对话框

(7) 采用相同的步骤，建立以下三个图层。

“粗实线”图层，颜色为白色，线型为默认，线宽为 0.35mm；

“细实线”图层，颜色为白色，线型为默认，线宽为 0.25mm；

“辅助线”图层，颜色为绿色，线型为默认，线宽为 0.25mm。

设置后的图层如图 11-16 所示。

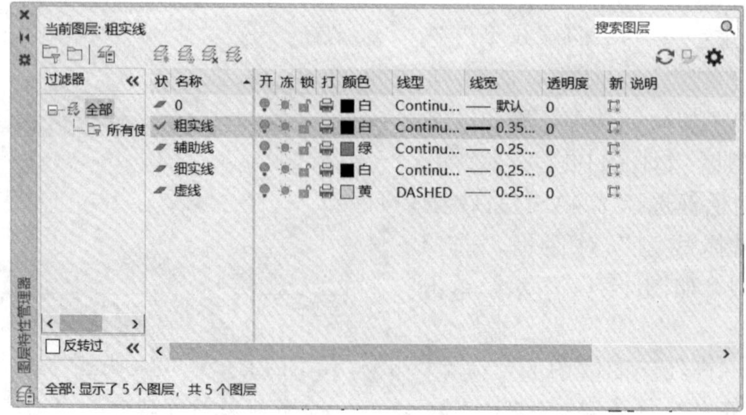


图 11-16 图层设置完成

**4. 设置绘图比例**

根据 A3 图幅与实测地质数据，考虑图例以及责任表，设置绘图比例为 1∶500。直接按比例作图。

**5. 字体字样**

选择菜单栏中的"格式"-"文字样式"命令，打开"文字样式"对话框，单击"新建"选项，新建文字样式名为"字样汉字"，将字体设置为仿宋，宽度因子为 0.7，主要用于书写汉字，如图 11-17 所示。

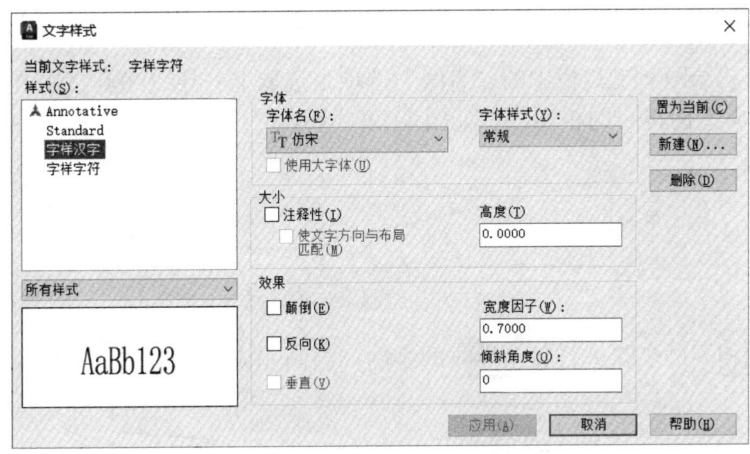


图 11-17　"字体字样"文字样式设置

重复上述方法。新建一个文字样式名为："字样字符"，文字字体为选用 Time New Roman 字体，字体样式设置为斜体，宽度因子设置为 0.7，用于书写字母以及数字，字体字样建立完成，如图 11-18 所示。

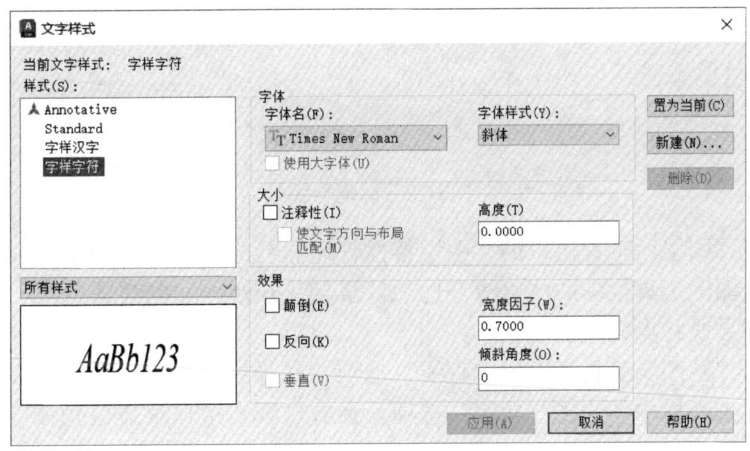


图 11-18　"字样字符"文字样式设置

## 11.4.2　绘制导线平面图

(1) 单击"图层"工具栏中的"图层特性管理器"选项，将"粗实线"设置为当前图层。

(2) 单击“绘图”工具栏中的“直线”选项，选取绘图界线左上角任意一点，在图中绘制一条长度为 71.86 (71.86 为 0-1 导线水平距，进行比例换算后的长度)，向下偏转 12°的粗实线，如图 11-19 所示。

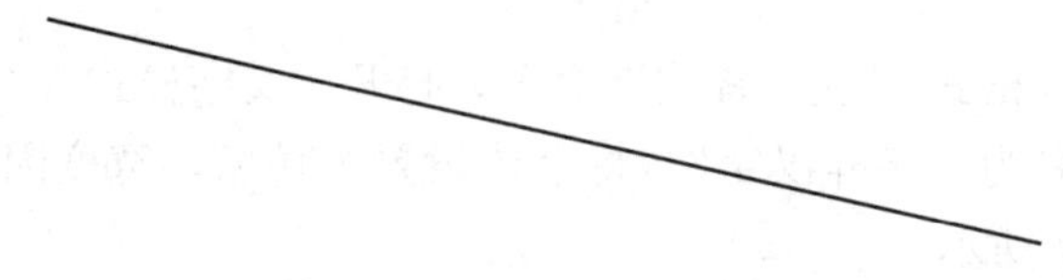

图 11-19 绘制第一条导线

(3) 单击“绘图”工具栏中的“直线”选项，选取上一导线终点，在图中绘制一条长度为 34.72，向上偏转 5°的粗实线，如图 11-20 所示。

图 11-20 绘制第二条导线

(4) 采用相同的步骤进行其余导线的绘制，绘制完成如图 11-21 所示。

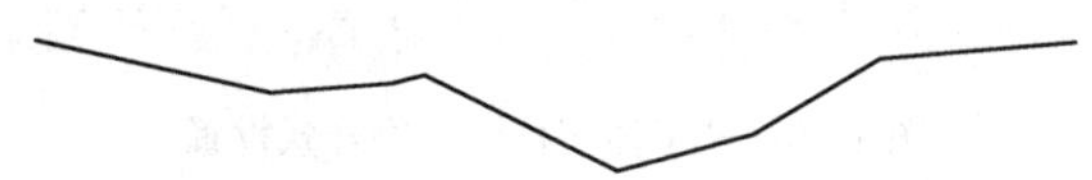

图 11-21 导线绘制完成

(5) 标记导线号。单击“绘图”工具栏中的“多行文字”选项，分别在各导线上方输入导线号，如图 11-22 所示。

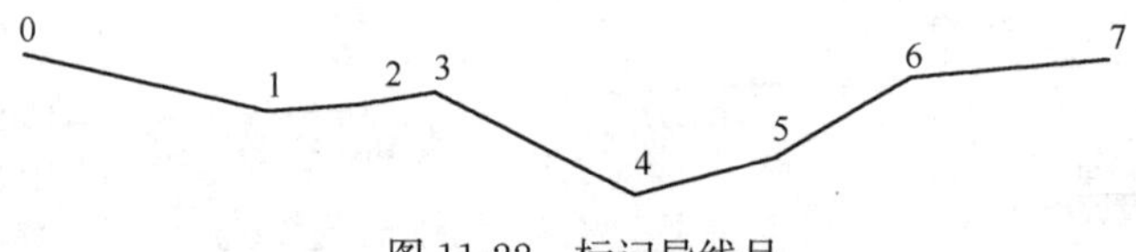


图 11-22 标记导线号

(6) 单击“图层”工具栏中的“图层特性管理器”选项，将“细实线”设置为当前图层，单击“绘图”工具栏中的“直线”选项，从导线开始点（也就是 0 点）水平向右绘制一条直线，到导线终点完成绘制。

(7) 单击“绘图”工具栏中的“直线”选项，在导线平面图右上角绘制一条方位线。单击“注释”工具栏中的“多行文字”选项，在方位线右边输入方位角 40°，导线平面图绘制完成，如图 11-23 所示。

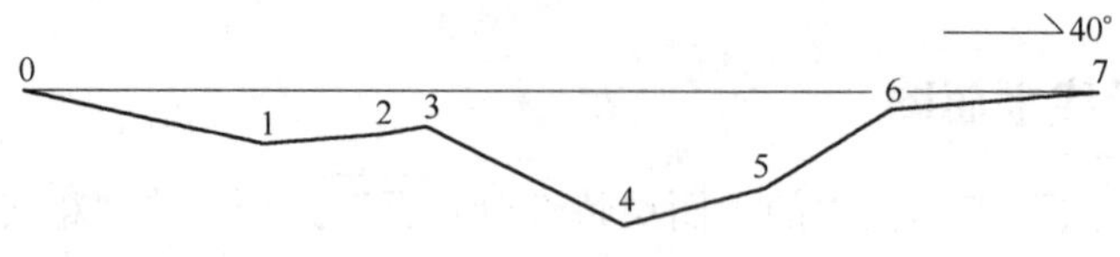


图 11-23 导线平面图

### 11.4.3　线路地质平面图的绘制

**1. 绘制分层界线**

分层界线必须沿岩层走向画，已知第一段岩层倾向为 56°，即走向为 90＋56＝146°。但是，此时导线平面图正北方向为北偏东 50°，即应绘制 146＋50＝196°的直线用来表示地质界线。其余地质界线方向以此类推。

单击“绘图”工具栏中的“直线”选项，在 0-1 导线 45.6 处绘制一条角度为 196°的直线（从正北方向顺时针转动 196°）。重复此步骤，绘制其余导线，绘制完成图如图 11-24 所示。

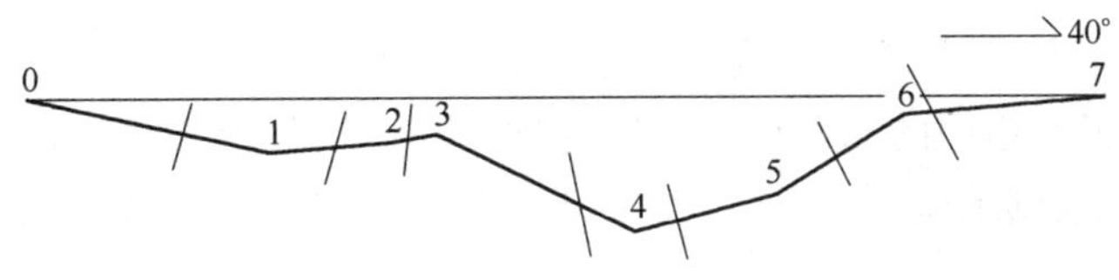


图 11-24　绘制分层界线

**2. 标注分层号**

分层号一般在导线下方，如图 11-25 中的①②③④⑤⑥⑦⑧绘制。

单击“注释”工具栏中的“多行文字”选项，分别在地质界线中间和导线下方输入分层号，单击“绘图”工具栏中的“圆”选项，单击分层号中心，绘制相对应的圆形正好可以将分层号套住，如图 11-25 所示。

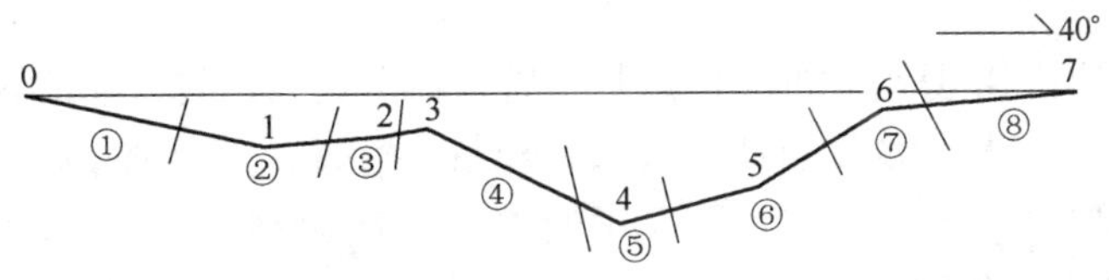


图 11-25　绘制分层号

**3. 绘制地层年代对应的组号**

单击“注释”工具栏中的“多行文字”选项，在对应位置输入相应的年代号，如图 11-26 中的 $J_3$、$N_1$、$Q_p$ 所示。

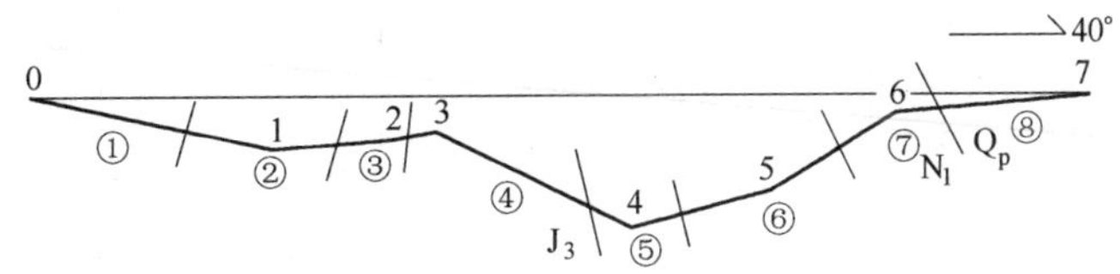


图 11-26　绘制地层年代组号

**4. 绘制地层产状**

导线平面图上用符号法表示，长线为走向，短线表倾向，数字即倾角。

(1) 单击“绘图”工具栏中的“直线”选项，在①处导线上方绘制出⊥符号。

（2）选中，单击“修改”工具栏中的“旋转”选项，使⊥旋转 106°（为倾向 56°+50°）。

（3）单击“注释”工具栏中的“多行文字”选项，在⊥后面输入 39°。

（4）重复以上步骤，进行剩余岩层产状的绘制，绘制完成如图 11-27 所示。

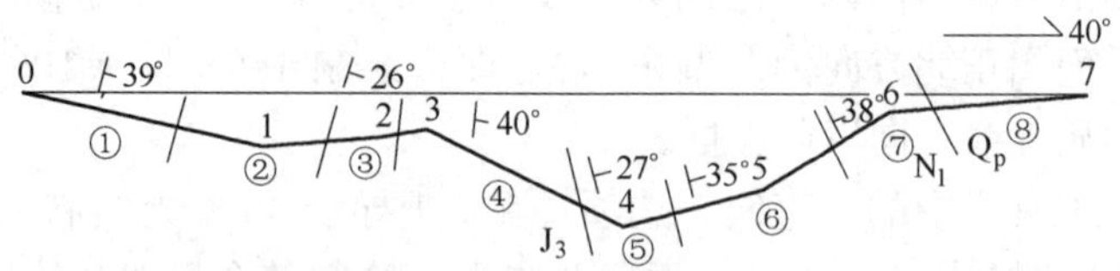


图 11-27　绘制地层产状

**5. 绘制标本号**

单击“绘图”工具栏中的“直线”选项，在 0-1 导线 10.88 点处，绘制出“▽”符号，单击“注释”工具栏中的“多行文字”选项，在“▽”上方输入标本样号 $R$001，同理在 3-4 导线 36.78 处绘制标本号 $R$002，线路地质平面图制作完成，如图 11-28 所示。

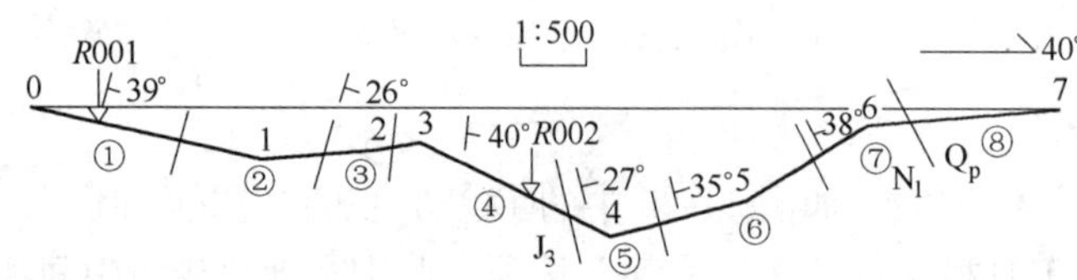


图 11-28　线路地质平面图

## 11.4.4　地层剖面图

（1）单击“图层”工具栏中的“图层特性管理器”选项，将“辅助线”设置为当前图层，单击“绘图”工具栏中的“直线”选项，绘制一条高程点为 1637.34 的直线，分别选定线路地质平面图上的导线编号点（即图中的 1234567 点）进行绘制垂直向下的直线，与绘制的水平直线相交，如图 11-29 所示。

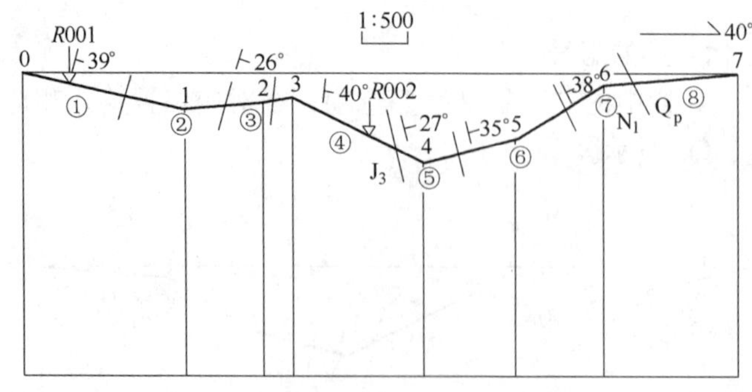


图 11-29　绘制高程点辅助线

（2）单击“图层”工具栏中的“图层特性管理器”选项，将“细实线”设置为当前图层，单击“绘图”工具栏中的“直线”选项，分别选定高程点直线与辅助直线交点，向上绘制高程线，高程点如图 11-30 所示。

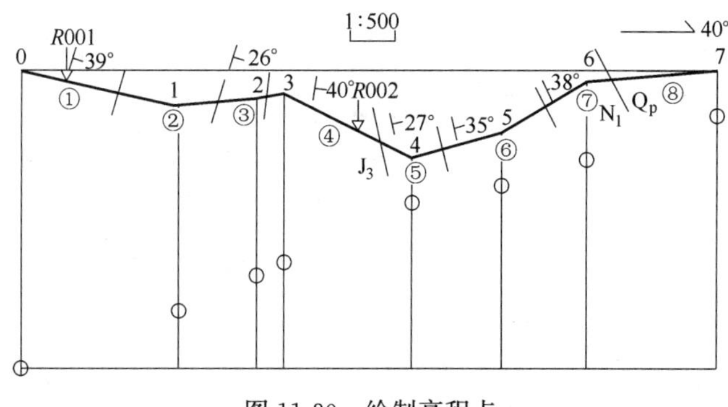


图 11-30　绘制高程点

（3）单击“图层”工具栏中的“图层特性管理器”选项，将“粗实线”设置为当前图层，单击“图层”工具栏中的“样条曲线”选项，依次点击确认的高程点，回车，地质剖面图的地形轮廓线绘制完成，如图 11-31 所示，单击“修改”工具栏中的“修剪”选项，修剪掉多余的辅助线。

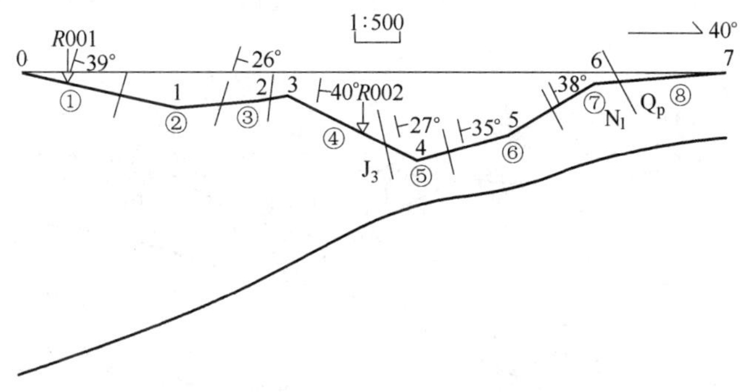


图 11-31　绘制轮廓线

（4）单击“图层”工具栏中的“图层特性管理器”选项，将“辅助线”设置为当前图层，单击“图层”工具栏中的“直线”选项，绘制其地质界线点。顺其走向投影至基准线上，分别选取线路地质平面图中岩层分界线与导线的交点，绘制垂直向下的直线到地形轮廓线，如图 11-32 所示。

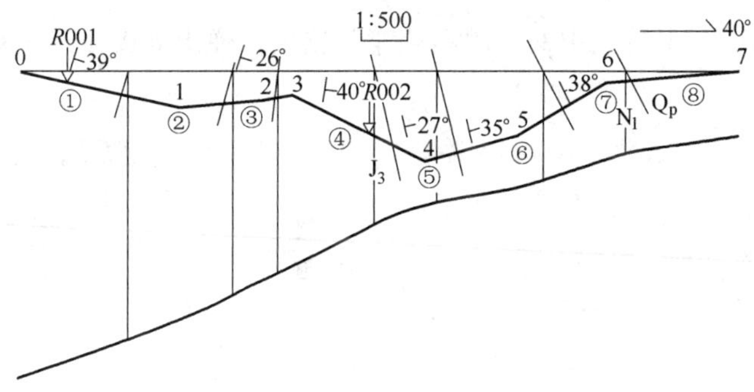


图 11-32　绘制地层分界辅助线

（5）单击“图层”工具栏中的“图层特性管理器”选项，将“细实线”设置为当前图层，单击“图层”工具栏中的“直线”选项，点击垂直向下直线与地质轮廓线交点，分别进行绘制地层分界线，如图 11-33 所示。

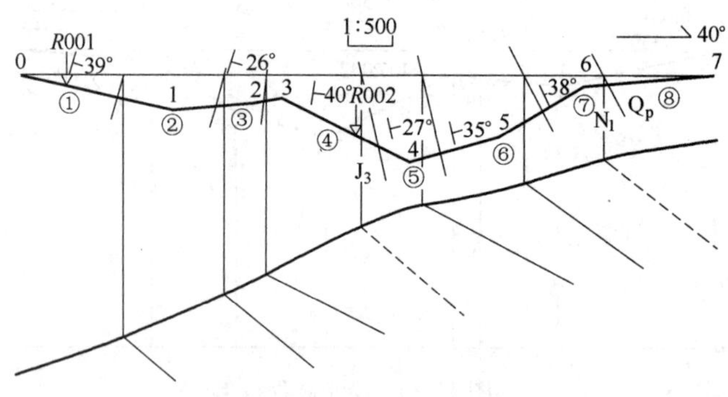


图 11-33 绘制地层分界线

（6）单击“图层”工具栏中的“复制”选项选定轮廓线，向下复制合适的距离，目的是形成一个封闭图形，方便进行图案填充，如图 11-34。

单击“图层”工具栏中的“直线”选项，绘制直线连接两个轮廓线的起点与终点。使其成为一个封闭图形，方便进行图案填充，单击“修改”工具栏中的“修剪”选项，修剪掉多余的辅助线。

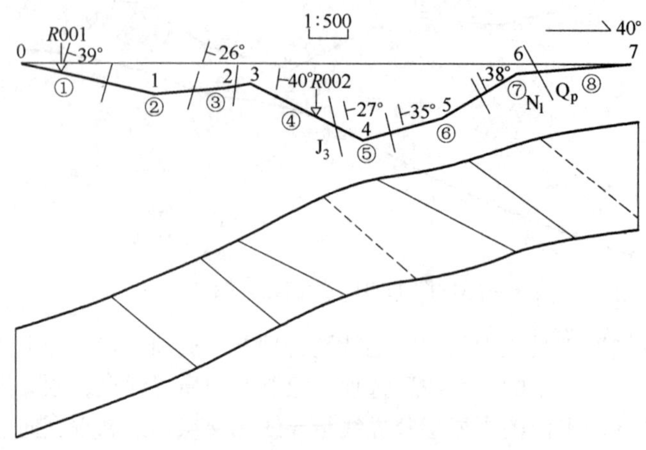


图 11-34 绘制封闭图形

（7）单击“图层”工具栏中的“图案填充”选项，弹出如图 11-35 所示的“图案填充创建”界面。

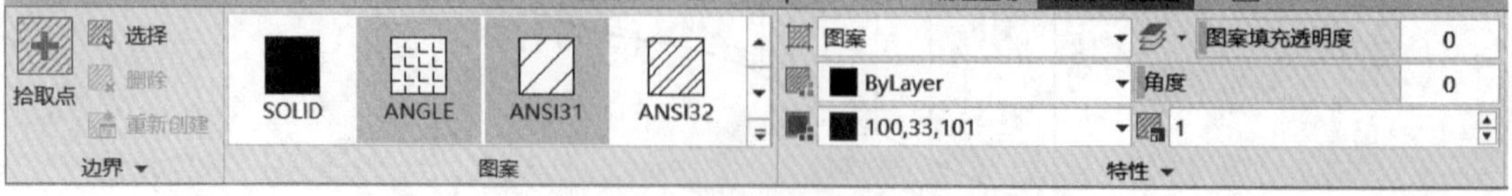

图 11-35 “图案填充创建”界面

单击“边界”工具栏中的“拾取点”选项，回到绘图屏幕，此时光标变成可选择状态。

单击所需要填充的对象，单击“图案”工具栏中砂岩对应的图案形状，此时完成图案填充，如图 11-36 所示。

在“特性”工具栏中输入角度 39°，此时第一个岩层完成填充，如图 11-36 所示。

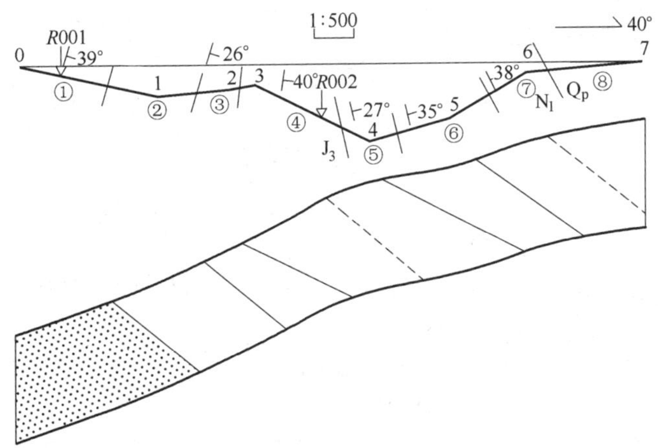


图 11-36　绘制第一个岩层填充

重复此步骤，完成剩余岩层的填充，如图 11-37 所示。

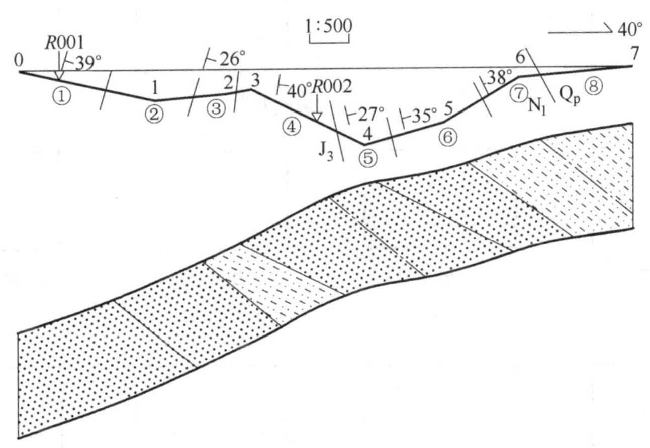


图 11-37　所有岩层完成填充图

(8) 单击“修改”工具栏中的“修剪”选项，修剪掉下方的轮廓线。

单击“绘图”工具栏中的“直线”选项，在剖面图左右两边进行尺寸标注的绘制，如图 11-38 剖面图两边 1610，1620 等所示。

单击“注释”工具栏中的“多行文字”选项，在剖面图两边输入对应的高程，在岩层下方输入对应的产状，如图 11-38 中 56°∠39°等所示。

(9) 单击“绘图”工具栏中的“矩形”选项，在剖面图左下角绘制四个矩形，如图 11-39 所示。

单击“注释”工具栏中的“多行文字”选项，在四个矩形下方依次输入：细砂岩、砂岩、粗砂岩、泥质砂岩，如图 11-40 所示。

单击“绘图”工具栏中的“图案填充”选项，根据细砂岩、砂岩、粗砂岩、泥质砂岩对应的图案填充到矩形，图例绘制完成，如图 11-41 所示。

(10) 单击“注释”工具栏中的“多行文字”选项，在图上方输入实测地质剖面图，调节文字大小，使其美观。

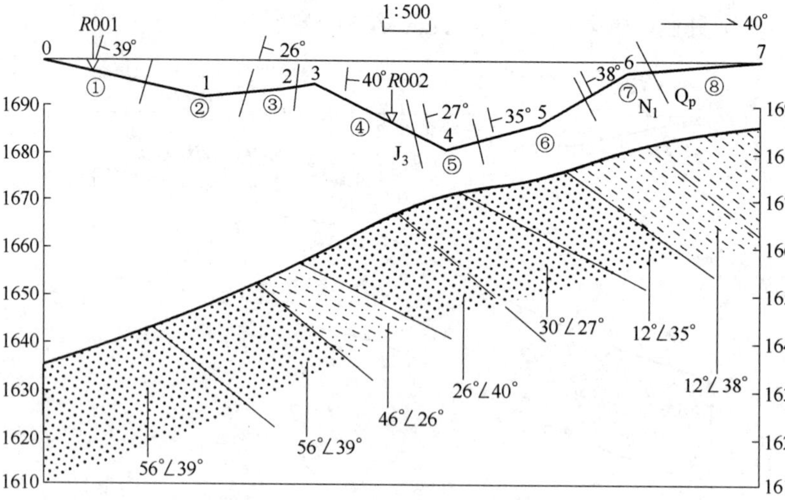

图 11-38　绘制尺寸标注及产状

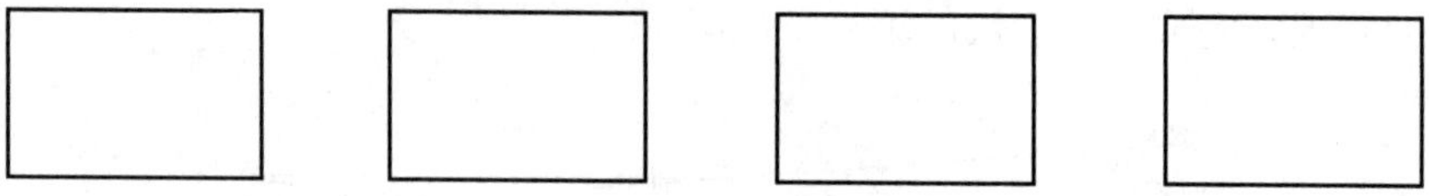

图 11-39　绘制矩形

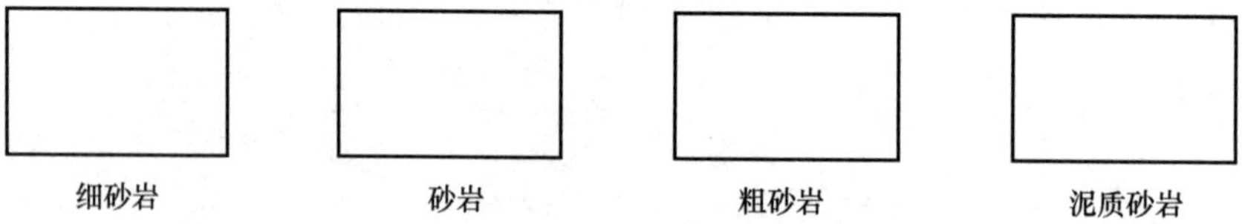

细砂岩　砂岩　粗砂岩　泥质砂岩

图 11-40　输入图例岩性

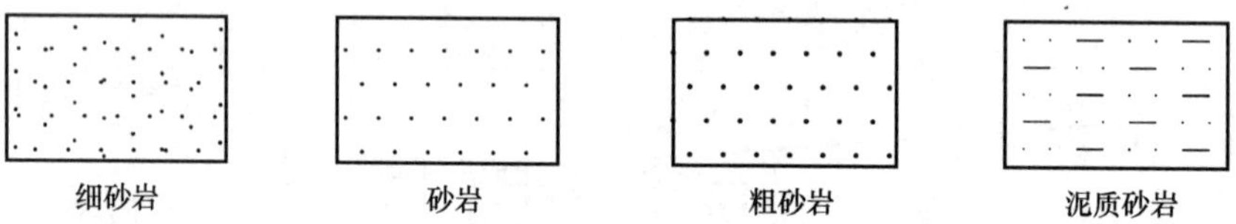

细砂岩　砂岩　粗砂岩　泥质砂岩

图 11-41　图例填充

单击“绘图”工具栏中的“直线”选项，绘制出责任表框，如图 11-42 所示。

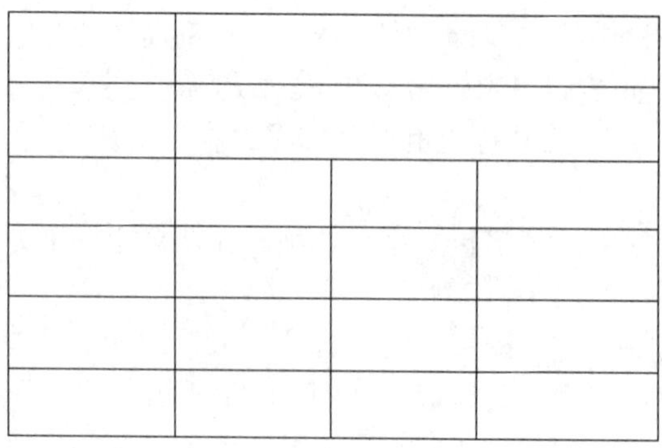

图 11-42　责任表框

单击“绘图”工具栏中的“多行文字”选项，在责任表输入所需要的内容，如图 11-43 所示。

单击“绘图”工具栏中的“多行文字”选项，在责任表输入图名等信息，如图 11-44 所示。

| 图名 | | | |
|---|---|---|---|
| 单位 | | | |
| 图号 | | 比例尺 | |
| 制图 | | 审核 | |
| 组别 | | 资料来源 | |
| 指导老师 | | 日期 | |

图 11-43　责任表

| 图名 | 李家庄地质剖面图 | | |
|---|---|---|---|
| 单位 | ××大学 | | |
| 图号 | 1 | 比例尺 | 1:500 |
| 制图 | 张三 | 校对 | 马六 |
| 成员 | 李四 | 资料来源 | 实测 |
| 导师 | 王五 | 日期 | ××年×月 |

图 11-44　责任表绘制完成

地质剖面图绘制完成，如图 11-45 所示。

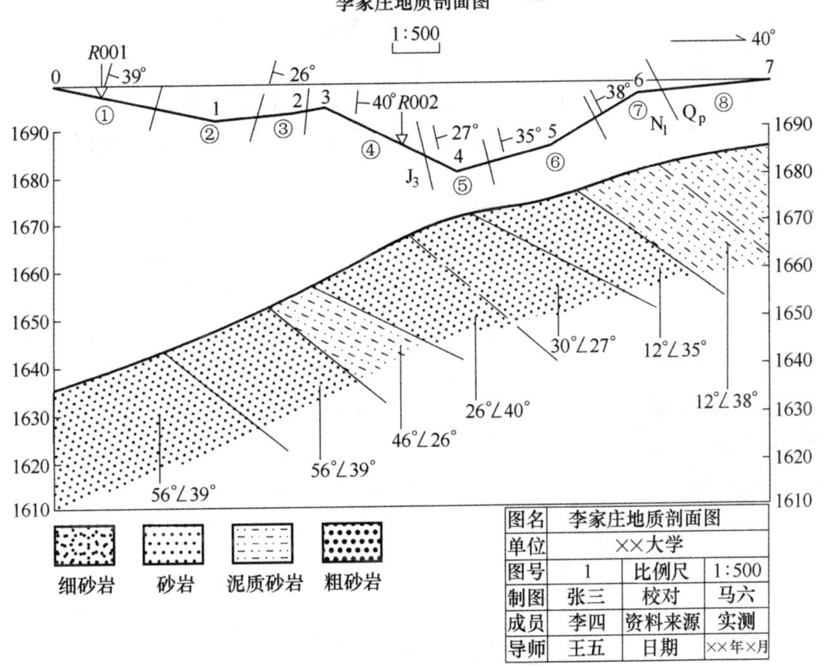


图 11-45　某实测地质剖面图

# 参考文献


［1］ 中华人民共和国住房和城乡建设部. 总图制图标准：GB/T 50103—2010［S］. 北京：中国计划出版社，2010.

［2］ 中华人民共和国住房和城乡建设部. 建筑制图标准：GB/T 50104—2010［S］. 北京：中国计划出版社，2010.

［3］ 中华人民共和国住房和城乡建设部. 房屋建筑制图统一标准：GB/T 50001—2017［S］. 北京：中国建筑工业出版社，2018.

［4］ 中华人民共和国住房和城乡建设部. 道路工程制图标准：GB/T 50162—1992［S］. 北京：中国计划出版社，1992.

［5］ 大连理工大学工程画教研室. 机械制图［M］. 7 版. 北京：高等教育出版社，2013.

［6］ 丁宇明，杨谆，黄水生，等. 土建工程制图［M］. 4 版. 北京：高等教育出版社，2021.

［7］ 杜冬梅，崔永军，杨志凌. 工程制图与 CAD［M］. 北京：中国电力出版社，2013.

［8］ 杜廷娜，蔡建平. 土木工程制图［M］. 3 版. 北京：机械工业出版社，2021.

［9］ 高俊亭，毕万全，马全明，等. 工程制图［M］. 4 版. 北京：高等教育出版社，2014.

［10］ 黄梅. 建筑工程快速识图技巧［M］. 北京：化学工业出版社，2018.

［11］ 江晓红. 建筑图学［M］. 2 版. 北京：高等教育出版社，2015.

［12］ 乔魁元. 看图学技术：土建工程［M］. 北京：中国铁道出版社，2013.

［13］ 孙根正，王永平. 工程制图基础［M］. 4 版. 北京：高等教育出版社，2019.

［14］ CAD/CAM/CAE 技术联盟. AutoCAD 2024 中文版土木工程设计从入门到精通［M］. 北京：清华大学出版社，2023.

［15］ 文佩芳，雷光明，王明海. 工程图学基础教程［M］. 2 版. 西安：西北大学出版社，2014.

［16］ 王丹虹，宋洪侠，陈霞. 现代工程制图［M］. 2 版. 北京：高等教育出版社，2017.

［17］ 王启美，吕强. 现代工程设计制图［M］. 5 版. 北京：人民邮电出版社，2016.

［18］ 王强. 建筑工程制图与识图［M］. 4 版. 北京：机械工业出版社，2023.

［19］ 王迎，栾英艳. 工程制图基础［M］. 北京：机械工业出版社，2017.

［20］ 吴机际. 园林工程制图［M］. 4 版. 广州：华南理工大学出版社，2016.

［21］ 解相吾，解文博. 通信工程设计制图［M］. 2 版. 北京：电子工业出版社，2015.

［22］ 卢传贤. 土木工程制图［M］. 6 版. 北京：中国建筑工业出版社，2022.

［23］ 姚春东，王巍. 工程制图基础［M］. 北京：机械工业出版社，2016.

［24］ 周国树，宋正峰. 水文测量［M］. 北京：中国水利水电出版社，2016.

［25］ 张养安，杨旭江，刘宝峰. 工程测量［M］. 北京：中国水利水电出版社，2017.

［26］ 高原. 测量放线工［M］. 北京：中国计划出版社，2017.

［27］ 赵红. 水利工程测量［M］. 北京：中国水利水电出版社，2016.

［28］ 罗金海，梁文天，于在平. 构造地质学［M］. 北京：高等教育出版社，2018.

［29］ 舒良树. 普通地质学［M］. 北京：地质出版社，2020.

［30］ 李忠权，刘顺. 构造地质学［M］. 北京：地质出版社，2020.

［31］ 张彬，刘艳军，李德海. 地下工程施工技术［M］. 北京：人民交通出版社，2017.

［32］ 王祖远，柏芳燕，王艳. 房屋建筑学［M］. 重庆：重庆大学出版社，2019.

［33］ 王国辉，魏德宏. 土木工程测量［M］. 北京：中国建筑工业出版社，2020.

［34］ 覃仁辉，王成. 隧道工程［M］. 重庆：重庆大学出版社，2022.

[35] 熊启钧. 涵洞 [M]. 北京：水利水电出版社，2006.
[36] 谢永利. 公路涵洞工程 [M]. 北京：人民交通出版社，2009.
[37] 黄涛，张洪. 地形图识图与应用 [M]. 北京：测绘出版社，2016.
[38] 杨道福，杨鹏. 图学在人类文明进展中的作用研究 [J]. 图学学报，2014，35 (6)：923-929.
[39] 罗林. 地质剖面图的计算机绘制技术 [J]. 山东煤炭科技，2014，(1)：120-121+123.